U0071842

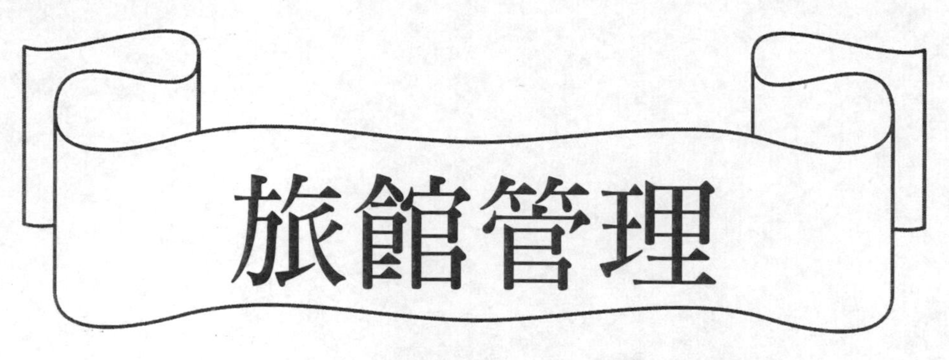

——重點整理、題庫、解答

吳勉勤◎編著

自序

本書係針對有志於報考四技二專者，及各大專院校觀光、餐旅等相關科系學生參考之需爲編撰，其內容是以旅館管理應具備之基本知識爲主軸，舉凡旅館客房、餐飲、行銷、人事、會計及服務等管理常識，均扼要說明。本書除蒐錄歷年來各大專院校觀光、餐旅等相關科系之考古題外，作者並將客務及房務相關用語（如walk-in、due out）彙整書中，實爲目前仿間絕無僅有之最佳參考用書。

旅館管理屬於一門兼具專業性與實務性之學問，其擁有企業經營管理之知識，從硬體設備的管理，到軟體的服務，均囊括其中。就旅館整體而言，其營業主體爲客房與餐飲之銷售（包含服務在內）。不論是客務部、房務部或是餐飲部，任何一個部門的業務，看似簡單，若無親身體驗與經歷，絕無法一窺其堂奧。舉例言之，以一位訓練有素的櫃檯服務人員與一位毫無經驗者比較，兩者在接待的技巧、禮儀、效率、態度及方法上，必定迥然不同，因此一家經營管理良好且制度完善的旅館，通常除了強調硬體設備之外，對於服務品質亦會格外講究，尤其是人員訓練會特別重視，所以凡有志從事旅館行業者，不論旅館之規模大小，皆宜由基層實務做起，奠定良好基礎後，再進一步邁入管理階層，逐步培養領導統御之技巧，不斷充實其他管理方面的專業知識，如此才能更上層樓。

由於編撰倉促，疏漏之處在所難免，尚祈各界先進不吝賜教。

吳勉勤　謹識

目錄

附錄　483

第一篇　導論

旅館係以販售「個人服務」為主的事業，它除了提供旅客住宿、餐飲的場所外，並為一具有休閒、娛樂、健身、社交、會議等功能性之設施。在經濟高度成長，所得水準不斷提升以及有錢有閒之下，人們愈來愈重視休閒生活，對旅遊活動而言，亦不可或缺，相對地，由於旅遊活動也帶動了旅館業的發展，無形中成為觀光事業（hospitality industry）中重要的一環。

本篇重點在探討旅館業的定義、特性、起源、功能、組織，以及不同的旅館類型，以期對旅館業有基本的認識。

第一章　旅館的定義與特性

第一單元　重點整理

旅館的定義

旅館商品與特性

第二單元　名詞解釋

第三單元　相關試題

第四單元　試題解析

第一單元　重點整理

旅館業係屬服務性的事業之一，它提供旅客住宿、餐飲、會議等設施場所，與觀光整體產業中之旅行業、航空業等事業，均具有舉足輕重的地位。

壹、旅館的定義

旅館一詞的英文為hotel，來自法語的hotel，又源於拉丁語之hospitale。其原意係指在法國大革命前，許多貴族利用市郊的私人別墅，盛情地接待其深交或高貴的朋友；亦即在鄉間招待貴賓用的別墅稱為hotel，後來歐美各國就沿用此一名詞。另有一種說法係指稱在巴黎很常見的大房子，其內附有家具的公寓，依旅客需要按日、週、月出租，但不提供餐飲服務。

一、旅館的定義

綜合國內外專家學者的闡釋，「旅館」可定義為：「提供旅客住宿、餐飲及其他有關服務，並以營利為目的的一種公共設施。」換言之，旅館專為接待過境、短期或長期的旅客，供應旅客們日常生活所需的居住、飲食，甚至提供相關休閒的設施，使外來的賓客都能得到舒適的住宿環境。

二、觀光旅館業與旅館業的定義

台灣地區的旅館業可區分兩種：一、觀光旅館業；二、旅館業。

（一）觀光旅館業

依據我國現行「發展觀光條例」第二條第一項第七款，觀光旅館業是指經營國際觀光旅館或一般觀光旅館，對旅客提供住宿及相關服務之營利事業。又依照「觀光旅館業管理規則」規定之建築及設備標準，再區分為國際觀光旅館與觀光旅館。

（二）旅館業

有關旅館業的定義，依我國現行法令有四種，如下：

1. 旅館業管理規則：「旅館業係指觀光旅館業以外，對旅客提供住宿、休息及其他經中央主管機關核定相關業務之營利事業。」
2. 台北市旅館業管理規則：「旅館業係指觀光旅館業以外，提供不特定人休息、住宿服務之營利事業。」
3. 高雄市旅館業管理規則：「旅館業係指除國際觀光旅館及觀光旅館以外，提供不特定人休息、住宿之營利事業。」
4. 福建省旅館業管理規則：「旅館業係指除觀光旅館業以外，提供不特定人休息、住宿服務之營利事業。」

三、觀光旅館業與旅館業的差異

觀光旅館業與旅館業的差異可簡略說明如下（如表1-1）：

（一）觀光旅館業

1. 申請設立：採許可制。須先經觀光主管機關核准，始可籌設。

表1-1　觀光旅館業與旅館業之差異

分類 項目	觀光旅館業	旅館業
性質	許可制	登記制
目的事業主管機關	1.國際觀光旅館：交通部觀光局 2.觀光旅館： （1）台北市地區：台北市政府交通局（第四科） （2）高雄市地區：高雄市政府建設局（第六科） （3）台灣省地區：交通部觀光局（業務組）	各縣市政府觀光單位
通用法規	1.發展觀光條例 2.觀光旅館業管理規則 3.旅館業管理規則 4.建管、消防、衛生等相關法令	1.台北市、高雄市、福建省旅館業管理規則 2.建管、消防、衛生等相關法令
行業歸屬	特許行業	十八大行業

2.目的事業主管機關

（1）國際觀光旅館：交通部（觀光局）。

（2）觀光旅館：依地區分屬台北市政府交通局、高雄市政府建設局，及交通部觀光局（台灣省地區部分）。

（二）旅館業

1.申請設立：採登記制。

2.目的事業主管機關

（1）中央：交通部觀光局（旅館業查報督導中心）。

（2）直轄市：台北市政府交通局（第四科）；高雄市政府建設

局（第六科）。

（3）縣（市）：各縣市政府觀光單位（自1999年7月1日起，精省之後，各縣市政府層級陸續提升，且部分縣市政府觀光單位更名）名單如下：

A.隸屬建設局者

（A）觀光課：台北縣、基隆市、苗栗縣、雲林縣、新竹縣、彰化縣、台南縣及屏東縣。

（B）交通及觀光課：嘉義縣。

（C）公園管理課：嘉義市。

（D）觀光推展課暨觀光企劃課：屏東縣。

B.隸屬交通局者

（A）觀光遊憩課：台中市、高雄縣。

（B）觀光發展課：台南市。

（C）大衆運輸課：新竹市。

（D）觀光課：桃園縣。

C.隸屬觀光局者

（A）觀光課：連江縣。

（B）營運課：南投縣。

（C）交通及遊憩課：澎湖縣。

（D）交通旅遊課暨觀光業務技術課：金門縣。

D.其他

（A）隸屬工商旅遊局觀光課：宜蘭縣。

（B）隸屬工商旅遊局管理課：花蓮縣。

（C）隸屬交通旅遊局旅遊管理課：台中縣。

（D）隸屬觀光及城鄉發展局觀光課：台東縣。

貳、旅館商品與特性

旅館事業乃是一種綜合性、多角化經營的企業體，其內包含多種附屬設施（如餐廳、會議室、咖啡廳等），除了提供旅客住宿休閒功能外，爲了服務旅客遂結合旅館內各項設施，相互搭配促銷，以吸引更多顧客前來消費。

以下就旅館的商品及其特性分別說明：

一、旅館的商品

旅館的商品是什麼？它到底賣的是什麼東西？不外乎是客房、餐飲與相關服務。歸納言之，旅館銷售的商品大致分爲有形商品與無形商品兩種，茲分述如下：

（一）有形商品

1.設備：指旅館硬體而言，包括了客房及旅館本身各項設備的機能性、便利性、安全性、休閒性，及是否令人感到輕鬆（relax）的感覺。

2.餐食：是否提供各種口味餐點菜餚（如西式、中式、自助餐等），及是否講究色、香、味俱全，口味獨特。

3.環境：指周遭環境（如停車方便性、附屬設施多樣性等）及內部環境（如氣氛、實用、衛生條件等）之營造。

（二）無形商品

旅館的無形商品乃指服務（service）而言，茲分別就服務人員及公司兩方面來說明其應具備之職能，如下：

1.服務人員（指員工而言）

（1）待客技巧。

（2）服務的意願。

（3）工作熟練度。

（4）瞭解顧客心理。

（5）職責劃分清楚。

（6）親切周到的服務態度。

2.公司（指旅館負責人或總經理）

（1）使員工無後顧之憂。

（2）人性化管理。

（3）經常給予員工在職訓練（on job training）。

至於旅館的服務又可分爲兩部分，如下：

1.靠物的服務：使顧客感到滿意、舒適的設備。如空調設備、餐飲設施、裝潢等硬體設備。

2.靠人的服務：服務要靠人的行爲去完成，務期讓顧客感受到精神上與物質上均爲滿意的服務，並達到「賓至如歸」的目標。

二、旅館商品的特性

旅館商品（客房）的特性，大致上可分爲下列幾項：

（一）獨一性

客房只有旅館等住宿設施才有。

（二）無法儲存性

房間只能當天賣出。

（三）僵固性

數量有限，無法加班生產。客滿即無法臨時再增加。

（四）固定成本高

建築、土地、設備成本高。

（五）信賴性

住過才知道好，包括事前的期望與事後的體驗。

（六）無形性

服務優劣、印象好壞及旅客的滿意程度，會在旅客住宿後顯現出來。

（七）長期性

業務行銷計畫須提早進行並接受預約訂房。

（八）競爭性

同業間相互競爭關係，除了要加強硬體設備維護外，並應不斷提升服務水準。

（九）人情味

建立良好顧客關係，才能創造商機。

（十）地理性

立地條件（地點選擇）、房間數之多寡及經營策略之搭配，宜相輔相成。

（十一）多元性

研究市場行銷技巧，提高推銷技術，利用各種宣傳管道，開發新產品。

三、旅館的特性

旅館依其經營型態有不同之特性，茲就旅館的一般特性、經濟特性、產業經濟特性、供需特性、經營特性及其他特性，分述如后。

（一）一般特性

1.服務性：旅館內每位從業人員的服務都是直接出售商品，服務品質的好壞直接影響全體旅館的形象：旅館經營客房出租、餐飲供應並提供會議廳等有關設施，主要是爲了服務旅客，以旅客的最大滿意爲依歸。因此，「人爲」的因素決定旅館的一切，人爲的「服務性」特徵也表現得突出而明顯，是故旅館從業人員應當瞭解「人」在旅館作業中的意義，同時更要瞭解「爲人服務」的價值。

2.綜合性：旅館的功能是綜合性的。舉凡住宿、餐飲外，其他和介紹旅遊、代訂機票等皆可在旅館內解決與獲得滿足。因此，旅館是生活的服務，食、衣、住、行、育、樂均可包括其中，是一個最主要的社交、資訊、文化的活動中心。或有人稱旅館爲「家外之家」（home away from home）。

3.豪華型：旅館的建築與內部設施豪華，其外觀及室內陳設，除代表一地區或一國家之文化藝術外，更是吸引觀光客住宿的最佳誘因。因此如何維護這些設備，不失其豪華氣氛，訓練員工對財物管理的正確觀念，也是經營旅館的重要方針。

4.公用性（公共性）：旅館的主要任務，是對旅客提供住宿與餐飲，而觀光旅館另有提供集會或開會用之功能，及任何人都可以自由進出的大門廳及會客廳。因此旅館是集會、宴會、休閒的公共空間。

5.無歇性（全天候性，持續性）：旅館的服務是一年三百六十五天，一天二十四小時全天候的服務，其所提供的服務不僅需要安全可靠，並且要熱忱及親切，使顧客體驗到愉悅和滿足。

6.地區性：旅館的建築物興建在某地，就是永久性的，它無法隨著住宿人數之多寡而移動至其他位置，所以旅館銷售房間，受地理上的限制很大。

7.季節性：旅館業的主要任務是提供旅客住宿及餐飲，而旅客出外旅遊有季節性，因此旅館的營運須顧及旺季住宿之需求。

（二）經濟特性

1.商品無儲存性（產品無法儲存再售）：顧客稀少時，無法將今天未售的房間，留待明天出售，未賣出的房間將成為當天的損失，無法轉下期再賣。

2.短期供給無彈性：客房一旦售出，則空間、面積無法再增加。旅館房租收入額，以全部房間都出租為最高限度，旅客再多，都無法增加收入。如某旅館有二百間房，床位三百個，平均房租為每間二千元，則這間旅館最多只能接待三百名旅客，房租最高收入四十萬元，多一位旅客就無法接待，當然房租收入亦無法增加，這與一般製造工廠，在銷售旺季時，可以日夜趕工，增加產品數量，使銷貨收入可提高到二、三倍有所不同。

3.地理位置上的限制：旅館的建築物，興建在某一個地方，就是固定性的，它無法隨著住宿人數之多寡，而移動其地理位置。旅客要投宿旅館，就必須到有旅館的地方，與一般商品可隨時運送到數量較少、售價較高的偏遠地區相比較，旅館銷售房間，受地理上的限制甚鉅。

4.季節波動性（需求的波動性）：旅館所在地區受季節、經濟景氣、國際情勢影響大，淡旺季營業收入差距甚大，許多旅館旺季時，需要超額訂房，但遇淡季時，爲了節省變動成本，關閉數個樓層，以減少水電及臨時人事費用支出。

5.投資性：資本密集、固定成本高，人事費用、地價稅、房捐稅、利息、折舊、維護等固定費用占全部開支約在60%～70%之間，與製造業變動費用之原料支出比重，成明顯對比。

6.社會地位性：因觀光旅館爲社交、集會中心，其投資者之社會聲望較一般行業爲高，許多建設公司老闆，紛紛籌建旅館，藉以提升社會地位，其建設公司之房屋也因此易於銷售，名利雙收。

7.固定費用的支出多：旅館的開支，可分爲固定費用與變動費用兩種。用人費用、地價稅、房捐稅、折舊費等屬於前者，無論是客滿，或住客僅有二、三成時，固定費用都不變；而魚肉、果菜及住客消耗品，如香皂、紙張等，即隨住客的多寡而增減，則屬於後者。旅館固定費用之開支，幾乎占全部開支之五、六成左右，與製造工廠變動費用之原料支出，占全部支出之六成左右，成明顯對比。

8.客房部毛利高：觀光旅館客房部營業費用低，稅捐單位對觀光旅館核定客房收入－營業成本＝營業毛利爲85%，而營業毛利－營業費用＝營業淨利達35%，利潤率高，惟上述假設係以合理經營狀況下爲之，若住房率太低，則固定成本將使旅館呈現赤字。

（三）產業經濟特性

1.資本與勞力密集：旅館業為資本與勞力密集的行業，其投資報酬就長遠持續經營之觀點而言，係長期獲利回收的方式為主。

2.擔負外在經濟景氣的風險：外在經濟景氣的風險，短期內無法以市場供需手段採取因應對策。在短期內，市場的供給不受市場需求的影響，供給彈性在特定期間內接近於零。

3.市場特性接近「寡頭獨占競爭」的市場型態：市場特性接近「寡頭獨占競爭」的市場型態，雖然可採差別取價的訂價策略營運，但也受市場其他相對競爭者訂價的影響。

4.市場需求受外在環境影響很大：如經濟景氣、外貿活動頻繁、國際性觀光資源開發、航運便捷等。

5.形象與業績正向關聯：專業的「服務」行業，形象與業績十分相關，而產業的形象、收費與當地國的經濟發展、國際形象，具有相當程度的正向關聯。

（四）供需特性

1.需求方面

（1）彈性大：經濟學家同意像觀光這種生活必須的需求，是相當具有彈性的。

（2）敏感性高。

（3）季節性明顯。

2.供給方面

（1）基本上是一種「服務」的提供。

（2）具有僵固性。

(3) 產品爲不同成分的結合體。

（五）經營特性

1.公共性：旅館提供旅客住宿及餐飲，構成了人類食、住兩大需要。

2.綜合性：旅館具有家庭功能，主要是讓旅客在住宿時，就像回到自己家一樣方便。

3.連續性及信賴性：旅館的營業時間是一日二十四小時，每年每日均必須提供服務，而在供給層面必須強調信賴性，及對顧客提供一定品質的服務，不可時有不同之服務水準。

4.資本性：觀光旅館之經營建設，在建築設備的裝潢，均需投入鉅額的資本。

5.即時性：旅館業亦屬服務業，不能如一般產品可以預期將來需要而事先儲存，因此在提供服務時，必須即時供給。

6.地區性：旅館興建在某地是永久性的，無法隨住宿人數之多寡而移動，所以旅館銷售房間受地理的限制很大。

7.季節性：旅客外出會因季節而有不同，因此旅館在組織與設備上，須顧及高峰期（旺季）住宿之需要。

8.無法儲存性：旅館當日消耗無法儲存，形成高浪費率，使其成本相對提高。

9.長期性：觀光旅館業的投入，由籌備到正式營業，需經三、五年之時間，相對於其他服務業，其資金回收亦相當緩慢，因此它是一種長期性投資。

（六）其他特性

如依旅館內部操作及經營角度來看，旅館具有下列特性：

1.已為社會公器，必須注意公共的利益。

2.賦有家庭功能。

3.服務品質的一致性。

4.當日消耗無法儲存，形成高浪費率，成本相對提高。

5.旅館業的投入，需經過三至五年的時間，而其回收亦相當緩慢，故屬於一種長期性投資。

第二單元　名詞解釋

1. 旅館：「旅館」可定義為：「提供旅客住宿、餐飲及其他有關之服務，並以營利為目的的一種公共設施。」換言之，旅館專為接待過境、短期或長期的旅客，供應旅客們日常生活所需的居住、飲食，甚至提供相關休閒的設施，使外來的賓客都能得到舒適的住宿環境。
2. 旅館業：依據「發展觀光條例」第二條第一項第八款，旅館業是指觀光旅館業以外，對旅客提供住宿、休息及其他經中央主管機關核定相關業務之營利事業。
3. 觀光旅館業：依據「發展觀光條例」第二條第一項第七款，觀光旅館業是指經營國際觀光旅館或一般觀光旅館，對旅客提供住宿及相關服務之營利事業。

第三單元　相關試題

一、單選題

（　）1.旅館業是屬於（1）複合性（2）服務性（3）勞動性（4）實務性　的事業。

（　）2.旅館的英文名稱爲（1）motel（2）house（3）office（4）hotel

（　）3.我國的觀光旅館業是屬於（1）許可制（2）登記制（3）隸屬制（4）內閣制　的行業。

（　）4.國際觀光旅館的目的事業主管機關爲（1）交通部（2）內政部（3）教育部（4）觀光局。

（　）5.旅館的功能是屬於（1）地區性（2）地理性（3）綜合性（4）季節性。

二、多重選擇題

（　）1. 旅館的商品可分爲（1）精緻商品（2）普通商品（3）有形商品（4）無形商品。

（　）2.我國的觀光旅館業可分爲（1）普通旅館（2）國際觀光旅館（3）汽車旅館（4）觀光旅館

（　）3.我國現行的旅館業管理相關法令有哪些？（1）旅館業管理規則（2）台北市旅館業管理規則（3）高雄市旅館業管理規則（4）福建省旅館業管理規則。

(　)4.旅館是（1）家外之家（2）全年無休（3）沒有淡旺季（4）公共場所。

(　)5.旅館在需求方面的特性有（1）具有僵固性（2）敏感性高（3）季節性明顯（4）彈性大。

三、簡答題

1.旅館的有形商品可分為哪三種？

2.旅館的無形商品為何？

3.旅館的服務可分為哪兩部分？

4.旅館的服務人員應具備之職能為何？

5.台灣地區的旅館業可區分為哪兩種？

四、申論題

1.試述旅館的定義？

2.試述旅館的一般特性？

3.試述旅館商品（客房）的特性？

4.試扼要說明旅館的經濟特性及產業經濟特性？

5.試述旅館的供需特性？

第四單元　試題解析

一、單選題

1.（2）2.（4）3.（1）4.（4）5.（3）

二、多重選擇題

1.（3.4）2.（2.4）3.（1.2.3.4）4.（1.2.4）5.（2.3.4）

三、簡答題

1.答：設備、餐食、環境。

2.答：服務。

3.答：靠物的服務、靠人的服務。

4.答：待客技巧、服務的意願、工作熟練度、瞭解顧客心理、職責劃分清楚、親切周到的服務態度。

5.答：旅館業、觀光旅館業。

四、申論題

1.答：「旅館」可定義爲：「提供旅客住宿、餐飲及其他有關服務，並以營利爲目的的一種公共設施。」換言之，旅館專爲接待過境、短期或長期的旅客，供應旅客們日常生活所需的居住、飲食，甚至提供相關休閒的設施，使外來的賓客都能得到舒適的住宿場所。

2.答：

（1）服務性：旅館內每位從業人員的服務都是直接出售商品，服務品質的好壞直接影響全體旅館的形象；旅館經營客房出租、餐飲供應並提供會議廳等有關設施，主要是爲了服務旅客，以旅客的最大滿意爲依歸。因此，「人爲」的因素決定旅館的一切，人爲的「服務性」特徵也表現得突出而明顯，是故旅館從業人員應當瞭解「人」在旅館作業中的意義，同時更要瞭解「爲人服務」的價值。

（2）綜合性：旅館的功能是綜合性的。舉凡住宿、餐飲外，其他和介紹旅遊、代訂機票等皆可在旅館內解決與獲得滿足。因此，旅館是生活的服務，食、衣、住、行、育、樂均可包括其中，是一個最主要的社交、資訊、文化的活動中心。或有人稱旅館爲「家外之家」（home away from home）。

（3）豪華型：旅館的建築與內部設施豪華，其外觀及室內陳設，除代表一地區或一國家之文化藝術外，更是吸引觀光客住宿的最佳誘因。因此如何維護這些設備，不失其豪華氣氛，訓練員工對財物管理的正確觀念，也是經營旅館的重要方針。

（4）公用性（公共性）：旅館的主要任務，是對旅客提供住宿與餐飲，而觀光旅館另有提供集會或開會用之功能，及任何人都可以自由進出的大門廳及會客廳。因此旅館是集會、宴會、休閒的公共空間。

（5）無歇性（全天候性，持續性）：旅館的服務是一年三百六十五天，一天二十四小時全天候的服務，其所提供的服務不僅需要安全可靠，並且要熱忱及親切，使顧客體驗到愉悅和滿足。

（6）地區性：旅館的建築物興建在某地，就是永久性的，它無法隨著住宿人數之多寡而移動至其他位置，所以旅館銷售房間，受地理上的限制很大。

（7）季節性：旅館業的主要任務是提供旅客住宿及餐飲，而旅客出外旅遊有季節性，因此旅館的營運須顧及旺季住宿之需求。

3.答：

（1）獨一性：客房只有旅館等住宿設施才有。

（2）無法儲存性：房間只能當天賣出。

（3）僵固性：數量有限，無法加班生產。客滿即無法臨時再增加。

（4）固定成本高：建築、土地、設備成本高。

（5）信賴性：住過才知道好，包括事前的期望與事後的體驗。

（6）無形性：服務優劣、印象好壞及旅客的滿意程度，會在旅客住宿後顯現出來。

（7）長期性：業務行銷計畫須提早進行並接受預約訂房。

（8）競爭性：同業間相互競爭關係，除了要加強硬體設備維護外，並應不斷提升服務水準。

（9）人情味：建立良好顧客關係，才能創造商機。

（10）地理性：立地條件（地點選擇）、房間數之多寡及經營策略之搭配，宜相輔相成。

（11）多元性：研究市場行銷技巧，提高推銷技術，利用各種宣傳管道，開發新產品。

4.答：

（1）經濟特性

A.商品無儲存性（產品無法儲存再售）：顧客稀少時，無法將今天未售的房間，留待明天出售，未賣出的房間將成爲當天的損失，無法轉下期再賣。

B.短期供給無彈性：客房一旦售出，則空間、面積無法再增加。旅館房租收入額，以全部房間都出租爲最高限度，旅客再多，都無法增加收入。如某旅館有二百間房，床位三百個，平均房租爲每間二千元，則這間旅館最多只能接待三百名旅客，房租最高收入四十萬元，多一位旅客就無法接待，當然房租收入亦無法增加，這與一般製造工廠，在銷售旺季時，可以日夜趕工，增加產品數量，使銷貨收入可提高到二、三倍有所不同。

C.地理位置上的限制：旅館的建築物，興建在某一個地方，就是固定性的，它無法隨著住宿人數之多寡，而移動其地理位置。旅客要投宿旅館，就必須到有旅館的地方，與一般商品可隨時運送到數量較少、售價較高的偏遠地區相比較，旅館銷售房間，受地理上的限制甚鉅。

D.季節波動性（需求的波動性）：旅館所在地區受季節、經濟景氣、國際情勢影響大，淡旺季營業收入差距甚大，許多旅館旺季時，需要超額訂房，但遇淡季時，爲了節省變動成本，關閉數個樓層，以減少水電及臨時人事費用支出。

E.投資性：資本密集、固定成本高，人事費用、地價稅、房捐稅、利息、折舊、維護等固定費用占全部開支約在60%～70%之間，與製造業變動費用之原料支出比重，成明顯對比。

F.社會地位性：因觀光旅館為社交、集會中心，其投資者之社會聲望較一般行業為高，許多建設公司老闆，紛紛籌建旅館，藉以提升社會地位，其建設公司之房屋也因此易於銷售，名利雙收。

G.固定費用的支出多：旅館的開支，可分為固定費用與變動費用兩種。用人費用、地價稅、房捐稅、折舊費等屬於前者，無論是客滿，或住客僅有二、三成時，固定費用都不變；而魚肉、果菜及住客消耗品，如香皂、紙張等，即隨住客的多寡而增減，則屬於後者。旅館固定費用之開支，幾乎占全部開支之五、六成左右，與製造工廠變動費用之原料支出，占全部支出之六成左右，成明顯對比。

H.客房部毛利高：觀光旅館客房部營業費用低，稅捐單位對觀光旅館核定客房收入－營業成本＝營業毛利為85%，而營業毛利－營業費用＝營業淨利達35%，利潤率高，惟上述假設係以合理經營狀況下為之，若住房率太低，則固定成本將使旅館呈現赤字。

（2）產業經濟特性

A.資本與勞力密集：旅館業為資本與勞力密集的行業，其投資報酬就長遠持續經營之觀點而言，係長期獲利回收的方式為主。

B.擔負外在經濟景氣的風險：外在經濟景氣的風險，短期內無法以市場供需手段採取因應對策。在短期內，市場的供給不受市場需求的影響，供給彈性在特定期間內接近於零。

C.市場特性接近「寡頭獨占競爭」的市場型態：市場特性接近

「寡頭獨占競爭」的市場型態，雖然可採差別取價的訂價策略營運，但也受市場其他相對競爭者訂價的影響。

D.市場需求受外在環境影響很大：如經濟景氣、外貿活動頻繁、國際性觀光資源開發、航運便捷等。

E.形象與業績正向關聯：專業的「服務」行業，形象與業績十分相關，而產業的形象、收費與當地國的經濟發展、國際形象，具有相當程度的正向關聯。

5.答：

（1）需求方面

A.彈性大：經濟學家同意像觀光這種生活必須的需求，是相當具有彈性的。

B.敏感性高。

C.季節性明顯。

（2）供給方面

A.基本上是一種「服務」的提供。

B.具有僵固性。

C.產品爲不同成分的結合體。

第二章　旅館的起源與功能

第一單元　重點整理

旅館的起源

旅館的功能

第二單元　名詞解釋

第三單元　相關試題

第四單元　試題解析

第一單元　重點整理

隨著時代的進步、交通工具的發達及經濟的成長，人們在物質生活逐漸滿足之後，相繼走出戶外，體驗大自然中另一種精神上的滿足，亦即從事觀光旅遊活動。在旅遊活動的過程中，當然必須同時解決食、衣、住、行等問題，除了交通工具外，最重要的應該算是住宿地點的選擇。因此，住宿設施（accommodation）應運而生，提供的服務項目也就包羅萬象，其功能更加複雜，地位益顯格外重要。有關我國與歐美各國旅館的起源，及旅館具備之功能，分述如后。

壹、旅館的起源

不論我國或歐美國家，在早期均無「旅館」這個名詞，經過時代變遷及社會上的需要，各式各樣的住宿型態及名稱即順勢產生。茲分別就歐美與我國旅館的起源及演進，扼要說明如后。

一、歐美旅館的起源

歐美最原始的住宿設備大約在古羅馬時代或更早的年代。在最初的時候，各方的旅行隊伍，也是尋覓附近的石洞，作爲隱蔽的場所，之後逐漸改善，在路旁置磚石形成房屋，即稱爲「旅隊的宿所」。到紀元前四百餘年，方在羅馬的主要道路旁，建有「驛站」，與我國的驛亭相同，而各國政府也建有最簡單的寓所，供給路過的軍隊和官吏使用，此一時期未有任何進展，直到16世紀初，英國方建立幾個著名的小旅店及酒家，而美國也在此時期，建立一些小型的旅店於維吉尼亞州內，到1642年美國才建立第一家的旅館於紐約，定名爲「皇家的武器」旅館，據歷史記載該店擁有三十間臥室，以當時的眼光看來，屬於一家規模相當大的旅館。後又設立第一家的磚造旅館，定名爲「后冠」旅店，足以代表數千年來旅館發展的巔峰時期。但是現在美國的旅館，從極簡單的組織，演變成爲二、三千個房間。美國芝加哥希爾頓旅館即是以前史蒂文斯旅館改造，擁有三千個房間，爲世界上最大的旅館之一，建築費用高達美金二千七百餘萬元。

眞正有較現代化設備的旅館出現，則是在1800年才開始，到了1920年，美、英、法等國相繼建造旅館，由中小型（數十間房間，二、三層樓）演變至大規模的飯店。惟至1930年代，世界恐慌帶來了旅館的黑暗時代，在美國約有八成以上的旅館宣告破產。旅館設備日新月異，很多美國旅館爲符合現代生活的需要，不斷地改善設備，如接待自行開車的旅客，在旅館方面則設有修車場或臨時搶修的各種設備，並爲自行開車前來的旅客設有進車道及休息室，旅客可以在辦理登記後，將汽車停放在停車場，隨後直接進入其住房，無需經過正廳或繞道而行，這種服務爲一般長途駕車的旅客喜愛，亦即所謂之汽車旅館（motel）。近來美國許多經營旅館業人士，除了在其本地經營外，更在其他城市投資與建新的旅館或收購現成旅館，以擴展其業務。

二、我國旅館的起源

我國古代並無「旅館」這個名詞，一直到秦漢時代，由於交通發達，爲便利少數客商或行旅等，多在通都大邑或交通要點設置「驛亭」、「私館」、「客棧」、「逆旅」、「店」、「行」等簡易的住宿設備，惟一般旅客或遊客亦多利用寺廟作爲休憩寄宿之場所。其中「驛亭」係專爲旅客休息的地方，但是這種簡陋的設置並不普遍，一般旅客都以寺院作爲休息之處所，因爲每一市鎮鄉村及道路旁均有寺院，住宿費用並無規定，是由旅客「隨緣樂捐」，後來因爲這種接待業務日趨繁雜，逐漸演進到飯店、客棧的設立，因此大部分業者以原有設備和人力，來兼營這種事業，其中都是以供應餐食和飲料爲主，設備非常簡陋，客人則爲「隨遇而安」。

唐代時，各國使節代表、貴賓、華僑、顯要，都住在著名的國家招待所——驛站和禮賓院，其內設備豪華，相當於今日的五星級旅館。不過當時旅館經營者僅著重於聯絡彼此情感，較無經濟觀點。近代因交通發達，旅遊事業快速發展，旅館的設立才日趨普遍。

有關我國旅館演進之各種名詞及其經營的性質，茲分述如下：

（一）驛亭（或亭驛）

指短暫歇腳的小屋子，也是馬房，讓馬匹棲身的地方。

1.古時爲傳遞文書中途換馬之處。

2.一般設於通都大邑或交通要道。

（二）逆旅、私館、客舍

簡易的住宿場所。

（三）寺廟

不收費，香客捐獻。

（四）行（碼頭）

設於重要的水陸碼頭。

1.招待商人，收取佣金。

2.交通進步後產生的住宿場所。

（五）販仔間（招待所）

爲台灣旅館最原始的雛型。

1.專供小販或跑單幫者歇腳。

2.未僱用他人，而以家人幫傭方式經營。

3.設備簡陋，服務差。

4.家庭副業。

（六）店、客棧

提供商旅住宿，設於城鎮鄉村。供應膳宿，收費低廉。

（七）旅社

僅供住宿。

（八）禮賓院、驛館

設備豪華。接待貴賓、華僑、各國使節。

至於我國與歐美的旅館發展過程（如表2-1）

旅館業經常走在時代尖端，在旅客消費水準日益增加，要求的服務品質不斷提高，以及受到尊重、禮遇的需求與日俱增的潮流之下，旅館所提供各項服務（包括硬體與軟體）之優劣，已成爲旅館業永續經營必須必備的條件，亦爲旅館不斷求新、求變，追求服務至上的必然趨勢。

三、我國觀光旅館發展概況

我國的觀光事業從1956年開始發展，觀光旅館業也是在這一年開

表2-1　旅館發展過程表

特色 時代	利用者	投資目的	經營目標	組織型態	設備	典型經營者	代表性旅館	旅館規模
客棧時代（旅行行為發生時）	宗教及經濟動機旅行者	慈善事業副業	社會義務	獨立經營	能住宿即可		各種客棧	小型
豪華旅館時代（19世紀後期）	具有特權及富有之旅客	社會仕紳	迎合貴族需求 服務至上	獨立經營	豪華	律慈氏	1.法國巴黎Grand Hotel 2.美國紐約Waldorf Astoria	中型
商務旅館時代（20世紀初期）	商務旅客	利潤第一	成本觀念 價格取向	連鎖經營 獨立經營	便利 標準 簡易	史大特拉氏 希爾頓氏 威爾森氏	1.Hilton 2.Holiday Inns	中大型
現代旅館時代（20世紀後期）	觀光旅客 本國旅客 商務旅客 洽公者	多角化經營 投資大資本 追求利潤 爭取外匯 結合相關資源 增加附屬設施	重視市場開發活動 顧客至上 附加價值 package設計 綜合性組合產品 management contract	連鎖經營 採取同業合作關係 獨立設備共存	設備廣泛 多樣機能 自助式		1.中信大飯店 2.康橋大飯店 3.福華大飯店	中大型

始興起。當時台灣省觀光事業委員會、省（市）衛生處、警察局共同訂定，客房數在二十間以上就可稱爲「觀光旅館」。在1956年政府開始積極推展觀光事業之前，台灣可接待外賓的旅館只有圓山、中國之友社、自由之家及台灣鐵路飯店等四家，客房一共只有一百五十四間。

1963年政府訂定「台灣地區觀光旅館管理規則」，將原來觀光旅館的房間數提高爲四十間，並規定國際觀光旅館的房間要在八十間以上。

1964年統一大飯店、國賓大飯店、中泰賓館相繼開幕，台灣出現了大型旅館。1972年台北市希爾頓大飯店開幕，使我國觀光旅館業進入國際性連鎖經營的時代。

1974年至1976年間，由於能源危機及政府頒布禁建令，大幅提高稅率、電費，這三年間沒有增加新的觀光旅館，造成1977年嚴重的「旅館荒」，同時也出現許多「無照旅館」，以及各種社會問題。

1976年交通部觀光局鑒於觀光旅館接待國際觀光旅客之地位日趨重要，透過交通部與內政、經濟兩部協調，在原商業團體分業標準內另成立「觀光旅館商業」之行業，同時爲加強觀光旅館業之輔導與管理，經協調有關機關研訂「觀光旅館業管理規則（草案）」，於1977年7月2日由交通、內政兩部會銜發布施行，明訂觀光旅館建築設備及標準，同時將觀光旅館業劃出特定營業之管理範圍。

1977年我國政府鑒於觀光旅館嚴重不足，特別頒布「興建國際觀光旅館申請貸款要點」，除了貸款新台幣二十八億元外，並有條件准許在住宅區內興建國際觀光旅館，在這些辦法鼓勵下，兄弟、來來、亞都、美麗華、環亞、福華、老爺等國際觀光旅館如雨後春筍般興起。從1978年至1981年，台灣地區客房的成長率超過旅客的成長率，而以1978年成長48.8%爲最高峰。

1983年，交通部觀光局及省（市）觀光主管機關爲激發觀光旅館業之榮譽感，提升其經營管理水準，使觀光客容易選擇自己喜愛等級之觀光旅館，自1983年起對觀光旅館實施等級區分評鑑，評鑑標準分爲二、三、四、五朵梅花等級，評鑑項目包括建築、設備、經營、管理及服務品質，促使業者觀光旅館之硬體與軟體均予重視。此舉對督促觀光旅館更新設備，提升服務品質著有成效。

台北市觀光旅館的國際化，可從1973年國際希爾頓集團在台北市設立希爾頓大飯店開始，目前在台的國際連鎖系統已有：喜來登（Sheraton）來來大飯店，於1982年與喜來登集團簽訂世界性連續業務及技術合作契約；台北老爺酒店與台中全國大飯店分別於1984年及1996年成為日航（Nikko）管理系統之一員。台北凱悅大飯店（Hyatt）於1991年加入凱悅國際連鎖旅館體系；華國大飯店於1996年與洲際大飯店（Inter-continental）簽訂顧問契約，正式成為洲際管理系統之一員；華泰大飯店於1999年初，成為美麗殿管理系統的一員；台北亞都麗緻大飯店、西華大飯店分別於1983年、1994年成為「世界傑出旅館」（Leading Hotel of the World）訂房系統的一員；台北西華大飯店亦為Preferred Hotels訂房系統的一員，這些訂房系統旗下所擁有的旅館在世界均有很高的知名度，尤其「世界傑出旅館」更是舉世聞名。台中市與台中經過多方評估於1996年8月21日加入以精緻服務著稱於世的「日航國際連鎖旅館公司」（Nikko Hotels International），成為該飯店體系在世界第四十四家國際觀光旅館。

另大溪別館亦於1999年11月與「仕達屋酒店集團」結盟，變更旅館中英文名稱為「寰鼎大溪別館」（The Westin Resort Ta Shee, Taiwan）。又1999年營運之六福皇宮亦加入威斯丁連鎖旅館系統（Westin Hotels and Resorts），成為其中的一員。這些國際連鎖的旅館，由於引進歐美旅館的管理技術與人才，加速了台灣的旅館經營朝向國際化的方向邁進。

近年來國際觀光旅館不斷地增加，同業間競爭日趨激烈，為了發展觀光事業，除需要政府有關當局積極的輔導，開發觀光資源，吸收更多遊客投宿，以增加收入外，內部管理須減少無謂的浪費，以求生存及發展。

旅館是提供住宿的地方，這種觀念已逐漸改變爲提供休閒及遊玩的場所。旅館除了原有的供應餐飲外，其經營也逐漸走向多角化經營方式，而且已蔚爲一種風氣。旅館設備的求新性很強，只要有更現代化、更便利的設備出現，旅館爲因應時代需要，勢必跟進。又爲節省人力，快速處理各項基本作業，亦會採取電腦化作業，以符合實際需要，如各大飯店爲了廣爲招攬更多顧客，乃順應國際潮流及最新科技，運用國際網際網路（Internet）管道，將飯店內各項設施、服務，及相關訂房作業、須知，於網路上做詳細的介紹，旅客可藉由Internet輕易取得相關資訊。

貳、旅館的功能

旅館的基本功能是提供旅行者、洽商（公）者，作爲家外之家，所以其機能應與「家」相同。爲營造一個具有「家」的氣息的旅館，投資者或經營者莫不將旅館內部設備擺設，仿照家庭式的陳列，由於受限於空間，旅館大多會以較柔和的色調，搭配一些裝飾品，甚至家具擺設的位置亦略加調整，俾使旅客一進入旅館或客房內，即感受到有回到家中的感覺。當然，還需視該旅館之經營對象及市場定位而有所不同，如我國的觀光旅館，其經營對象有只接待商務旅客或團體旅客者，抑是兩者皆有。如屬於一般旅館，稍具規模者，其客源與觀光旅館相同亦不在少數，但是亦有部分旅館，除提供旅客住宿外，也兼提供旅客作爲短暫休息的場所。

有關旅館的功能，可以從旅館的組織及服務等兩方面說明之。

一、旅館的組織功能

爲了要謀求最有效的經營成果，旅館的組織因其所在地、服務的方式，以及經營者的學識經驗背景等因素之不同而互異，不過爲了瞭解旅館可能有哪些功能，還是需要從組織下手，只是須把握其應有的功能，至於每一功能由誰來做，作此功能的人是什麼職稱，較爲不重要。

在營運上依工作性質可分爲營業和管理兩大部門。而行政組織上最高負責人爲總經理是由董事長推派，其下各部門分設經理、主任、組長、領班等，經由組織系統運作，達成服務的目的。

旅館雖然是因應旅客的需要而產生，但是爲了自存或是爲了追求進一步發展，一般會再擴大其營業範圍，款待當地的居民，其客源可大致分爲觀光旅客、商務旅客，及其他目的的旅行者。兼營本地生意者是以餐飲部爲主，規模大者其來自本地居民的生意的比例在80%以上者亦有之，如沒有這些本地的生意就不能維持其相當的規模，沒有其相當的規模就無法形成一流的豪華旅館，所以從專業程度來觀察旅館時，應該以住宿機能的客房部門爲主要的觀察對象，而餐飲部門則爲其附屬的部門。

二、旅館的服務功能

旅館業爲服務業之一種。所謂服務（service），不僅指服務人員爲旅客提供精神及體力上的勞務，也包括旅客所獲得的一種感覺（service is a feeling）。如何使服務人員以眞誠的態度爲顧客服務，乃是經營管理者的責任。因此服務應站在顧客立場考量，瞭解顧客需要，提供各項服務來滿足顧客。

旅館有爲顧客提供住宿、飲食與集會等三大服務功能，亦負有解決顧客生理上的需求，滿足心理上的欲望及保護旅客生命、財產安全的責任。其出售的產品是旅館建築物、設備與其設計所營造出來的氣氛，以及從業人員的服務態度和各種飲食菜餚等。

旅館所提供的有形商品包括住宿、餐食、飲料以及活動場所（包括集會、宴會、酒會、商品展示及其他社交活動等）。這四種服務分由客房部與餐飲部兩大營業部門負責之，其他能使旅客的居留更舒適的收費服務（如洗衣、商店等）就被歸類爲「附帶部門」（minor department），因爲其營業額僅占總額的一小部分。爲了便利旅客購買物品的需要，有的旅館亦附設有名品商店，不過這些商店出租給專業者去經營居多，因此旅館還是以客房部與餐飲部兩個主要的營業部門爲主體。

旅館除了販賣有形的「設備」（如客房、餐廳、酒吧、宴會廳，以及其他設施）之外，同時也販賣「地點」、「服務」，以及「印象」（或「氣氛」）等。尤其是地點涉及進出的方便、環境的寧靜，及視覺景觀如何。其次，服務關係到旅客居留期間的舒適與方便。旅客對旅館的印象或氣氛是由設備、地點與服務等三種因素共同創造出來的副產品，亦會受到旅館名稱、外觀、內部裝潢、顧客、口碑，及廣告方式等因素的影響。其價值有時可由「定價」表現出來。

有人只重地點，只要價格便宜，有無其他的要素都無所謂；也有人只重視其印象、設備與服務，價格不是重要的因素。所以在旅客的觀念中「定價」與其他四種要素一樣，也是影響他對某一旅館的觀感的要素之一，通常每個旅客都依此五種要素來決定其所能接受的旅館，反之，每一家旅館也可從此五要素來決定其客源的服務層面。

第二單元　名詞解釋

1.服務（service）：指服務人員爲旅客提供精神及體力上的勞務，也包括旅客所獲得的一種感覺。

2.accommodation：住宿設施。

3.minor department：附帶部門。例如提供旅客其他收費的部門，如洗衣、商店等。

第三單元　相關試題

一、單選題

(　) 1.眞正有較現代化設備的旅館是在西元（1）1750年（2）1800年（3）1850年（4）1900年。

(　) 2.我國古代並無旅館的名稱，一直到哪一時代，才有簡易的住宿設施（1）秦代（2）漢代（3）唐代（4）明代。

(　) 3.汽車旅館的英文名稱爲（1）HOTEL（2）INN（3）HOSTEL（4）HOTEL。

(　) 4.Accommodation是指（1）會議場所（2）公共場所（3）住宿設施（4）附屬設施。

(　) 5.台灣旅館最原始的雛型爲（1）商店（2）販仔間（3）寺廟（4）客棧。

二、多重選擇題

(　) 1.我國古代之「驛亭」是指（1）短暫歇腳的地方（2）馬房（3）客棧（4）涼亭。

(　) 2.販仔間是（1）設備簡陋（2）家庭副業（3）未僱用他人（4）馬房。

(　) 3.爲了要謀求最有效的經營成果，旅館的組織因其（1）公共場所（2）所在地（3）服務方式（4）經營者的學識經驗背景等因素之不同而互異。

(　)4.旅館永續經營必須具備的條件爲（1）公共場所（2）軟體（3）網際網路（4）硬體。

(　)5.旅館的客源大致分爲（1）觀光旅客（2）拜訪者（3）商務旅客（4）其他目的的旅行者。

三、簡答題

1.旅館在營運上依工作性質可分爲哪兩項？

2.旅館的三大服務功能爲何？

3.旅館所提供的有形商品包括哪四項？

4.旅客對旅館的印象或氣氛是由哪三種因爲共同創造出來的副產品？

5.試列舉出三家國際連鎖旅館之名稱？

四、申論題

1.試扼要說明我國旅館的起源？

2.試扼要說明歐美旅館的起源？

3.試以表列出旅館發展過程？

4.試述我國觀光旅館評鑑標準之等級及評鑑項目？

5.試述旅館的基本功能？

第四單元　試題解析

一、單選題

1.（2）2.（1）3.（4）4.（3）5.（2）

二、多重選擇題

1.（1.2）2.（1.2.3）3.（2.3.4）4.（2.4）5.（1.3.4）

三、簡答題

1.答：營業部門，管理部門。

2.答：住宿，飲食，集會。

3.答：住宿，餐食，飲料，活動場所。

4.答：設備，地點，服務。

5.答：Westin，Inter-continetal，Hyaatt，Hilton，Holiday Inn...。

四、申論題

1.答：我國古代並無「旅館」這個名詞，一直到秦漢時代，由於交通發達，爲便利少數客商或行旅等，多在通都大邑或交通要點設置「驛亭」、「私館」、「客棧」、「逆旅」、「店」、「行」等簡易的住宿設備，惟一般旅客或遊客亦多利用寺廟作爲休憩寄宿之場所。其中「驛亭」係專爲旅客休息的地方，但是這種簡陋的設置並不普遍，一般旅客都以寺院作爲休息之處所，因爲每一市鎮鄉村及道路旁均有寺院，住宿費用並無規定，是由旅客「隨緣樂捐」，後來因爲這種接待業務日趨繁雜，逐漸演進到飯店、客棧的設立，因此大部分業者以原有設備和人力，來兼營這種事業，其中都是以供應餐食和飲料爲主，設備非常簡陋，客人則爲「隨遇而安」。唐代時，各國使節代表、貴賓、華僑、顯要，都住在著名的國家招待所——驛站和禮賓院，其內設備豪華，相當於今日的五星級旅館。不過當時旅館經營者僅著重於聯絡彼此情感，較無經濟觀點。近代因交通發達，旅遊事業快速發展，旅館的設立才日趨普遍。

2.答：歐美最原始的住宿設備大約在古羅馬時代或更早的年代，在最初的時候，各方的旅行隊伍，也是尋覓附近的石洞，作爲隱蔽的場所，之後逐漸改善，在路旁置磚石形成房屋，即稱爲「旅隊的宿所」。到紀元前四百餘年，方在羅馬的主要道路旁，建有「驛站」，與我國的驛亭相同，而各國政府也建有最簡單的寓所，供給路過的軍隊和官吏使用，此一時期未有任何進展，直到16世紀初，英國方建立幾個著名的小旅店及酒家，而美國也在此時期，建立一些小型的旅店於維吉尼亞州內，到1642年美國才建立第一家的旅館於紐約，定名爲「皇家的武器」旅館，據歷史記載該店擁有三十間臥室，以當時的眼光看來，屬於一家規模相當大的旅館。後又設立第一家的磚造旅館，定名爲「后冠」旅店，足以代表數千年來旅館發展的巔峰時期。但是現在美國的旅館，從極簡單的組織，演變成爲二、三千個房間。美國芝加哥希爾頓旅館即是以前史蒂文斯旅館改造，擁有三千個房間，爲世界上最大的旅館之一，建築費用高達美金二千七百餘萬元。

眞正有較現代化設備的旅館出現，則是在1800年才開始，到了1920年，美、英、法等國相繼建造旅館，由中小型（數十間房間，二、三層樓）演變至大規模的飯店。惟至1930年代，世界恐慌帶來了旅館的黑暗時代，在美國約有八成以上的旅館宣告破產。旅館設備日新月異，很多美國旅館爲符合現代生活的需要，不斷地改善設備，如接待自行開車的旅客，在旅館方面則設有修車場或臨時搶修的各種設備，並爲自行開車前來的旅客設有進車道及休息室，旅客可以在辦理登記後，將汽車停放在停車場，隨後直接進入其住房，無需經過正廳或繞道而行，這種服務爲一般長途駕車的旅客喜愛，亦即所謂之汽車旅館（motel）。近來美國許多經營旅館業人士，除了在其本地經營外，更在其他城市投資興建新的旅館或收購現成旅館，以擴展其業務。

3.答：

特色 時代	利用者	投資目的	經營目標	組織型態	設備	典型經營者	代表性旅館	旅館規模
客棧時代（旅行行為發生時）	宗教及經濟動機旅行者	慈善事業副業	社會義務	獨立經營	能住宿即可		各種客棧	小型
豪華旅館時代（19世紀後期）	具有特權及富有之旅客	社會仕紳	迎合貴族需求 服務至上	獨立經營	豪華	律慈氏	1.法國巴黎Grand Hotel 2.美國紐約Waldorf Astoria	中型
商務旅館時代（20世紀初期）	商務旅客	利潤第一	成本觀念 價格取向	連鎖經營 獨立經營	便利 標準 簡易	史大特拉氏 希爾頓氏 威爾森氏	1.Hilton 2.Holiday Inns	中大型
現代旅館時代（20世紀後期）	觀光旅客 本國旅客 商務旅客 洽公者	多角化經營 投資大資本 追求利潤 爭取外匯 結合相關資源 增加附屬設施	重視市場開發活動 顧客至上 附加價值 package設計 綜合性組合產品 management contract	連鎖經營 採取同業合作關係 獨立設備共存	設備廣泛 多樣機能 自助式		1.中信大飯店 2.康橋大飯店 3.福華大飯店	中大型

4.答：評鑑標準分為二、三、四、五朵梅花等級，評鑑項目包括建築、設備、經營、管理及服務品質。

5.答：旅館的基本功能是提供旅行者、洽商（公）者，作為家外之家，所以其機能應與「家」相同。

第三章　旅館的組織與分類

第一單元　重點整理

旅館的組織

住宿設施的分類與分級

第二單元　名詞解釋

第三單元　相關試題

第四單元　試題解析

第一單元　重點整理

旅館的組織因其經營特性、規模大小、各部門分工作業互有不同，但整體來說大都相似。不論旅館各部門如何分工，其基本職掌大致相同。一般而言，旅館客房作業可分爲兩大部門，一爲「外務部門」（front of the house，前檯），另一爲「內務部門」（back of the house，後檯）。茲分述如后（如圖3-1）。

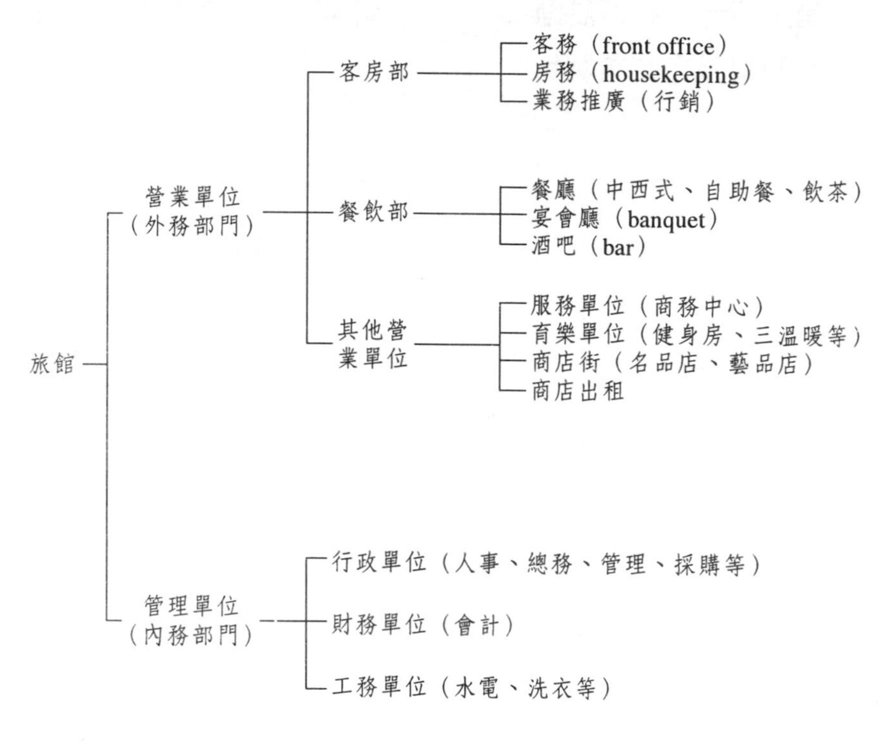

圖3-1　旅館組織架構圖

一、外務部門

外務部門即「營業單位」，屬於前場單位。其任務係以提供客人滿意的住宿設施及其他相關的服務爲主，包括櫃檯、出納、大廳、商務中心、旅館內的全部客房、附設之餐廳（外場）及其他附屬設施（如健身房、三溫暖、游泳池、商店等）。

二、內務部門

內務部門係指「管理單位」，屬於後場單位，亦被稱爲「旅館的心臟」。該部門負責旅館內相關行政支援工作，在各部門相互分工、支援的原則下，妥善提供接待旅客的各項服務工作，讓客人感到有賓至如歸的感覺。其部門包括管理、人事、訓練、財務、會計、總務、採購及工務等。舉凡廚房、儲藏室、食物飲料補給品的採購、對外宣傳行銷、人事管理訓練等均爲內務部門之範圍。

壹、旅館的組織

組織的意義是要決定及編配旅館內各部員工的職掌，顯示彼此之間的關係，使每一個員工的努力和工作合理化，朝向一個共同的目標而努力。換言之，就是要使旅館內的人與事配合，使業務推動順利進行而達到服務顧客及增加收入的目的。

旅館的組織結構各依其規模大小、經營客源對象、業務性質之不同，各有不同的組織型態。旅館亦屬企業之一種，其經營型態可分爲三種：公司、獨資及合夥。我國之觀光旅館業爲特許行業，均爲公司組織；而一般旅館即所謂之旅（賓）館，則採登記制，其組織型態包括公司、獨資、合夥等三種。

一、組織的特性

旅館組織乃是結合衆人之力，透過擴散和漣漪的效果，達到群策群力，收衆志成城之功。一個員工單獨的能力有限，要完成一件事物就很難辦到，即使可以辦到，其付出的時間與力量亦不甚經濟。若是能集合全體員工之力，使各盡所能，互爲長短，則定能事半功倍，發揮績效（synergy）。

二、旅館組織的特性

旅館組織的特性，包括下列三種：

（一）必須有共同目標

旅館間各部門員工都有其職掌，各司其職。爲達到旅館營運正常化（如住宿率提高、用餐率增加等），互相協調聯繫、合作支援，共同爲爭取業績、提升服務品質爲目標。

（二）必須有統一領導

旅館各領導階層負責各部門的領導統御工作。領導是一種藝術，需要講求領導技巧，用人技術及具備旅館專業經營管理知識，才能使組織成爲「有機體」。

（三）必須有溝通的意見

旅館內部各部門間的橫向聯繫與縱向溝通同樣重要。經驗的交流、意見的溝通爲員工之間互相改進與成長的捷徑，因此，溝通意見、齊一步調爲旅館成長的要項之一。

三、旅館的組織架構

旅館依其規模大小、經營型態與旅館區位，在組織編組上略有差異。茲就我國的旅館組織系統，以圖示之（如圖3-2、圖3-3及圖3-4）。

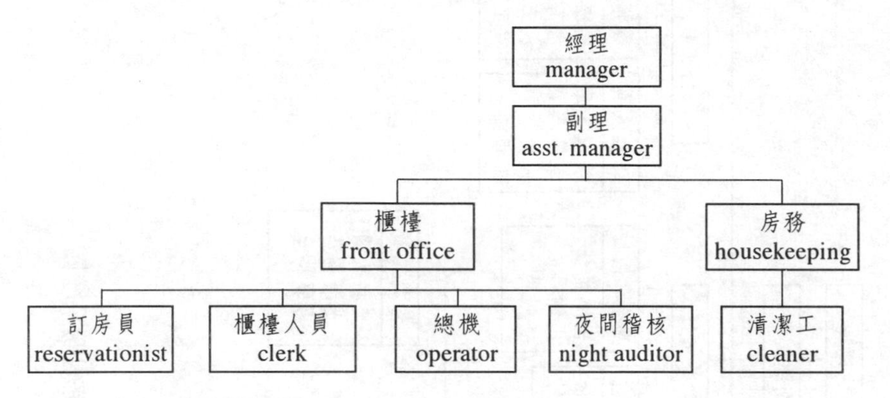

註：組織編組並無一定規範，完全視實際需要而安排增加或減少，員工進用亦同。

圖3-2　小型旅館組織系統圖

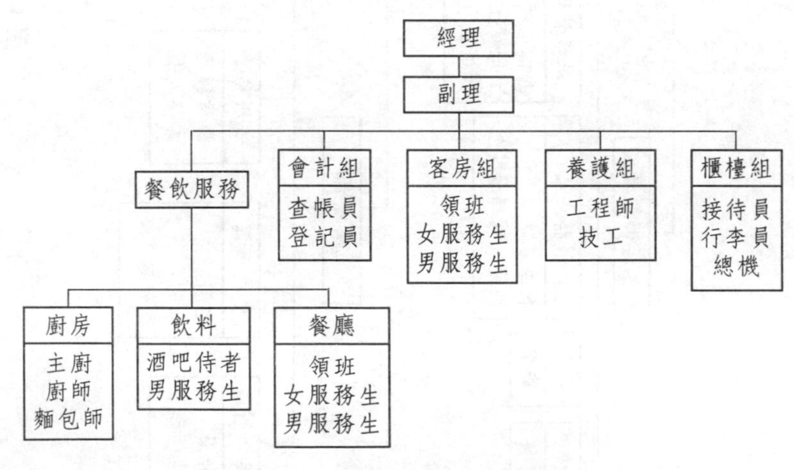

圖3-3　中型旅館組織圖

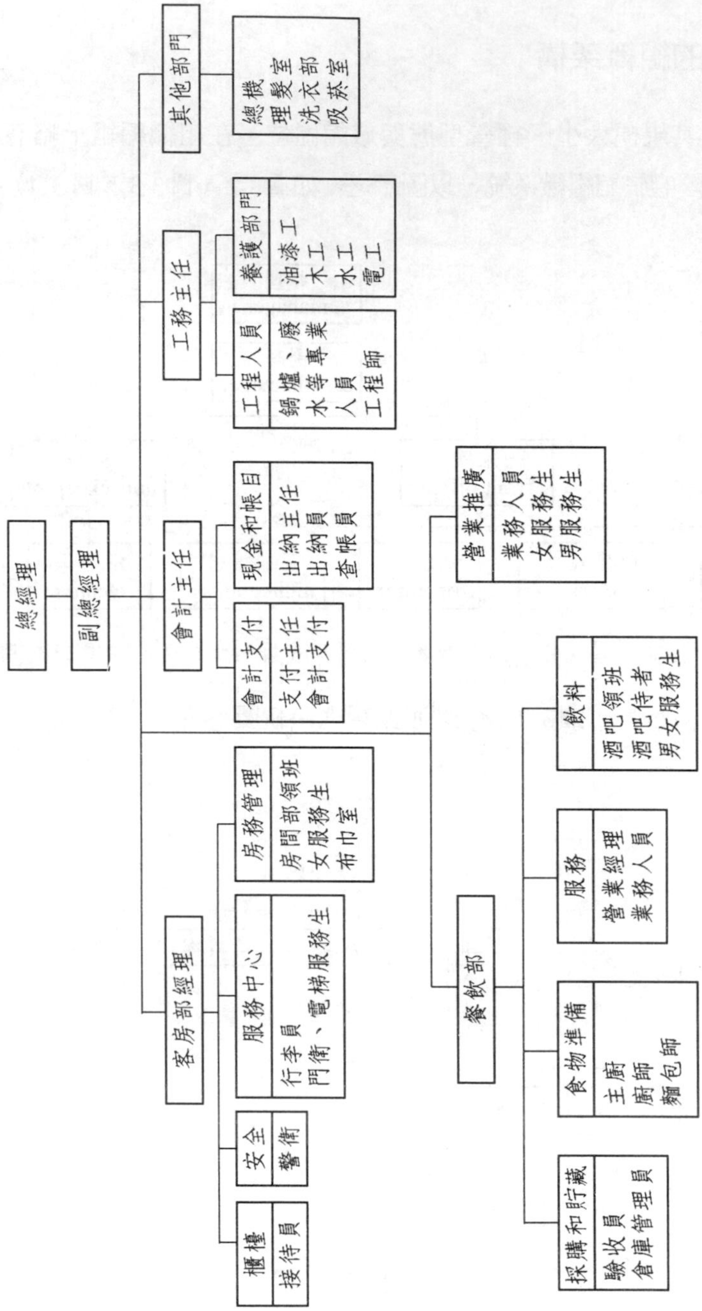

總經理

副總經理

- 客房部經理
  - 櫃檯：接待員
  - 安全：警衛
  - 服務中心：行李員、門衛、電梯服務生
  - 房務管理：房間部領班、女服務生、布巾室
- 會計主任
  - 會計支付：支付主任、會計支付
  - 現金和帳目：出納主任、出納員、查帳員
- 工務主任
  - 工程人員：鍋爐、廢水等專業人員、工程師
  - 養護部門：油漆工、木工、水工、電工
- 其他部門：總機、理髮室、洗衣部、吸菸室
- 餐飲部
  - 採購和貯藏：驗收員、倉庫管理員
  - 食物準備：主廚、廚師、麵包師
  - 服務：營業經理、業務人員
  - 飲料：酒吧領班、酒吧侍者、男女服務生
- 營業推廣：業務人員、女服務生、男服務生

圖3-4　大型旅館組織系統圖

四、旅館各部門工作內容

各大飯店因規模不同，在組織部門之安排上，均有所不同。茲就旅館內各部門之工作內容概述於下：

（一）客務部

客務部是旅館的神經中樞，客人與旅館的聯繫有賴於此，負責訂房、賓客接待、分配房間、處理郵件、電報及傳遞消息等工作，提供有關館內一切最新資料與消息給客人，並處理旅客的會計帳目，保管及投遞旅客之信件、鎖匙、傳眞、電報、留言、電話，及為旅客提供服務之聯絡中心，並與館內各有關單位協調，以維持旅館之一流水準，並提供最滿意之服務。服務中心在大型旅館通常設主任一人，負責指揮行李服務員、門衛、電梯小姐及清潔工作，其主要任務為嚮導旅客、為旅客搬運行李、為旅客解說各項設施與提供有關訊息等服務。

（二）房務部

為最忙碌的部門之一。須注意各房間、套房、走廊、公共區域，及其他各項設備保持清潔，並提供旅館住客衣物之乾溼洗熨等服務。此部門並提供房務部每日所需清潔的枕頭套、床單、衣物清洗及照顧嬰兒的服務。

在大型旅館中設客房管理主管一人，其下設領班若干名，專門負責維持客房之清潔衛生及保養客房之設備，隨時供給客人使用，並保持客房、公共場所、走廊之清潔，提供旅客洗衣服務、管理檢點布巾供應，以及保養水電於良好之狀態。另外，有時須協助選擇採購用品及管理洗滌工作。

（三）餐飲部

負責各式餐廳、酒吧、宴會廳、客房餐飲等對本地或外來客人的服務，及廳內（包含宴會廳）的場地布置管理、清潔及衛生，下設有各式餐廳；各餐廳再依權責不同，設有飲務、餐務、宴會、調理及器皿等內外場單位。

（四）業務部

處理海內外各大公司行號訂房及餐飲等業務之行銷推廣，拓展業績，開發、拜訪、接洽及客戶的安排，並負責旅館對外之公共關係等相關事宜。

（五）公關部

處理宣傳，促進業務、廣告等。

（六）管理部

負責全館的行政管理工作，包括總務、保管、出納、會計等。

（七）人事部

負責聘僱之各方面工作，招募及聘請新雇員及飯店與員工間之關係，頒訂相關規章與各項福利措施。

（八）訓練部

訓練及發展員工各項技能。

（九）財務部

處理飯店財政事務及控制所有收入及支出，包括薪資之發放。

（十）採購部

採購飯店內所需用之食物與非食物等物品。

（十一）工程（或工務）部

負責維持旅館內部各項硬體設備之保養與維修工作，使之正常運轉，包括空調、給排水、電梯、抽油煙機、音響聲光、消防安全系統、冷凍、冷藏庫等設備。

（十二）安全室

負責維護全飯店客人與員工之安全，並執行公司紀律、財務安全事宜。

貳、住宿設施的分類與分級

爲區隔市場，各種不同型態的旅館，依其規模大小、立地條件、特殊目的、旅客種類、計價方式、旅客住宿期間之長短，而有不同之區分方式。茲分別就住宿設施與旅館的分類，旅館的分級及其規模分布，說明如下：

一、住宿設施的類型

有關住宿設施的類型，根據經濟合作發展協會（The Organization for Economic Cooperation and Development, OECD）的分類，共計有十種，包括hotel、motel、inn、bed and breakfast、Parador、youth hostel、time share and resort condominium、camp、health spa和private house〔另附加三類，爲類似旅館之住宿與輔助性的住宿，如度假中心的小木屋（bungalow hotel）、出租農場（rented farm）、水上人家小艇（house boat）以及營車〕。茲就上述十種分類分別說明如下：

（一）旅館

依地點、功能、住房對象、經營方式可分爲不同性質的旅館。

1.商務旅館（commercial hotel）

（1）地點：多集中於都市中。

（2）對象：主要是商務旅客。

（3）服務內容：精緻體貼。如商務中心、客房餐飲服務（room service）、游泳池、三溫暖、健身俱樂部等。

2.機場旅館（airport hotel）

（1）地點：位於機場附近。

（2）對象：商務旅客、因班機取消暫住旅客、參加會議之消費者。

（3）服務內容：特色為提供旅客機場來回的便捷接送（shuttle bus）及停車方便。

3.會議中心旅館（conference center）

（1）地點：以會議場所為主體之旅館。

（2）對象：參加會議人士。

（3）服務內容：提供一系列的會議專業設施。

4.度假旅館（resort hotel）

（1）地點：位於風景區之休閒旅館。

（2）對象：事先預定度假休閒的客人。

（3）服務內容：戶外運動及球類器材、健身設施、溫泉浴等，依所在地方特色提供不同的設備，均以健康休閒為目的。

5.經濟式旅館（economy hotel）

（1）地點：郊區、城鎮。

（2）對象：設定預算之消費者，如家庭度假者、旅遊團體、商務和會議之旅客。

（3）服務內容：設施、服務內容簡單，以乾淨的房間設備為主。

6.套房式之旅館（suite hotel）

（1）地點：都市居多。

（2）對象：商務客人、找房子客人的暫時住所。

（3）服務內容：設務齊全，如客廳、臥室、廚房等。

7.長期住宿旅館（residential hotel）

（1）地點：都市、郊區。

（2）對象：停留時間較長的客人。

（3）服務內容：方便客人使用的廚房、餐廳、小酒吧和清潔服務。以Marriott系統之Residential Inn爲佼佼者。

8.賭場旅館（casino hotel）

（1）地點：賭場中或附近（如美國拉斯維加斯）。

（2）對象：賭客、觀光客。

（3）服務內容：設務豪華，邀請知名藝人作秀，提供特殊風味餐和包機接送服務。

（二）汽車旅館

1.地點：高速公路沿線或郊區。

2.對象：駕車旅行的客人。

3.服務內容：便利的停車場地及簡單的住宿設施。

（三）客棧（inn）

1.地點：都市郊區（在歐洲，客棧具淵遠流長之特質）。

2.對象：旅途中欲歇腳的旅客。

3.服務內容：大部分房間較不多，餐食多爲套餐式（set menu），極富人情味，相當於客棧服務的住宿，在歐洲稱爲pension。

（四）房間和早餐（bed and breakfast，縮寫成B & B）

1.地點：都市郊區（最早流行於英國，目前在美國、澳洲、英國頗受歡迎）。

2.對象：不限（自助旅行者學生較多）。

3.服務內容：提供房間並供應早餐，通常由主人擔任早餐烹調工作，具人情味。

（五）「巴拉多」（Parador）

1.地點：由地方或州觀光局將古老而且具有歷史意義的建築改建而成的旅館就稱爲Parador。如歐洲一些古老的修道院、教堂或城堡，改建成的旅館。美國的國家公園和特定的州公園系統中有提供此種住宿方式。

2.對象：觀光客。

3.服務內容：提供房間、三餐，同時也使觀光客能品嚐到中古世紀文化之藝術氣息。

（六）招待所（youth hotel）

1.地點：城鎮郊區（歐洲、美國、紐澳盛行）。

2.對象：自助旅行（以青年居多）。

3.服務內容：設施有限，房間大多爲通鋪式，但設廚房，客人可自行煮食。沐浴設備爲大衆式，公共使用。

（七）輪住式和度假公寓（time share and resort condominium）

1.地點：度假區域。

2.對象：購買者及租用者。

3.服務內容：設備齊全，房客可依需求協調配合享用住宿權力，具經濟效益。

（八）營地住宿（camp）

1.地點：公園及森林遊樂區。

2.對象：露營觀光客。

3.服務內容：提供架設營帳及周邊露營配合設施。

（九）健康溫泉住宿（health spa）

1.地點：溫泉度假區。

2.對象：針對追求健康和恢復元氣之消費者。

3.服務內容：旅館之設備已由原先治療疾病的配備進而推廣到目前以減肥和控制體重為重心的各類豪華設備。

（十）私人住宅（private house）

1.地點：私人住宅。

2.對象：海外遊學團或學習語言之學生訪問團。

3.服務內容：一般住家的接待，住宿者通常能增加學生語言之機會和促進對當地文化的瞭解。

上述各種住宿設施，僅就其可提供旅客住宿之場所作一區分。以住宿為目的之分類法，除公寓旅館外，不能依字面上來區分。因投宿於開會用大型旅館的旅客，不僅是與會人員，其他從事工商業的人士、觀光客也很多。同樣地，商用旅館的住客除了工商業人士外，觀光客也不少。因此這種分類法只可概括性地表示旅館的性質而已。

其次，再針對各旅館之不同分類，作一介紹。

二、旅館的分類

（一）歐美旅館的分類

1.依旅館規模分（by size）：旅館依房間數量的多少或經營規模之大小區分爲大、中、小型三種。此種分法學說有二，其一爲小型旅館（small hotel）房間在二十五間以下。中型旅館（medium hotel）爲二十五間至一百個房間。一百至二百九十九個房間者稱爲較大型，至於三百個房間以上者稱爲「大型」旅館（large hotel）。另有一說法，凡客房三百間以下者統稱「小型旅館」，三百至六百個房間者稱爲「中型旅館」，六百個房間以上者稱爲「大型旅館」。

2.依旅館所在地（地理位置）分

（1）都市旅館（city hotel）：指位於市區的旅館。

（2）度假旅館（resort hotel）：亦稱爲休閒旅館。指位於風景區或郊區之旅館。

3.依特殊立地條件分

（1）公路旅館（highway hotel）：指位在公路邊的旅館。

（2）機場旅館（terminal hotel）：指接待飛行人員及大型國際機場過往旅客，於機場附近設置之旅館，其內並附設有餐飲設施。有的機場旅館是航空公司直營，稱爲airtel。

（3）鄉村旅館（country hotel）：指分散在山邊（mountain hotel）、海邊及高爾夫球場附近的旅館。

（4）海港旅館（sea-port hotel）：在港口以客船爲對象的旅館屬之。

4.依特殊目的分

（1）商用旅館：以國內外工商界人士爲主要對象之旅館。

（2）開會用旅館（conventional hotel）：在大都市裡，擁有數千間房間，設有能容納數千人開會的大型會議廳之大型旅館。metropolitan hotel屬此型的旅館較多。

（3）公寓旅館（apartment hotel）：指供長期住宿顧客用之旅館。在美國，此種旅館是供給領了退休金的年老退休者住用，又可稱爲retirement hotel。內部設置完全仿照家庭式的格局，設備布置亦具家庭的環境，使一般人士居住後，感覺舒適便利，沒有瑣事雜物的煩惱，許多小家庭都樂於寄居公寓。

（4）療養旅館（hospital hotel）：指專供人休養、避暑或避寒之場所，藉以提供客人換一個環境，調劑其身心。此種旅館專爲接待易地而居，或需要療養的旅客；有的到某一季節就經常來住，或全家遷來，所以旅館設立的地點，通常是在山上、鄉間海濱及各風景區，依其環境設計各種特別的場所，使旅客得到滿意的享受，並且準備各種室外娛樂設施，如高爾夫球場、網球場等，以符合顧客的需要。

5.依旅客種類分

（1）家庭式旅館（family hotel）：指內部設備裝潢與居家環境相同，房租價格合理，適合家庭居住，類似分離旅館。

（2）商業性旅館（business hotel）：其意義與商用旅館相同。經常與各大旅行社、航空公司密切配合經營，其中與各大公司簽約的商務旅客爲其主要客源之一。雖無度假旅館有明顯的淡旺季之分，但此類型旅館常於離峰時期推出各式促銷專案。

6.依旅館的計價方式分

（1）歐式計價（European plan, EP）：只有房租費用，客人可以在旅館內或旅館外自由選擇任何餐廳進食。如在旅館用餐則餐費可以記在客人的帳上。此種計價方式大多爲我國觀光旅館採用，惟部分觀光旅館在淡季（off season）時，推出一些特惠專案，該專案也許會免費附贈早餐。至於部分一般旅館亦有附贈早餐的優惠。

（2）美式計價（American plan, AP）：亦即著名的full pension——包括早餐、午餐和晚餐三餐。在美式計價方式之下所供給的餐食通常是套餐，它的菜單是固定的，不另外加錢。在歐洲的旅館，飲料時常不包括在套餐菜單之內，服務生會向客人推銷礦泉水、酒，以及咖啡或其他飲料，且另外收取費用。

（3）修正的美式計價（modified American plan, MAP）：包含早餐和晚餐，這樣可以讓客人整天在外遊覽或繼續其他活動，毋需趕回旅館吃午餐（含二餐）。

（4）歐陸式計價（Continental plan）：房租包含早餐在內。

（5）百慕達計價（Bermuda plan）：住宿包括全部美國式的早餐。

（6）半寄宿（semi-pension or half pension）：與MAP類似。有些旅館業者認爲是同類型的旅館。半寄宿包括早餐和午餐或是晚餐。

7.依旅客住宿期間之長短分

（1）短期住宿用旅館（transient hotel）：大概供給住宿一週以下的旅客。除與旅館辦旅客登記外，不必有簽訂租約的行爲。

（2）長期住宿用旅館：大概供給住宿一個月以上且必須與旅館簽訂合同，以免產生租賃上的糾紛。

（3）半長期住宿用旅館（semi-residential）：具有短期住宿用旅館的特點。介於上述兩者之間。

8.依每年營業時間長短分

（1）全年性營業旅館（year round operation）。

（2）季節性營業旅館（seasonal operation）。

除了以上介紹之旅館分類外，尚有其他許多位於不同地點及用途之旅館，名稱不一。茲就世界各國其他不同之住宿設施名稱，分述如下：

1.背包旅遊者旅舍（backpackers' hotel）：主要係提供自助旅行者住宿，二十四小時營業。

2.商務旅館：實惠，不講求外觀，房間舒適簡單，沒有不必要的裝飾或設備，以降低經營成本，減輕房客的負擔是商務旅館的特色。這類旅館的設計，是以爲業務而旅行的旅客爲主要對象。

3.露營地（campground）：公路沿線可以找到設有野餐桌、燒烤架、廁所和淋浴室的露營地，這些場所愈來愈重視從旅客的最終目的和娛樂需要著眼，發展其經營和服務效益。爲此，露營地的開設地點更接近人們常去的主要旅遊點，而且儘量爲前往露營的遊客提供各種的娛樂設施和項目。

4.露營場地與旅遊車屋（campground & caravan park）：分布於鄉間市鎮、高速公路旁、海濱、湖邊及某些國家公園內，各地設施不同。一般基本設施有電插座、冷熱水、浴廁及洗衣設備等。

5.出租公寓（condominium）：通常位於度假區，提供家具及廚房、一個客廳及一個或以上的睡房或套房式的房間，此類設施需要最低租用期，主要提供較便宜的租金給長期租用者。

6.度假小屋（cottage）：係獨立的小房屋（一般是平房或雙併小屋），通常每一棟小屋便是一出租單位，每一單位有一獨立之停車場，一般只提供有限的餐飲服務，有些附設有娛樂設施，係提供有限度服務的住宿場所。

7.農莊旅舍（farm hotel）：住宿種類分爲客房、小屋或單位式，租金因種類的不同而異，包括全部膳食及提供最近交通中心的接送服務。

8.農牧旅舍（guest ranch）：通常位於鄉間及度假區，須備有馬匹供旅客使用，一般設有酒吧，並提供簡單的餐飲及娛樂設施。

9.青年旅舍（hostel）：隸屬國際青年旅舍聯合會的青年旅舍，分布於許多重要都市及旅遊勝地，提供經濟且舒適的住宿，惟租用者須是青年旅舍協會的會員。

10.具有執照之旅館業兼營汽車旅館（hotel-motel）：提供舒適之旅館住宿空間，並另闢一區作爲汽車旅館之用。此種住宿設施除提供住宿、膳食及酒吧設施外，皆附有寬廣之停車場。

11.具有執照之旅館（licensed hotel）：爲提供住宿、餐飲、酒吧及其他服務設施之旅館，如Hilton、Sheraton、Hyatt、

Regen、Ramada、Nikko、Parkroyal、Holiday Inn等國際連鎖系統位於澳洲主要都會區高級、豪華之四至五顆星級旅館，以及Flag、Travelodge、Motor Inns、Quality Pacific等連鎖系統位於各大城市與鄉村地區之三至四顆星級之旅館皆屬之。

12.度假旅舍（lodge）：兩層或多層之建築，一般位於度假地區或滑雪、釣魚區，通常房價包含早餐，設有足夠的停車場，提供酒吧及餐飲服務，有些並附設有休閒娛樂設施，係屬中等服務的住宿場所。

13.民宿（Minshuku）：家庭式的旅館，多由一般家庭改裝而成，收費較低廉，全是日式的房間，沒有服務人員，須由旅客自行動手整理床鋪被褥。

14.歐式民宿（pension or guest house）：歐式之度假旅館，多為西式別墅，在日本全國受歡迎之度假區、戶外活動場所附近，都有此類住宿設施。典型的歐式民宿多由年輕人經營，是喜愛戶外活動及悠閒住宿人士之最佳選擇。

15.民宿（private hotel）：此種住宿設施全天供應膳食，主要係提供過夜或假期住宿。在澳洲及其他許多地區都有提供此類住宿設施。

16.日式旅館（Ryokan）：係日本傳統住宿設施，純日本式的設備建築。日本全國有二千多間設備完善服務優良之日式旅館加入日式旅館聯盟。

17.公寓（serviced apartment）：自助式的住宿設施，設有廚具、洗衣、衛浴等設施，且有足夠的停車空間，遍布於各大城市、鄉鎮、度假勝地或海邊地區。

(二)我國旅館的分類

我國的旅館可分為兩大類：一、觀光旅館；二、一般旅館，前者係「先申請後籌設」，亦即需先經觀光主管機關核准後，才能籌設；後者則無需先申請，即可籌設，惟甚多旅館業者未事先瞭解旅館營業地點、有關土地使用分區管制及相關規定，因此產生合法與非法之分。

1.觀光旅館：可分為國際觀光旅館（經評鑑屬四、五朵梅花等級者）及觀光旅館（經評鑑屬二、三朵梅花等級者）。

2.一般旅館：其名稱甚多，包括旅館、賓館、飯店、大飯店、客棧、旅社、汽車旅館、別館、山莊、旅店、酒店等，當然還有一些非由觀光主管機關管理之住宿設施，如下：

（1）行政院退除役官兵輔導委員會：如清境農場、東河休閒農場、明池山莊、棲蘭山莊等。

（2）教育部：如教師會館等。

（3）國防部：如國軍英雄館等。

（4）內政部：如警光山莊、香客大樓等。

（5）行政院農業委員會林務局：如太平山莊等。

（6）救國團：如全省各地之青年活動中心等。

由上述可知我國旅館的分類與外國之分類，在名稱上差異性雖不甚大，惟部分旅（賓）館因囿於土地使用管制規定或建築法、消防法等相關法規，致無法取得營業執照合法營業。至於在經營特性上，可歸納為都市及休閒等兩種類型，茲列表比較，（如表3-1）。

表3-1　都市型與休閒型旅館比較表

旅館分類	都市型	休閒型
本質	注重旅客生命之安全，提供最高的服務	注重住客生命安全，提供休閒娛樂方面之滿足
行銷重點	氣氛、豪華	休閒輕鬆的氣氛
產品	客房、宴會、餐廳、集會	客房、娛樂設備、餐廳
客房餐飲收入比率	約4：6	約5：5
旅行社與直接訂房	視經營情形而定	約5：5
損益平衡點	約50%～60%	約40%～50%
外國人與本地人	視經營型態而定	視經營型態而定
客房利用率	約70%～90%	約40%～70%
菜單種類	約20～200種	約20～100種
淡季	現區位而定	一般以冬季居多
員工人數與客房比例	視旅館規模大小及用人比例而定	視旅館規模大小及用人比例而定
資本周轉率	0.4～0.7	0.3～0.9
廣告費與管理費	20～70%	20～70%
用人費	15%～30%	10%～35%

註：上列比較表係以中大型觀光旅館為範例（需視其客源對象及規模大小而定），一般中小型旅館因經營型態、客源層等因素不同，差異較大，則不能以此表作為衡量標準。

三、連鎖旅館的類型

（一）連鎖旅館的意義

所謂連鎖旅館（hotel chain）係指二家以上組成的旅館，以某種方式聯合起來，共同組成一個團體，這個團體即爲連鎖旅館。換言之，一個總公司（headquarters）以固定相同的商標（logo），在不同的國家或地區推展其相同的風格與水準的旅館，即爲連鎖旅館。

（二）旅館連鎖經營的背景

1.擴大企業規模：在台灣各大都會區中，大小旅館因應經濟快速成長，如雨後春筍般的設立，競爭日趨白熱化。各旅館爲求在市場上占有一席之地，無不強化內部管理，運用促銷戰略，設置多樣化服務設施，甚至採取連鎖經營等。管理的方式是可以改變的，促銷戰略亦可加以活用，服務設施也可變換，惟有旅館設置的地點無法改變。由於旅館出租的房間數受地區及時間上的限制，無法在同一地區無限制的發展下去，爲求擴大發展，勢必另覓其他適當的地區，旅館業如要擴大企業結構，應在各地選擇據點，以連鎖（或加盟）方式組織起來，才能拓展績效。

2.發展業務與降低成本：將各地的連鎖旅館結合起來，成爲一平面式的銷售網路，彼此間可相互推薦、介紹，尤其是品牌的知名度打響後，可統一宣傳、廣告、訓練員工及採購商品等，不僅能節省銷管及廣告宣傳費用，同時也增加了宣傳上的效益，無形中替公司創造了另一筆財富。

（三）旅館連鎖經營的主要目的

旅館的連鎖經營可以降低經營成本、健全管理制度；提高服務水準，以提供完美的服務；加強宣傳及廣告效果；共同促成強而有力的推銷網，聯合推廣，以確保共同利益；給予顧客信賴感與安全感。至於其經營的主要目的，不外乎下列五項：

1.共同採購旅館用品、物料及設備。

2.統一訓練員工，訂定作業規範。

3.合作辦理市場調查，共同開發市場。

4.成立電腦訂房網路，建立一貫的訂房制度。

5.以固定相同的品牌，提高旅館的知名度並樹立良好的形象。

由此得知，旅館連鎖經營之優點及其目的，惟少數旅館業者未諳經營管理之道，致生意蕭條，無法支付權利金或其他原因，最後只好退出連鎖旅館的體系。因此，在加入連鎖旅館體系前，必須先審慎評估及考量飯店本身軟、硬體條件後，再作一適當抉擇。

（四）連鎖旅館的連鎖方式

連鎖旅館規模小者僅有數家旅館如康橋大飯店；較大者則擁有數百（千）家旅館，如Holiday Inns、Regent、Hyatt、Hilton等，此種龐大的組織組成的方式共有七種，如下：

1.直營連鎖：即由總公司直接經營的旅館。如福華大飯店（台北、桃園、台中、高雄、墾丁等）、中信大飯店（中壢、新竹、花蓮、日月潭、台南、台中、高雄等）、國賓大飯店（台北、高雄）。相當於company or chain owned & managed。

2.收購（purchase）既有旅館（或以投資方式控制及支配其附屬旅館）：在美國最典型的方法，是運用控股公司（如Holiday Inns、Regent）的方式，由小公司逐步控制大公司，凡擁有某家旅館股權的40%，即可控制該旅館。總公司以此方式逐步支配或控制各旅館。

3.以租賃（lease）方式取得土地興建之旅館：在美國及日本有很多不動產公司或信託公司，其本身對於旅館經營方面完全外行，但鑒於旅館事業甚有前途，於是，即與旅館連鎖公司訂立租賃合同，由不動產公司或信託公司建築旅館後，租予連鎖旅館公司經營。

4.委託經營管理（management contract）：指旅館所有人對於旅館經營方面陌生或基於特殊理由，將其旅館交由連鎖旅館公司經營，而旅館經營管理權（包括財務、人事）依合約規定交給連鎖公司負責，再按營業收入的若干百分比給連鎖公司，如台北希爾頓大飯店係由宏國開發公司（即國裕建設）委託希爾頓經營管理；老爺大酒店及台中全國大飯店係委託日航國際連鎖旅館公司經營管理。

以上四種連鎖方式的旅館，由總公司直接掌管或間接參與經營和支配，在經營形態方面，屬於正規連鎖（regular chain）者爲多。

5.特許加盟（franchise）：即授權連鎖的加盟方式。係各獨立經營的旅館與連鎖旅館公司訂立長期合同契約，由連鎖旅館公司賦與旅館特權參加該組織體系。以此種方式加入連鎖組織的各獨立旅館，即與正規的連鎖旅館（regular chain hotel）一樣，使用連鎖組織的旅館名義、招牌、標誌及採用同樣的經營方法。此種經營方式的旅館，只有懸掛這家連鎖旅館的「商標」，旅館本身的財務、人事完全獨立，亦即連鎖公司不參與或干涉旅館的內部作業；惟爲維持連鎖公司應有的水準與形象，總公司常會派人不定期抽檢某些項目，若符合一定標準則續約；反之則可能中止簽約，取消彼此連鎖的約定。而連鎖公司只有在訂房時享有同等待遇而已。我國此類型的旅館如力霸皇冠大飯店（Rebar Holiday Inn Crown Plaza）、來來大飯店（Lai Lai Sheraton Hotel Taipei）。授權連鎖的加盟方式，爲加盟者保留經營權與所有權，至於加盟契約的簽訂，則包括加盟授權金、商標使用金、行銷費用及訂房費用等。凡參加franchise chain的旅館負責人，可參加連鎖組織所舉辦的會議及享受一切的待遇，並得運用組織內的一切措施。此種方式爲最近數年來最盛行的企業結合方式之一。目前號稱世界最大的連鎖旅館公司── Holiday Inns，即屬於以franchise的方式參加連鎖的獨立旅館。（這種方式的費用負擔較management contract爲低，其費率亦因公司、地區不同而互異）。

6.業務聯繫連鎖（voluntary chain）：即各自獨立經營的旅館，自動自發的參加而組成的連鎖旅館。其目的爲加強會員旅館間之業務聯繫，並促進全體利益。

7.會員連鎖（referral chain）：屬共同訂房及聯合推廣的連鎖方式。如國內部分旅館分別成爲Leading Hotels of the World（亞都）、Preferred Hotel（西華）等國際性旅館之會員。

綜合上述七種連鎖旅館的型態（如表3-2）。

（五）參加國際連鎖旅館的優點

1.品牌的信賴

（1）會員旅館可以冠用已成名的連鎖旅館名義及利用其標誌。對於招攬顧客及提高旅館身價及形象、效果甚佳。如Hilton、Sheraton等各連鎖旅館，冠用其名稱，頗具號召力。

（2）容易獲得金融界的貸款支持。在美國凡參加連鎖組織者，比較容易獲得銀行界之貸款。因加入了有名氣的連鎖旅館，在經營方面有如獲得無形保障。

2.國際連線訂房的優勢

表3-2　連鎖旅館的型態

	類別 連鎖名稱	土地建築物設備所有權	經營方式	連鎖方式或範圍	經營負責人	公司名稱	連鎖主體收入來源
1	直營連鎖	一部或全部屬連鎖主體	連鎖主體直營	資本經營及人事管理	連鎖主體派任	同一連鎖主體名稱加上地名	營利主體
2	收購既有旅館	一部或全部屬連鎖主體	控股	以股權控制及支配附屬旅館	連鎖主體派任	自己取名稱	營利主體
3	租借連鎖	屬原來投資者	連鎖主體經營	向投資者租借旅館	連鎖主體派任	自己取名稱	營利主體
4	委託管理經營	屬原來投資者	由連鎖公司管理經營	委託經營	由連鎖公司派任	連鎖組織與各旅館名稱不同	佣金收入
5	特許加盟	屬原來投資者	由原來投資者經營	1.經營技術指導 2.使用連鎖主體的名稱或品牌	投資者自派人員	連鎖組織與各旅館名稱不同	向旅館收連鎖費及技術指導佣金
6	業務聯繫連鎖	屬原來投資者	由原來投資者經營	只有宣傳廣告及訂房業務之聯繫	各旅館自派人員	連鎖組織與各旅館名稱不同	向加入連鎖的旅館收取佣金
7	會員連鎖	屬原來投資者	由原來投資者經營	公會型連鎖	各旅館自派人員	連鎖組織與各旅館名稱不同	向會員旅館收取會費

註：上表所列各種連鎖旅館型態僅概括式地加以分類。同一種連鎖方式，會因其契約內容不同而互異。

（1）利用連鎖組織，便利旅客預約訂房，各連鎖旅館間也能互送旅客，提高住房率。

（2）可參加國際訂房系統，如Utell、SRS等，提高預約訂房，爭取顧客來源。尤其近來國際網際網路的發達，更加強連鎖了預約訂房的效果。

3.良好的管理作業

（1）對於旅館建築、設備、布置、規格方面，提供技術指導。

（2）統一調派人員經營管理。

（3）設計一套可以降低成本的標準作業程序（S. O. P.），供會員旅館使用。

（4）定期指派專家檢查設備及財務結構，藉以維持連鎖旅館的風格（style）及正常營運。

（5）統一規定旅館設備、器具、用品、餐飲原料之規格，並向廠商大量訂購後分送各會員旅館，以降低成本，及保持一定之水準。

（6）推行有效的計數管理。各連鎖旅館的報表及財務報告表可劃一集中統計，瞭解各單位之業績，促進發展及改善。

4.國際行銷的推廣

（1）以雄厚的資金及龐大的組織推廣業務，擴大企業結構。

（2）有益於作爲全國性的廣告、互換情報及加強人才留用，並對業務推廣有很大的幫助。

（3）以集體方式從事宣傳活動，其效果較個別宣傳爲大。

（4）提供市場調查報告，供會員旅館確定經營方向。

（5）負責或協助會員旅館訓練員工，或安排觀摩實習計畫。

（6）運用各種方法招攬顧客至會員旅館住宿。

A.與航空公司或汽車租賃業（car rent）保持密切業務關係，以招攬顧客。

B.向專門設計及安排遊程的大旅行社（tour operator、tour

wholesaler）推銷其連鎖旅館，並確保旅行社應得的佣金。

C.與銀行界合作或聯名發行信用卡（credit card），促使廣大的消費群（信用卡會員）利用信用卡照顧連鎖旅館。

D.運用連鎖組織，各會員旅館互相利用廣大的預約通訊網，可以獲得迅速可靠的預約，再者，凡參加連鎖的旅館，都能提供一定水準的設備與服務。

（六）參加國際連鎖組織的缺點

參加連鎖組織的缺點大致上有三點，如下：

1.每年應向總公司繳納一定數額的權利金，對於一個新企業而言，可能負擔較重。

2.總公司干涉企業內部營運，如經營方法、人事調派等，尤其是高階主管異動頻繁。

3.申請加入連鎖時，總公司要求甚多，如硬體設備、內部動線、裝潢等，在改建作業或開支方面，不無困難。

（七）加入連鎖旅館的條件

各連鎖旅館公司爲保持其特有的風格與水準，無不嚴格規定各參加組織的旅館應具備之基本條件。其條件內容，各連鎖旅館各有不同的規定，但大致規定如下：

1.應擁有一定數目的客房，如一百間客房以上，客房內設有浴室、彩色電視機、鋪地毯等。

2.應擁有足夠的會議設施（convention facility）、宴會設施、高級餐飲設施、游泳池、停車場（parking lots）、會客室等。

3.懸掛連鎖旅館公司的標誌，並參加及遵守公司規定的預約訂房系統（reservation system），或向公司購買器材用品等。

（八）旅館連鎖系統所提供的服務

1.全體一致的商標。

2.經營管理的知識與指導。

3.各項設計諮詢。

4.人員的教育訓練。

5.有力的行銷廣告。

6.全球電腦連線系統訂房。

（九）連鎖旅館與航空公司的關係

航空事業日益發達，旅客數量驚人，這些搭機的乘客要求航空公司代訂房間頻繁，因此造成一些大航空公司朝向這方向推展業務。如聞名的日航連鎖旅館系統以及長榮航空除在各大都市興建旅館外，亦將觸角擴及世界各國。因此連鎖旅館與航空公司的關係，已經發展至息息相關、相輔相成的局面，即航空公司依靠其旅館事業發展客運業務，而旅館事業則依靠航空公司的廣大市場招徠顧客。

四、旅館的分級

旅館分級之主要目的，在於區別旅館設備及經營品質之優劣，世界各國評鑑制度之內容及評鑑的方法略有不同，且評鑑的主導及參與單位互異。茲分別就我國與國外之旅館分級方式，概述如后。

（一）我國的旅館分級

目前台灣地區的觀光旅館區分為國際觀光旅館（含四、五朵梅花級）及觀光旅館（含二、三朵梅花級）。該項等級區分標準係依據交通部觀光局於1983年訂定施行之「觀光旅館等級區分評鑑標準」，嗣於1984年及1986年分別修正上述標準，並實施評鑑作業。

該項評鑑作業係由交通部觀光局邀集專家學者，及省市觀光主管機關代表，擔任評鑑委員，依上述標準評分，凡各項得分加總到達某一標準，即可得到不同的梅花級。依「觀光旅館業管理規則」第十三條規定，觀光旅館等級應由原受理之觀光主管機關按其建築設備標準、經營管理與服務方式評鑑區分之。其評鑑標準內容於1986年略作修正，內容大致以「國際觀光旅館建築及設備標準」爲準，主要有四大項，如下：

1.環境建築物及門廳。

2.客房。

3.餐廳及娛樂設施。

4.其他設施及管理。

上列項目每一項均配有得分與加分條件，凡經評鑑總分達九百分以上者即爲五朵梅花級國際觀光旅館，七百分以上者則爲四朵梅花級觀光旅館。

（二）國外的旅館分級

世界上大部分國家在進行旅館評鑑制度時，一般均針對旅館的設施及設備內容、設施及設備品質、清潔與維修狀況、服務內容、服務品質，以及經營與管理等六大項予以評分，最後依總分高低，頒發星（★，star）級，以區別其旅館等級。我國與世界各國之評鑑項目（如表3-3）。

表3-3　我國與世界各國評鑑項目表

評鑑項目／項目	美國AAA	美國MOBIL	英國AA	英國ETB	加拿大	澳洲	以色列	中國大陸	中華民國
設施及設備內容	✓	✓	✓	✓	✓	✓	✓	✓	✓
設施及設備品質	✓	✓	✓	✓	✓	✓	✓	✓	✓
清潔與維修狀況	✓	✓			✓	✓		✓	✓
服務內容	✓	✓	✓	✓	✓		✓	✓	✓
服務品質	✓	✓			✓		✓	✓	✓
經營與管理								✓	✓

註：1.設施及設備內容：係指有何設施、設備及用品。
2.設施及設備品質：係指設施及設備使用材料之品質。
3.服務內容：係指有無該項服務及其服務時間之長短。
4.服務品質：係指服務人員之態度、專業技能等。
5.AA、AAA：表汽車協會，ETB：表英國旅遊局。

第二單元　名詞解釋

1.外務部門：指營業部門而言，即前場單位。

2.內務部門：指管理部門而言，即後勤管理單位。

3.連鎖旅館：指二家以上組成的旅館，以某種方式聯合起來，共同組成的一個團體，這個團體即爲連鎖旅館。

4.EP：指歐式計價（European plan），其計價方式爲只有房租費用。

5.AP：指美式計價（American plan），其計價方式爲房租包括早餐、午餐及晚餐三餐。

6.MAP：指修正美式計價（modified American plan），其計價方式爲房租包含早餐和晚餐。

第三單元　相關試題

一、單選題

(　) 1.旅館的神經中樞是（1）房務部（2）業務部（3）餐飲部（4）客務部。

(　) 2.二家以上組成的旅館，以某種方式聯合起來，共同組成一個團體稱為（1）商務旅館（2）觀光旅館（3）連鎖旅館（4）一般旅館。

(　) 3.不論旅館各部門如何分工，其（1）規模（2）部門（3）基本職掌（4）住房情形　大致相同。

(　) 4.旅館的心臟是指（1）外務部門（2）內務部門（3）外銷部門（4）財務部門。

(　) 5.我國一般旅館中之非法旅館主要成因（1）服務不佳（2）不符土地使用分區管制規定（3）建築結構有問題（4）基地面積大小不符。

二、多重選擇題

(　) 1.商務旅館（1）多集中於都市（2）對象為商務旅客（3）多集中於郊區（4）對象為團體。

(　) 2.旅館依特殊立地條件區分為（1）海港旅館（2）鄉村旅館（3）機場旅館（4）公路旅館。

(　) 3.旅館之歐陸式計價是指包括（1）早餐（2）午餐（3）晚餐（4）房租。

(　) 4.旅館如依旅客種類區分爲（1）療養式旅館（2）家庭式旅館（3）都市旅館（4）商業性旅館。

(　) 5.旅館美式計價是指其房租包括（1）早餐（2）午餐（3）晚餐（4）宵夜。

三、簡答題

1.何謂特許加盟（franchise）？

2.旅館組織的特性包括哪三種？

3.依旅館所在地（地理位置）可區分爲哪兩種？

4.試比較我國觀光旅館與一般旅館的之差異？

5.連鎖旅館的連鎖方式可分爲那四種？

四、申論題

1.試述連鎖旅館經營的主要目的？

2.試申論參加國際連鎖組織的優點？

3.試述加入國際連鎖旅館的條件？

4.試扼要說明旅館連鎖系統所提供的服務爲何？

5.試比較旅館的歐式計價與美式計價之差異？

第四單元　試題解析

一、單選題

1.（4）2.（3）3.（3）4.（2）5.（2）

二、多重選擇題

1.（1.2）2.（1.2.3.4）3.（1.4）4.（2.4）5.（1.2.3）

三、簡答題

1. 答：即授權連鎖的加盟方式。係各獨立經營的旅館與連鎖旅館公司訂立長期合同契約，由連鎖旅館公司賦予獨立經營的旅館特權參加該組織。

2.答：必須有其共同目標，必須有統一領導，必須有溝通的意見。

3.答：都市旅館，度假旅館。

4.答：觀光旅館係先申請後籌設，亦即需先經觀光主管機關核准後才能籌設；一般旅館則無需先申請及可籌設。

5.答：直營連鎖，收購既有旅館，以租賃方式取得土地興建之旅館，委託經營管理。

四、申論題

1.答：

（1）共同採購旅館用品、物料及設備。

（2）統一訓練員工，訂定作業規範。

（3）合作辦理市場調查，共同開發市場。

（4）成立電腦訂房網路，建立一貫的訂房制度。

（5）以固定相同的品牌，提高旅館的知名度並樹立良好的形象。

2.答：

（1）品牌的信賴

A.會員旅館可以冠用已成名的連鎖旅館名義及利用其標誌。對於招攬顧客及提高旅館身價及形象、效果甚佳。如Hilton、Sheraton等各連鎖旅館，冠用其名稱，頗具號召力。

B.容易獲得金融界的貸款支持。在美國凡參加連鎖組織者，比較容易獲得銀行界之貸款。因加入了有名氣的連鎖旅館，在經營方面有如獲得無形保障。

（2）國際連線訂房的優勢

A.利用連鎖組織，便利旅客預約訂房，各連鎖旅館間也能互送旅客，提高住房率。

B.可參加國際訂房系統，如Utell、SRS等，提高預約訂房，爭取顧客來源。尤其近來國際網際網路的發達，更加強連鎖了預約訂房的效果。

（3）良好的管理作業

A.對於旅館建築、設備、布置、規格方面，提供技術指導。

B.統一調派人員經營管理。

C.設計一套可以降低成本的標準作業程序（S. O. P.），供會員旅館使用。

D.定期指派專家檢查設備及財務結構，藉以維持連鎖旅館的風格（style）及正常營運。

E.統一規定旅館設備、器具、用品、餐飲原料之規格，並向廠商大量訂購後分送各會員旅館，以降低成本，及保持一定之水準。

F.推行有效的計數管理。各連鎖旅館的報表及財務報告表可劃一集中統計，瞭解各單位之業績，促進發展及改善。

（4）國際行銷的推廣

A.以雄厚的資金及龐大的組織推廣業務，擴大企業結構。

B.有益於作爲全國性的廣告、互換情報及加強人才留用，並對業務推廣有很大的幫助。

C.以集體方式從事宣傳活動，其效果較個別宣傳爲大。

D.提供市場調查報告，供會員旅館確定經營方向。

E.負責或協助會員旅館訓練員工，或安排觀摩實習計畫。

F.運用各種方法招攬顧客至會員旅館住宿。

（A）與航空公司或汽車租賃業（car rent）保持密切業務關係，以招攬顧客。

（B）向專門設計及安排遊程的大旅行社（tour operator、tour wholesaler）推銷其連鎖旅館，並確保旅行社應得的佣金。

（C）與銀行界合作或聯名發行信用卡（credit card），促使廣大的消費群（信用卡會員）利用信用卡照顧連鎖旅館。

（D）運用連鎖組織，各會員旅館互相利用廣大的預約通訊網，可以獲得迅速可靠的預約，再者，凡參加連鎖的旅館，都能提供一定水準的設備與服務。

3.答：

（1）應擁有一定數目的客房，如一百間客房以上，客房內設有俗室、彩色電視機、鋪地毯等。

（2）應擁有足夠的會議設施（convention facility）、宴會設施、高級餐飲設施、游泳池、停車場（parking lots）、會客室等。

（3）懸掛連鎖旅館公司的標誌，並參加及遵守公司規定的預約訂房系統（reservation system），或向公司購買器材用品等。

4.答：

（1）全體一致的商標。

（2）經營管理的知識與指導。

（3）各項設計諮詢。

（4）人員的教育訓練。

（5）有力的行銷廣告。

（6）全球電腦連線系統訂房。

5.答：

（1）歐式計價（European plan, EP）：只有房租費用，客人可以在旅館內或旅館外自由選擇任何餐廳進食。如在旅館用餐則餐費可以記在客人的帳上。此種計價方式大多爲我國觀光旅館採用，惟部分觀光旅館在淡季（off season）時，推出一些特惠專案，該專案也許會免費附贈早餐。至於部分一般旅館亦有附贈早餐的優惠。

（2）美式計價（American plan, AP）：亦即著名的full pension——包

括早餐、午餐和晚餐三餐。在美式計價方式之下所供給的餐食通常是套餐，它的菜單是固定的，不另外加錢。在歐洲的旅館，飲料時常不包括在套餐菜單之內，服務生會向客人推銷礦泉水、酒，以及咖啡或其他飲料，且另外收取費用。

第二篇　客房管理

客房部門之業務，係以櫃檯接待與服務為主。該部門亦為旅客到達旅館後，第一個接觸的單位。其業務範圍包括旅客的訂房控制與預測作業，辦理旅客遷入與遷出手續，及其他接待服務等，為本篇探討之重點。

第四章　客務部組織與職責

第一單元　重點整理

　　客務部的組織

　　客務部的職責

　　客務部與其他單位的關係

第二單元　名詞解釋

第三單元　相關試題

第四單元　試題解析

第一單元　重點整理

客房管理係旅館業在經營管理上必備的專業知識，不外乎是對人、事、物的管理。旅館業為一服務性事業，除了基本的硬體設備外，完全需依賴從業員工的細心服務，換言之，一家完善的旅館不僅需要良好的硬體設施，在內部管理方面亦不容忽視。茲分別就客務部組織、職責及其與其他單位之關係，說明於后。

壹、客務部的組織

客務部（room division）又可稱為前檯或櫃檯（front office，front desk），係屬於直接服務與面對旅客的部門，與房務部（housekeeping）共同組成客房部（room division）。客務部主要負責的業務，包括訂房（reservation）、接待（reception）、總機（operator）、服務中心（uniform service or bell service）、郵電、詢問（information）、車輛調度（transportation）及機場代表（airport repre-sentative）等單位。就客房業務而言，亦有旅館僅設置客房部，負責全部客房業務，而未再細分為客務部與房務部，全視旅館組織規模、編制之需求而定。

觀光旅館由於規模較大，營業項目多，其部門分工較細，人員編制相對增加，組織系統亦較一般旅館為複雜。大型旅館的客房部門，通常會分為客務部與房務部兩個部門，再依實際需要設置不同組別。如為中小型之旅館，多以經營客房出租為主，且絕大多數的業者為獨資經營，在精簡人事的情形下，未設任何部門，全館上下最多設主管、副主管各一名及櫃檯、房務員數名而已。又如爲稍具規模之一般旅館，可能有部分經營餐廳或再增設其他附屬服務設施，如會議場所、酒吧、咖啡廳等。客務部的組織（如圖4-1）。

客務部負責的業務如下：

一、訂房組

綜合整理客房租售、接受旅客訂房與記錄、客房營運資料分析預測、旅客資料建檔、客房分配與安排等。

二、接待組

綜合整理旅客登記一切事務，提供旅客住宿期間通訊與祕書之事務性服務，包括旅客諮詢、旅館內相關設施介紹等。

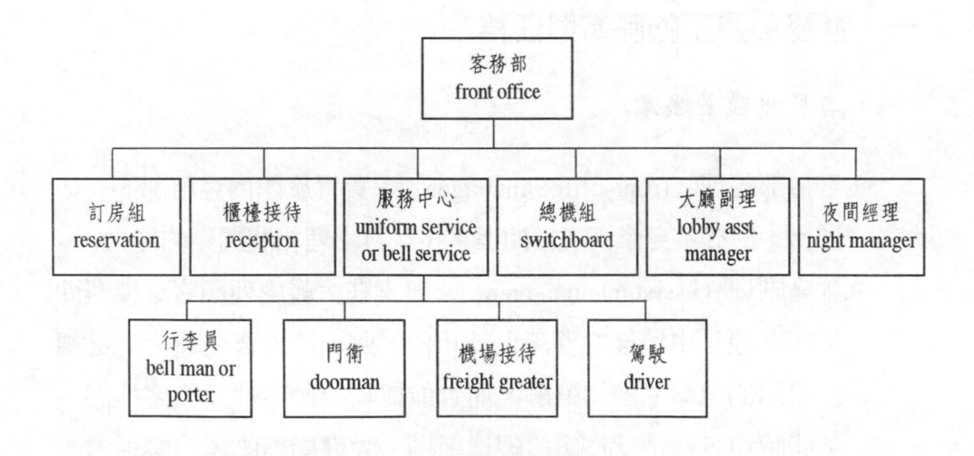

圖4-1　客務部組織圖

三、服務中心

其服務範圍包括門衛、行李員、機場代表、駕駛等，負責行李運送、書信物品傳遞、代客停車等業務，主要工作係協助櫃檯處理其他附帶的事務。

四、總機組

為旅館對外聯絡單位，其服務優劣會直接影響到旅客對該旅館的第一印象。

貳、客務部的職責

客務部職員依其所屬單位、層級及工作性質，有不同之職掌與任務。

一、客務部員工的職掌與任務

（一）各層級職員職掌

1.客房部經理（front office manager）：負責旅館內客務部的一切業務，對於本身業務應瞭如指掌，並具處理相關問題的能力。
2.大廳副理（assistant manager）：負責在大廳處理顧客之疑難問題。一般是由櫃檯的資深人員升任，此一職務責任重大，必須對旅館的全盤問題均瞭解，而且能處理突發事件及旅客抱怨；並隨時將各種情況反應給經理部門。大廳副理的辦公桌通常設於旅館大廳明顯的位置，扮演一個非常重要的角色，主要的任務是溝通飯店職員與客人之間之問題，不僅具備學歷上的條件，更需要有與人應對的能力，尤其是經常要面對各種不同性質的大小情況，能夠適當並適時的處理。

3.夜間經理（night manager）：代表經理處理一切夜間之業務，是夜間經營之最高負責人，必須經驗豐富，反應敏捷，並具判斷力者。

4.櫃檯主任（front office supervisor）：負責處理櫃檯業務及訓練、監督櫃檯人員工作。

5.櫃檯副主任（assistant front office supervisor）：是主任公休或事假時，為其職務代理人。

6.櫃檯組長（chief room clerk）：負責率領各櫃檯人員，並參與接待服務等事宜。

7.櫃檯接待員（room clerk或receptionist）：負責接待旅客的登記及銷售客房並分配房間。

8.訂房員（reservation clerk）：負責處理訂房一切事宜。

9.櫃檯出納員（front cashier）：負責向住客收款、兌換外幣等工作，如係簽帳必須呈請信用部門經理核准。由於上述業務係屬財務部之權責，因此櫃檯處理業務時，應特別留意作業程序。

10.夜間接待員（night clerk）：負責製作客房出售日報（house count）統計資料，有些仍須繼續完成日間櫃檯接待員的作業，隔日將報表呈交經理。上班時間原則上為下午11時至次日上午8時。

11.總機（telephone operator）：負責國內、外長途電話轉接及音響器材操作保管。

12.服務中心（front service）主任：是uniform service的主管，監

督bell captain、bell man、door man及supervisor等人員之工作。

13.服務中心領班（bell captain）：負責指揮、監督並分派bell man的工作。

14.行李員（bell man）：負責搬運行李並引導住客至房間。

15.行李服務員（porter and package room clerk）：在大型旅館才有此一編制，負責團體行李搬運或行李包裝業務。同時與bell man共同分擔館內嚮導、傳達、找人及其他零瑣差事。

16.門衛（door man）：負責代客泊車、叫車、搬卸行李，以及解答顧客有關觀光路線等問題。

17.司機（driver）：負責機場、車站與旅館間之駕駛。

18.機場接待（freight greeter）：負責代表旅館歡迎旅客的到來與出境的服務。

（二）櫃檯接待員之任務與作業程序

以下就櫃檯接待員之職責與作業程序，說明如下：

1.職責

（1）向旅客問候。

（2）出售房間。

（3）旅客登記及客房之分配。

（4）旅客郵件、電報與留言之傳遞或處理。

（5）提供旅客之詢問。

（6）促銷旅館內的各項服務，如餐廳、酒廊、洗衣等服務。

（7）處理旅客的抱怨。

（8）保管房間鎖匙。

（9）編製各種統計報表及報告。

由上述職責可知，櫃檯主要之任務為客房之銷售及到達旅客之應對。在技術上應如何技巧地運用，使房間銷售一空，其他如郵件、電報之配達及發送，留言條之傳達及觀光導遊之詢問等，再加上櫃檯對於旅客在服務上之期望、批評、抱怨等，均應妥善處理。

2.作業程序：作業程序在每一家旅館均不相同，但確是大同小異，茲分述如下：

（1）當一個旅客進館時，櫃檯職員首先向旅客問候並技巧的問客人是否有訂房，如旅客有訂房，而且櫃檯職員認為可以把高價的房間提供給客人的話，應優先出售高價的房間；假如這個客人是未事先訂房而自己來旅館住宿的客人（walk-in），那麼櫃檯職員可以將該旅館中等價錢的房間提供給客人，然後再看客人的反應，決定安排何種價位的房間給客人。

（2）當旅客接受了櫃檯職員所提供的房間後，櫃檯職員即將旅客住店登記卡（registration card）拿給旅客登記，旅客可憑身分證、護照、駕照等，將登記卡內資料一一填寫清楚。

（3）櫃檯職員將旅客登記好的卡片重新檢查一遍，如客人的姓名和住址是否填寫清楚，並確認其離館日期及客人是否使用記帳卡，如果客人說是，應將卡上的號碼登記下來。

（4）將客房鎖匙交給行李服務員引導旅客到客人的房間，櫃檯職員將填好的住店登記卡資料輸入電腦，並通知其他各相關部門。

二、客務人員作業守則

（一）儀容

1.每位客務工作人員須整肅儀容，保持衣著整齊及清潔，皮鞋必須擦亮，不可過分化粧，飾物配戴宜適度，頭髮必須經常梳理，男士鬍鬚需刮乾淨，不可留長鬍鬚。

2.接待顧客時須保持笑容，態度要友善，儘量使客人感到滿意爲止。

3.當班時隨時配戴員工識別證。

（二）禮節

1.與顧客交談時，注意修辭及語氣。

2.與客人對話時，儘可能稱呼客人的姓氏（如王先生等），不可逃避客人的問題，儘量以旅館立場回答客人。

3.接電話時不可讓客人久等，電話鈴響時不超過三次。

4.電話對話時，應注意應對禮貌，如「早安！您好！（午安或晚安），這裡是（部門），我是（姓名），請問有什麼可以效勞的嗎？」（或以英語問候）

（三）其他

1.對同級同仁稱呼名字，對上級則稱呼「其職稱」。

2.遇有特殊狀況無法處理時，須請求主管的協助。

3.絕對禁止在任何公共場合吸菸或遊蕩。

4.禁止在櫃檯內接私人電話。

5.工作環境內保持整齊清潔。

6.嚴禁攜帶飲料及食品進入櫃檯。

參、客務部與其他單位的關係

旅館的經營除了有形的設施（facilities），使顧客感到舒適便利外，最重要的就是服務。旅館的服務工作是整體性的，並非某一部分、某一部門或某一個人作好就可以。一位客人住進了旅館，他所要求的服務，並不是單純的一種，所以更顯得聯繫、協調合作的重要性。旅館管理與營運的成功或失敗，可以說決定於聯繫、協調與合作的成功或失敗。你必須瞭解自己所負的業務，和哪些部門要保持聯繫和協調。

舉例說明：假設有四十人的團體住進了旅館。首先，訂房組應將訂房卡在前一天晚上整理好交給櫃檯，早班櫃檯人員要控制好當天有多少空房來安排這個團體，需要和房務部人員聯絡房間狀況，然後作好團體名單（配好房間）。當團體到達時，行李員負責將行李搬運到大廳，清點數量，結掛行李牌，依名單寫上房號立即分派到各房間。房間服務員開始爲客人服務：茶、水、洗衣、擦鞋、用餐等，此時櫃檯人員要與導遊或領隊聯絡團體用餐的種類、方式、時間，叫醒時間及下行李時間等事項。依上述作業，客務部與各單位之聯繫關係（如圖4-2）。

由以上客務部（或客房部）與其他各單位間的作業關係中，可以瞭解到彼此是唇齒相依，相互支援，在旅館中各扮演不同的角色。

客務部爲滿足住宿旅客需求，必須聯繫各相關單位提供不同的服

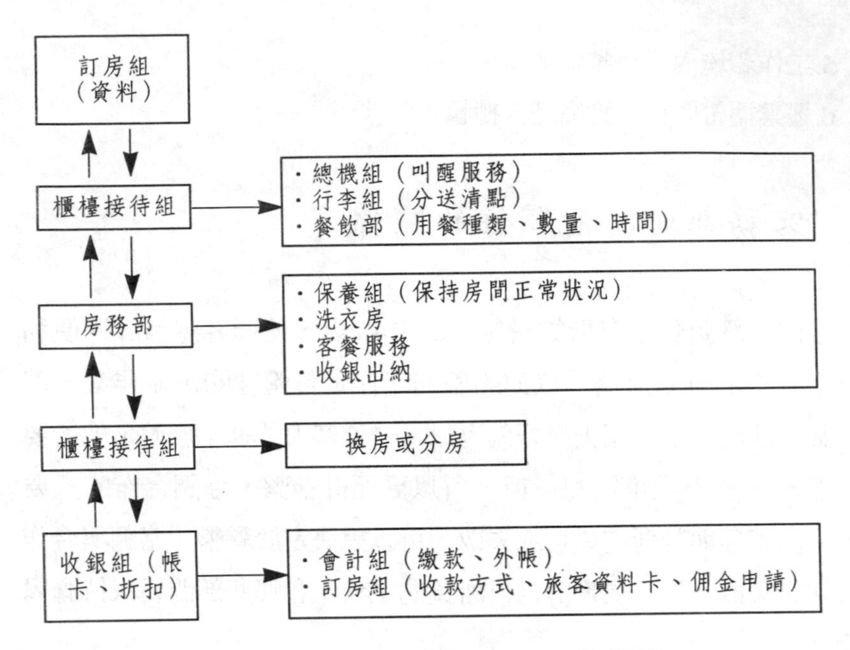

圖4-2　客房部與各單位之聯繫關係

務，包括：

一、餐飲單位

（一）客房餐飲服務

（二）餐券（coupon）之使用與用餐時間之協調

（三）贈送水果籃

（四）飲料、自助餐（buffet）招待券（complimentary）

（五）附贈餐飲券

（六）蜜月套房（wedding room）提供

（七）協助酒席賓客停放車輛

（八）其他

二、工程單位

（一）公共區域（如櫃檯等）設備之維護與保養

（二）客房設備與備品損壞、故障之維修與保養

（三）其他

三、採購單位

（一）生財器具、設備之採購

（二）添購適當備品、電腦設備及通訊系統

（三）員工制服（uniform）訂製

（四）其他

四、財務（會計）單位

（一）零用金準備

（二）收付報表製作與核對

（三）收取帳款

（四）支付薪津

（五）業績掌控

五、安全單位

（一）安全系統（如閉路監視器）之設置

（二）門禁管理

（三）緊急意外事故之處理

（四）可疑人、事、物之通報與預防

六、房務單位

（一）瞭解客房使用狀況

（二）故障房檢修

（三）掌握住客動態

（四）醫療服務

（五）其他（如叫車服務、叫醒服務等）

註：客房部編制中，如某旅館屬商務旅館，則大多會設置商務中心，提供會客室、會議室、電報、電腦、傳眞機、打字機、影印機等服務項目。有些還設有秘書，協助旅客打字、寫書信、代訂機票、車票等事務，並提供查詢資料的服務、國內外報紙、雜誌。亦有規劃出可供個人使用之商務空間，備有辦公室及各種硬體設備，供旅客使用。

第二單元　名詞解釋

1.客務部（room division）：又稱爲前檯或櫃檯，屬於直接服務與面對旅客的部門。

2.服務中心（uniform service or bell service）：隸屬於客房部之下。其設置之目的在於提供代客停車、開大門、提行李、駕駛等相關接待服務等事宜。

3.機場接待：旅館業指派專人至機場接機，迎接事先預訂客房之客人，以專車接回旅館住宿者，謂之。

4.no show：旅客已事先訂房但未辦理遷入手續。

5.buffet：自助餐。

第三單元　相關試題

一、單選題

（　）1.旅館的服務工作是屬於（1）整體性（2）單一性（3）統一性（4）部門性。

（　）2.未事先訂房而自己來旅館住宿的客人稱爲（1）come in（2）turn down（3）walk-in（4）service charge。

（　）3.uniform service是指（1）房務中心（2）服務中心（3）健康中心（4）訂房中心。

（　）4.front office是指（1）辦公室（2）訂房中心（3）員工更衣室（4）前檯。

（　）5.freight greeter是指（1）顧客（2）機場代表（3）業務代表（4）銷售人員。

二、多重選擇題

（　）1.客務部又稱爲（1）收銀台（2）前檯（3）後檯（4）櫃檯。

（　）2.門衛係負責（1）搬運行李（2）代客泊車（3）叫車（4）解答旅客觀光相關問題。

（　）3.櫃檯接待員是負責（1）接待旅客登記（2）銷售客房（3）分配客房（4）打掃客房。

（　）4.櫃檯之主要任務爲（1）爲旅客解決疑難雜症（2）清潔樓層

（3）客房之銷售（4）到達旅客之應對。

（　）5.客房部之業務範圍包括（1）訂房之控制（2）預測作業（3）辦理C/I與C/O（4）接待服務。

三、簡答題

1.客務部主要負責的業務包括哪些（至少列舉五項）？

2.大型旅館通常會將客房部區分爲哪兩個部門？

3.服務中心的服務範圍包括哪些（至少列舉四項）？

4.大廳副理之職掌爲何？

5.試述機場接待之涵義？

四、申論題

1.試申論客務人員之作業守則？

2.試繪製完整之客務部組織圖？

3.試述客務部爲滿足住宿旅客需求，必須聯繫各相關單位提供不同的服務，其服務有哪些？

4.客房部與各單位之聯繫關係如何？試以圖示之。

5.試扼要說明櫃檯接待員之任務與作業程序？

第四單元　試題解析

一、單選題

1.（1）2.（3）3.（2）4.（4）5.（2）

二、多重選擇題

1.（2.4）2.（1.2.3.4）3.（1.2.3）4.（3.4）5.（1.2.3.4）

三、簡答題

1.答：訂房，接待，總機，服務中心，郵電，詢問，車輛調度，機場代表等。

2.答：客務部，房務部。

3.答：門衛，行李員，機場代表，駕駛。

4.答：負責在旅館大廳處理顧客之疑難問題。

5.答：負責代表旅館歡迎旅客的到來與出境的服務。

四、申論題

1.答：

（1）儀容

A.每位客務工作人員須整肅儀容，保持衣著整齊及清潔，皮鞋必須擦亮，不可過分化粧，飾物配戴宜適度，頭髮必須經常梳理，男士鬍鬚需刮乾淨，不可留長鬍鬚。

B.接待顧客時須保持笑容，態度要友善，儘量使客人感到滿意為止。

C.當班時隨時配戴員工識別證。

（2）禮節

A.與顧客交談時，注意修辭及語氣。

B.與客人對話時，儘可能稱呼客人的姓氏（如王先生等），不可逃避客人的問題，儘量以旅館立場回答客人。

C.接電話時不可讓客人久等，電話鈴響時不超過三次。

D.電話對話時，應注意應對禮貌，如「早安！您好！（午安或晚安），這裡是（部門），我是（姓名），請問有什麼可以效勞的嗎？」（或以英語問候）

（3）其他

A.對同級同仁稱呼名字，對上級則稱呼「其職稱」。

B.遇有特殊狀況無法處理時，須請求主管的協助。

C.絕對禁止在任何公共場合吸菸或遊蕩。

D.禁止在櫃檯內接私人電話。

E.工作環境內保持整齊清潔。

F.嚴禁攜帶飲料及食品進入櫃檯。

2.答：

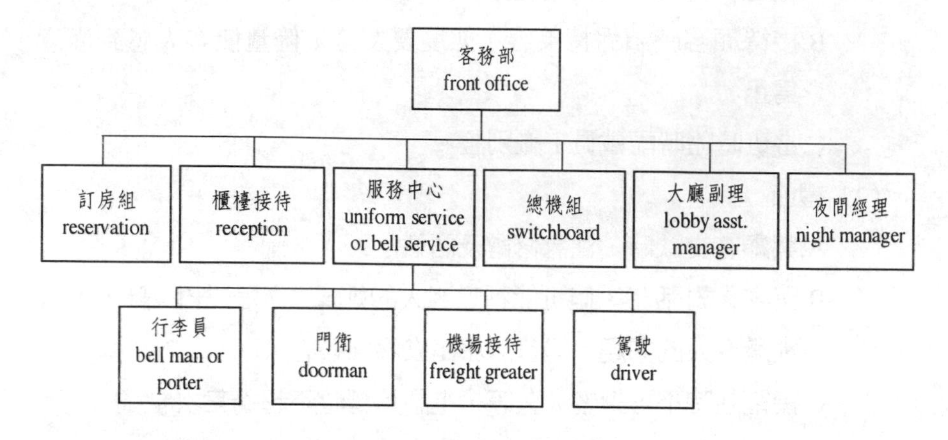

3.答：

（1）餐飲單位

A.客房餐飲服務。

B.餐券（coupon）之使用與用餐時間之協調。

C.贈送水果籃。

D.飲料、自助餐（buffet）招待券（complimentary）。

E.附贈餐飲券。

F.蜜月套房（wedding room）提供。

G.協助酒席賓客停放車輛。

H.其他。

（2）工程單位

A.公共區域（如櫃檯等）設備之維護與保養。

B.客房設備與備品損壞、故障之維修與保養。

C.其他。

（3）採購單位

A.生財器具、設備之採購。

B.添購適當備品、電腦設備及通訊系統。

C.員工制服（uniform）訂製。

D.其他。

（4）財務（會計）單位

A.零用金準備。

B.收付報表製作與核對。

C.收取帳款。

D.支付薪津。

E.業績掌控。

（5）安全單位

A.安全系統（如閉路監視器）之設置。

B.門禁管理。

C.緊急意外事故之處理。

D.可疑人、事、物之通報與預防。

（6）房務單位

A.瞭解客房使用狀況。

B.故障房檢修。

C.掌握住客動態。

D.醫療服務。

E.其他（如叫車服務、叫醒服務等）。

4.答：

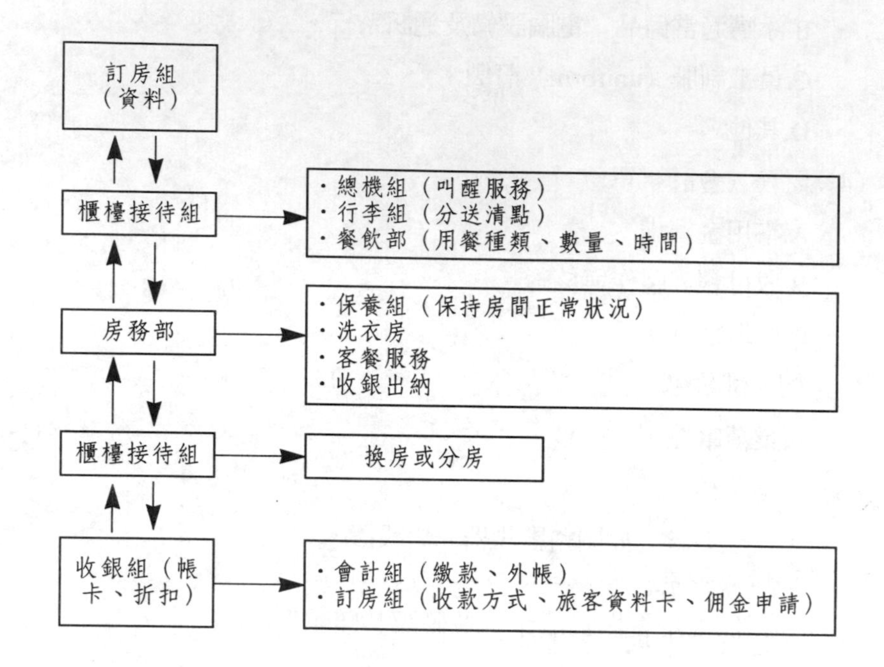

5.答：

（1）職責

A.向旅客問候。

B.出售房間。

C.旅客登記及客房之分配。

D.旅客郵件、電報與留言之傳遞或處理。

E.提供旅客之詢問。

F.促銷旅館內的各項服務，如餐廳、酒廊、洗衣等服務。

G.處理旅客的抱怨。

H.保管房間鎖匙。

I.編製各種統計報表及報告。

（2）作業程序：作業程序在每一家旅館均不相同，但確是大同小異，茲分述如下：

A.當一個旅客進館時，櫃檯職員首先向旅客問候並技巧的問客人是否有訂房，如旅客有訂房，而且櫃檯職員認爲可以把高價的房間提供給客人的話，應優先出售高價的房間；假如這個客人是未事先訂房而自己來旅館住宿的客人（walk-in），那麼櫃檯職員可以將該旅館中等價錢的房間提供給客人，然後再看客人的反應，決定安排何種價位的房間給客人。

B.當旅客接受了櫃檯職員所提供的房間後，櫃檯職員即將旅客住店登記卡（registration card）拿給旅客登記，旅客可憑身分證、護照、駕照等，將登記卡內資料一一塡寫清楚。

C.櫃檯職員將旅客登記好的卡片重新檢查一遍，如客人的姓名和住址是否塡寫清楚，並確認其離館日期及客人是否使用記帳卡，如果客人說是，應將卡上的號碼登記下來。

D.將客房鎖匙交給行李服務員引導旅客到客人的房間，櫃檯職員將塡好的住店登記卡資料輸入電腦，並通知其他各相關部門。

第五章　櫃檯實務

第一單元　重點整理

旅客遷入與遷出作業

櫃檯接待作業

客房住宿條件之變化與處理

第二單元　名詞解釋

第三單元　相關試題

第四單元　試題解析

第一單元　重點整理

櫃檯服務首重旅客的第一印象，如要使客人對旅館的印象良好，居留期間很愉快，則應掌握旅客check-in的時刻。首先櫃檯人員必須熟知所有當天要抵達的旅客姓名，當旅客一抵達櫃檯辦理住宿登記手續時，即能讓旅客感受大家已經在等候他（她）的來臨，有那種被歡迎的感覺；而非到了櫃檯，被機械式地問了名字後，還要費許多功夫才能找到旅客的姓名，兩者不同的服務方式，對於住宿旅客而言，感受截然不同。

旅客到達櫃檯附近之前，櫃檯人員一定要以趨前的姿勢迎客；若是坐著，一定要起身迎賓；若手邊有工作，也要暫停一下，務必讓旅客感到他是被歡迎、被尊重的。又如櫃檯人員正在講電話時，一定要用手勢或眼神，讓旅客知道你曉得他的到達，並且應立即處理完畢個人的事務。以上所述，雖爲些許小事，但站在服務業的立場而言，這些小動作對於旅館整體的經營形象，影響甚鉅，絕不可輕忽之。因此，有關櫃檯人員爲旅客辦理遷入、遷出等接待作業時之相關原則，分別說明於后。

壹、旅客遷入與遷出作業

旅客在進入擬住宿之旅館時，旅館各項服務即陸續開始，包括門衛（或門僮）迎接、開門、大廳櫃檯接待、住宿登記、配房、引導客人至客房、旅客相關資料建檔（紀錄），以及團體旅客（group）之登記作業等事項，均為櫃檯之業務範圍。旅客遷入之程序（如圖5-1）。

一、旅客接待要領

通常在接待旅客時，應注意之事項如下：

（一）表現友善的態度

表現友善的態度，動作迅速，提供旅客詳細的資料。

（二）注意接待作業的態度

初次到本旅館住宿的住客，尤須特別注意接待作業的態度，並儘可能記住客人的姓名，若下次這次客人再check-in時，我們可很自然呼此客人「MR.〇〇」使客人倍感親切。由於旅客對於本地環境的陌生，尤需別人的關懷。因此對旅客所提出的問題，必須有禮貌且有耐性的回答。

（三）反覆練習動作

為提供旅客滿意之服務，某些動作必須反覆練習，才能不斷提升

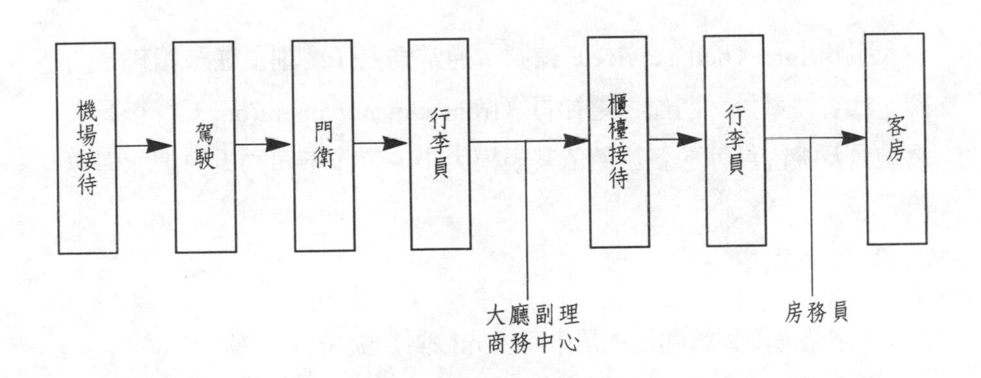

圖5-1　旅客遷入程序圖

服務水準，如下：

1.保持自然的微笑及表現歡迎的熱忱，使客人覺得很受歡迎。
2.客人辦理登記時，如已有信件、傳眞、電報、留言時，應迅速交予該客人。
3.依客人抵達的時間，介紹本旅館各類餐飲設施，早、午、晚餐的位置及特色。
4.儘可能稱呼客人姓氏並加上「先生」或「女士」。
5.將簽字筆交給客人時，筆尖朝下，並確定此筆一定可用。
6.儘可能照客人所要求的房間型式（room type）安排。
7.將鑰匙交給客人前，需先核對房號。
8.將鑰匙及住房卡交與行李員，然後說：「小林，請帶趙先生到房間」，接著對客人說聲謝謝，希望他（她）們住宿期間愉快。再重新對客人說明房價及加上一成的服務費，以免客人結帳時會與櫃檯出納有所不愉快。

二、服務中心作業

服務中心（bell service）編制，通常爲主任、副主任、領班、門衛、代客停車員、門僮、電梯員（front elevator operator）、行李員、駕駛員及接待員等。各旅館依其規模大小，可作不同的人力調配與運用。

（一）作業原則

1.由櫃檯接到鑰匙及住房卡時，先核對房號是否正確。
2.請教櫃檯是否有這位客人的信件。
3.引導客人到電梯。

4.到客房前，可先概略介紹旅館附屬設施及餐廳營業時間。

5.進出電梯時，應扶住電梯門讓客人先行出入。

6.抵達客房門口時，代客開啓房門，先行進入，以防已有人進住。

7.先將客人衣服掛好，將行李擺在適當的位置。

8.請教客人窗戶是否開啓，冷氣或暖氣要否啓用。向客人說明如何使用其他各項房間設備。

9.離開房間前說：「希望您住得愉快」。

（二）作業重點

1.作業前

（1）上班前由領班檢查服裝、儀容是否整齊清潔、精神是否良好。

（2）檢查倉庫（store room）裡的行李。

（3）注意黑板或布告欄上的通知。

（4）查看訂房單、宴會預定表以便記憶團體客或VIP到達的時間、人數，以及宴會的地點、時間與人數，如此就可以預測當日工作最忙碌的時間，亦可以事先調集工作人員。

（5）查看團體名單及行李寄存簿。

（6）查看行李牌、保管單、繩子、包裝紙及簽字筆等用品的數量，是否夠當天使用。

（7）巡視工作範圍內的用品是否完整或加以處理，並保持清潔。

2.作業中

（1）凡事一定要有紀錄。

（2）行李間裡的大小行李務必要掛上行李牌或保管單，記載要清楚，使任何人一看便一目瞭然，知道是誰的行李，及什麼時候要來取件。

（3）容易破損的東西，要註明「易破損，搬運時請注意」。客人要check-in或check-out時，必須請問客人有沒有容易破損的東西，裝運時亦須慎重；客人坐上車子時，手提之易碎品最好由客人自己攜帶。

（4）搬運行李前後均應確實點明件數。

（5）應隨時保持清潔。

（6）保持良好紀律與舉動，給予客人舒服的感覺。

3.作業完畢前

（1）移交行李，並整理各種記錄本。

（2）仔細的回想當天所作的工作是否圓滿，再查看一下check-in record或check-out record。

（3）是否有漏記的地方需要補記。

（4）再度巡查工作範圍內是否交代清楚。

4.行李保管服務：客人行李可分為當天及短期兩種，當天要拿取之行李可暫時存放於行李間，短期行李即須搬至行李間保管。另外還有一種代客保管給其友人之行李，應注意來領取行李人之姓名、地址，嚴防冒領。

（三）員工職務說明（任務）

1.主任

（1）轉達上級命令、督導訓練及考核部屬的工作。

（2）排定部屬的勤務時間表。

（3）備品之領用、管理，及消耗品之控制。

（4）接受部屬之工作報告，並作適當之處理。

（5）任免、調升或異動部屬，遵照上級之指示並提供自己的意見。

2.領班

（1）協助辦理主任之工作。

（2）製訂部屬之工作日報表。

（3）日用品之領用及耗損報告。

（4）代客預訂機位、車位及加簽、入出境之申報處理。

（5）代客郵寄、遞交、代辦事項之處理。

（6）飯店與機場間交通車輛之安排。

（7）部屬工作之分配及時間之控制。

（8）經常與主任研商、檢討，改善服務工作。

3.門衛

（1）負責指揮正、側門之交通秩序。

（2）招呼車輛，引導、協助旅客行李及上、下車。

（3）向不諳外語之司機或計程車司機解說外籍旅客欲到達之地點。

（4）執行門禁維護安全與觀瞻。

（5）解決乘客與計程車司機間之糾紛，如有重大事件或解決不了之事情時，須立即報請領班或主任，或安全部門協助處理。

4.代客停車員

（1）制服名牌等配件須整齊，始能得到客人之信賴。當客人要求代爲停車時，須給予代停車之號碼牌，牌上寫明日期並簽名。

（2）禮貌周到、態度誠懇。

（3）注意進出（上、下）停車場的行車安全。

（4）車輛停妥，取出鑰匙後，車門務必加鎖。

（5）填妥停車紀錄，如車主姓名、車號、車輛顏色。停車位置、入庫時間等，並將車鑰匙附在停車卡上。在記錄簿上妥善記錄，放在指定地方。

（6）取車時，先取回停車號碼牌，詢問客人姓名及車號，以免被冒領。車歸還顧客後，須在記錄簿上註明出庫時間，並請客人簽字，表示收回該車。

（7）憑停車場開立之發票上金額，收取停車費，不可有超收之情況。

5.門衛（門僮）

（1）替顧客開、關大門。

（2）管制閒雜人士進出。

6.電梯員

（1）提供旅客上、下樓之服務。

（2）注意電梯之安全及負荷量。

（3）報告電梯行車狀況。

（4）保持電梯內之清潔。

7.遞送員

（1）房客之電報（telex）、信件（mail）、留言條（message）、電子郵件（E-mail）及物品遞送到客房內。

（2）傳送有關文件至有關單位。

（3）整理辦公室（庫房），維護整潔。

（4）協助行李員上、下行李。

8.駕駛員

（1）負責車輛之保管及養護工作。

（2）協助年老或行動不便之旅客上、下車。

（3）協助旅客上、下行李。

（4）負責飯店與機場間之旅客接送，使旅客平安愉快地到達目的地。

9.機場接待

（1）代表飯店歡迎旅客到來與出境之服務。

（2）協助旅客解決在機場碰到之疑難問題。

（3）安排機場與飯店間之交通。

（4）防止訂房旅客被別人接走，並積極爭取無訂房旅客。

（5）提供已抵達機場而赴飯店（on the way）之旅客名單給飯店，以作為接待之準備。

（6）隨時與櫃檯聯絡有關班機狀況，並提供事先有訂房但未抵達的旅客（no show）名單。

10.行李員

（1）引導旅客到櫃檯登記遷入手續、搬運行李及引導旅客到客房，並介紹客房內之設備。

（2）引導旅客到出納櫃檯辦理遷出手續、搬運行李及恭送客人離座。

（3）應付客人之差遣及內部之聯絡。

（4）維持門廳內之清潔與秩序，並注意有無竊賊混水摸魚。

（5）保管旅客行李。

（6）代購車票、代訂機位、代辦出、入境手續。

（7）負責早、晚報之預訂及遞送。

11.總機

（1）總機室準備之資料

A.各航空公司電話號碼。

B.汽車出租公司電話號碼。

C.各大飯店之電話號碼。

D.花店。

E.公司主管及職員電話號碼。

F.警察局。

G.火警處理單位。

H.救護車。

I.醫務人員。

J.各附設餐廳營業時間。

K.客房服務、專賣店、理髮店、美容室、三溫暖等營業時間。

（2）處理長途電話之步驟

A.凡住客欲接國際長途電話，可由客房直撥(以電腦控制)或經由總機人員代撥，並填寫記錄表。

B.應問清楚叫人或是叫號。

C.電腦自動記錄通話時間後，通知客人實際使用長途電話的時間。

D.填寫計費通知單一式二聯，第一聯存查，第二聯交櫃檯出納作爲憑證，第三聯交給客人。

E.如發覺客人即將遷出時，立即通知櫃檯。

F.員工打長途電話須先經主管批准。

（3）接聽外來電話

A.有外來電話時，先說早安／午安／晚安，後說旅館名稱。

B.查明欲聯絡之客人姓名及房號或部門人員，然後為之接通。

C.不知被聯絡之客人房號時，應由電腦資料查詢，但不可告知發話人房號。

D.問住客是否願意接聽，如不願意則向對方道歉。

E.假如住客不在客房，發話人欲留言，則代記下留言內容，然後交給櫃檯處理。

（4）外來國際電話由住客付費：填寫二聯式帳單（guest check），註明接話人姓名、房號、發話人姓名，必須先問住客是否願接受這通電話。如是，則通知國際長途台將之接通，於通話後告知發話時間及金額，再加上服務費交櫃檯入帳。

（5）請勿打擾：凡接到客人通知不接任何電話時，應依請勿打擾系統作業方式，並記錄在記事本上。

（6）無登記住客：有些客人不願讓人知道他住在旅館，因此總機人員僅將之記錄於記事簿上，電腦註明「無登記」（no registered），凡有外來電話一律說無此客人。

（7）呼叫系統：旅館內每位主要部門主管皆配有呼叫器，凡有重要事情欲尋找時，皆經由總機撥代號發出訊號，回電時告訴何人找他。

（8）記事簿

A.舉凡客人有要求服務事項、抱怨等，總機人員皆需記錄下列資料：

（A）房號。

（B）撥話時間。

（C）要求或抱怨事項。

（D）採取之行動。

B.總機人員應將上列紀錄通知有關部門處理，並記錄由誰處理及何時通知。

（9）晨間喚醒（morning call）

A.當客人要求晨間喚醒服務時，在喚醒表上記錄喚醒時間、房號及姓名，到喚醒時間時，依話機功能儘量準時，並告知客人時間，如無人答話時，請服務中心人員到客房通知，其結果必須回報總機。

B.部分旅館客房內之電話具有設定morning call之功能，客人可自行設定。

12.其他

（1）寵物

A.規定不得攜帶小動物，如有客人攜帶寵物進入旅館，應建議客人將他的寵物送至動物飼養場暫放。

B.假如因某種原因，客人的寵物被允許留置於客房，櫃檯人員應將詳情記錄下來，並通知房務組。客人遷出時，房務組應負責檢查房間是否損壞。

C.假如確實有損壞的情況，養護組應將受損情形及修護成本提報管理部門，決定是否要求客人賠償。

（2）停車場：對旅館本身的停車狀況必須非常瞭解。

A.停車場的空間、數量多少。

B.停車的優先權（住客或非住客）。

C.呼叫系統的正常作業。

（3）貴重物品的存放櫃：安全保險櫃限由住客使用存放貴重物品、珠寶、現金、重要文件等，旅客必須依照手續將上列物品存放於保險櫃，旅館才能負責其安全。

三、櫃檯服務作業

（一）作業程序

1.房客住進前，服務人員須再檢查各項設施、備品，是否保持良好狀況，如有損壞、不足，應即通知相關人員修理並補充備品。

2.房客住進後，服務人員應詢問是否有其他需要。

3.接獲房客通知需要維修設備或補充備品時，應儘快處理。

4.服務人員應隨時注意走廊上閒雜人士之徘徊、逗留。

5.服務人員應每日清理客房，保持整潔。

6.房客退房後服務人員須將客房整理安置妥當，並檢視旅客是否遺留物品。

7.未帶行李之客人於退房時，應與櫃檯聯繫，以防逃帳。

（二）注意事項

1.客房是否常保整潔。

2.客房各項設備、備品、冰箱飲料是否齊全，並正常可用。

3.旅客住房之前，是否已將客房清理完畢，各種客用棉、毛織品是否換洗，及其他客用品是否已補足。

4.客房清理如發現有顧客遺失物，應立即報請主管或移由大廳副理，一一列明清冊，依照有關規定處理。

四、旅客遷出作業

當旅客住宿期間結束時，即會至櫃檯辦理遷出手續，此時櫃檯人員即應將該旅客住宿期間在旅館內之一切消費，包括電話費、餐飲費、住宿費、洗衣費、冰箱飲料費等費用，作一結算。

旅客遷出程序圖（如圖5-2）。

（一）結帳

1.散客結帳作業：散客結帳作業流程（如圖5-3）。若使用機械鎖

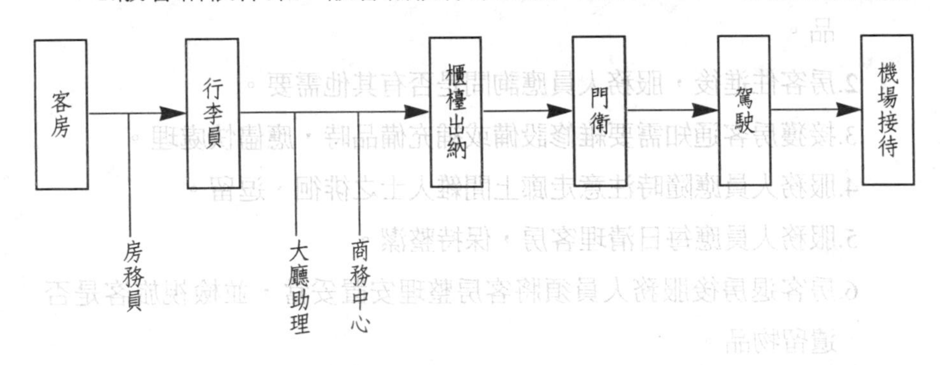

圖5-2　旅客遷出程序圖

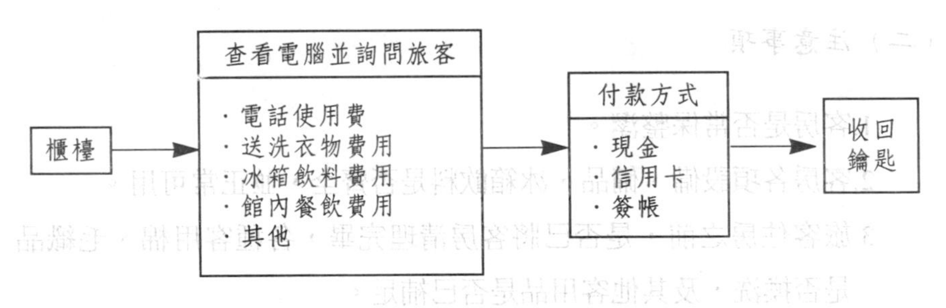

圖5-3　散客結帳作業流程圖

系統需收取鑰匙，若旅客於付款後仍需使用鑰匙，則應註明於行李放行條並通知服務中心注意。如旅客住入時有預付訂金，應於消費金額中扣抵並取回收據。

2.貴賓結帳作業

（1）作業程序及注意事項，同散客結帳作業方式。

（2）原則上應由客務部主管於旅客要求之時間，帶領客務部出納及已印妥之帳單，至旅客房間或其指定之場所結帳。

（3）貴賓結帳時應通知該部門主管準備送行。

3.快速結帳（express check out）

（1）一般只適用於以信用卡付款，或已約定轉帳之旅客。

（2）意即先由旅館與信用卡公司簽定相關合約，再由旅客簽署授權書同意旅館逕行計算旅客消費，不經使用者簽認直接送信用卡公司收款。

（3）由旅客於住宿期間內，簽妥授權書交付旅館接待人員或客務部出納約定結帳時間等，即可於預定時間逕行離開。旅館授權書註明時間主動結算消費額並可清理房間。並根據授權書將旅客消費額填入刷卡聯，旅客雖未簽字，亦可據之向信用卡公司請款。

（4）任何單位於收到旅客之授權書後，應立即通知各相關單位，如房務部、客務部出納及接待等。

4.團體結帳

（1）作業程序同散客結帳方式。

（2）客務部應於預定結帳時間印出團體帳單，等待導遊人員前來結帳。

（3）出納於團員前來支付私帳時，亦應收取鑰匙。

（4）若至團體預定離開時間仍未收齊團體私帳及鑰匙，則應聯絡領隊要求協助催取。

（5）團員私帳及鑰匙收取完畢後即通知服務中心。

5.延遲退房要求（late check out request）

（1）為旅客要求使用其房間至當天，應退房時間之後（都市型旅館通常為中午12點）的要求。

（2）旅客要求延遲退房時，應視訂房狀況決定同意與否。

（3）旅客延遲結帳的時間在一小時之內，不論是否預先約定通常皆可同意。

（4）通常延長使用房間的時間，不可超過當天晚上6點。

（5）延遲結帳可不收費用但須事先呈報主管核准。

6.跑帳（skip account）

（1）跑帳者通常會有下列狀況產生：

A.無法判明旅客住宿之原因。

B.登記時拖延或不出示身分證件。

C.住宿期間或接近預定結帳時間時，在館內消費突然大量增加。

D.房間無任何證件可證明居住者身分。

E.無個人盥洗用具或標有旅客姓名之衣物。

（2）防止跑帳之最佳方法，為確實登記住客基本資料，並收取預付額。

（3）如發現有可能之跑帳者時，其處理原則如下：

A.立即呈報主管。

B.經主管同意後，立即通知同業注意。

C.經主管同意後，應聯絡機場航空公司清查旅客是否已出境。

D.暫時封閉客房並結算出旅客之帳目。

E.此種情形因屬民事範圍，需提出告訴，警方才能受理。

（二）帳目處理相關事項

1.住宿券（voucher）

（1）除事先有約定，訂房時經查證或於旅客住宿期間、離開前可以查證外，其他狀況不應收受。

（2）必須收取旅客持用聯。

2.預付款（prepay）

（1）訂房時已收之預付款，應於客人遷入時主動告知旅客。

（2）如為外幣預付款，應於告知匯率後取得旅客同意換為國幣，如旅客不願兌換時，可保留至其遷出之日再處理。

3.佣金（commission）

（1）凡應付佣金之訂房，除經上級核准或訂房者放棄佣金外，不得給予折扣（discount）。

（2）佣金除另有約定者外，通常為所住房定價之10%。

4.私人支票（personal check）之處理

（1）除可確定於旅客住宿期間內可以完成交換之支票外，不應收受或協助交換。

（2）一般私人支票應向旅客說明代其交換，並由其簽認授權書。支票代交換完成後，應將結果通知旅客，經其同意後，再轉入其帳戶內抵用。

（3）未經代交換手續而收受之支票，必須經該管主管之核准。

（4）支票交換失敗（即遭銀行退票）時，應將支票退還交付人，並立即要求補付款項。

5.信用卡（credit card）

（1）旅客於住入登記時預刷之信用卡，應儘速以下列方式預估。

（2）預估消費額並據以向信用卡公司徵信：

（每日房租）＋（一般旅客每日其他平均花費額）

＝每日消費總額

（每日消費總額）×（住宿日數）＝消費總額

（3）旅客之信用卡未通過徵信時，應立即查明原因，並告知旅客要求其補足預付款，可能的話亦應協助其澄清。

（4）若旅客改用其他付款方式，已刷之消費聯應退還旅客。

6.貴賓卡（VIP card）

（1）各公司發行之貴賓卡規定各有不同。基本上皆另設簽帳單。

（2）如准許持用者本人於旅館營業場所消費時簽帳，其程序與信用卡使用程序相同，但應向本公司之該管單位查核。

7.公司轉帳（city ledger）

（1）訂房時已約定之轉帳，應由約定付款者，於旅客遷入前簽認同意付款書，並詳列付款項目。

（2）遷入登記時，提出之轉帳要求，除已有約定外應呈報主管核准，並由付款人於登記卡上簽認並註明支付範圍，或於旅客結帳前補送付款同意書。

（3）結帳時提出之轉帳要求，除已有約定者外應呈報主管核准，並由付款人於帳單及簽帳單（IOU）上簽認。

貳、櫃檯接待作業

櫃檯接待員每天接觸到不同的客人，處理不同的事。每天工作所面臨的是新鮮與挑戰，因此從事這項工作的人員，必定喜歡與人相處。事實上，櫃檯的工作人員，所支領的薪水就是支付處理各種「人」與「事」的費用。一個傑出的櫃檯人員必須是一個受歡迎的人。

從旅客的訂房到遷出，櫃檯人員往往成爲客人讚美與抱怨（complain）的對象，事實上，它在住客心目中乃是旅館的化身，故其表現爲客人評價服務水準的重要指標。

一、櫃檯業務

一般而言，櫃檯業務包括銷售客房之準備工作、出售客房、調配客房、編製報表、訪客之接待、核對客房狀況、調整住宿條件、整理顧客建議與意見書、住客傷病處理、行李保管與遺失處理、帳務處理、審核銷售收入、旅客抱怨處理、鑰匙管理、住客留言處理、行李服務、超額訂房處理，及團體與個人住客辦理遷出等相關業務。茲分別說明如后。

（一）銷售客房之準備工作

1.核對客房銷售狀況：依每日住房與訂房狀況，統計旅客住宿實際住房數。客房部與房務部應隨時保持聯繫，尤其房務部每日應將客房使用情形，填列報表送櫃檯掌控可供銷售之客房數。

2.調整銷售計畫：櫃檯主管依現有可供銷售之客房，製作分配表。另由業務部透過不同管道，對外促銷剩餘的客房，以加強客房之銷售。

3.指示接待要領：由客房部將每日訂房之旅客人數、住宿期間、用餐場所、時間及從事之活動等相關資訊，提供各相關單位，預先作好接待前之準備工作。如有需要，業務主管得視實際狀況要求所屬員工。

（二）出售客房

1.旅客事先訂房：依訂房者預約訂房日期、客房型態、住房人數、房間數、住宿天數，或預收訂金，以降低no show狀況。

2.散客：指未事先訂房，直接前來住宿的旅客。

3.團體訂房：指公司行號、社團集體向某旅館預訂客房，房價視往來住宿狀況（如簽訂合約）或住宿人數而有不同之優惠。

（三）調配客房

客房調配乃根據旅館現有之客房型態與數量，適度調整，以滿足住客所需。通常在調配客房作業時，會先詢問旅客是否有訂房，以確定客人是否已事先訂房，並向櫃檯查詢、確認，以保留適當客房給客人。（查詢的目的：每次爲住客辦理遷入登記時，必須先詢問其是否有訂房，如果「未訂房」的住客被當作「有訂房」辦理登記，不但占有一個空房間，而且該房間仍然會繼續保留，則旅館有損失收入的可能。）

1.無訂房之旅客

（1）確定客人之需要：「請問您需要什麼樣的房間？」；「請問有多少人要住？」；「請問您要住幾天？」

（2）查看客房分配表：客人對於住房的需要，必須詢問清楚，以免造成誤會。

2.有訂房之旅客

（1）從訂房架上取出訂房卡。

（2）根據訂房卡上所記錄之旅客住房需求，安排所需的房間。

A.特定的房間型式或房號。

B.加床或枕頭、毛巾或嬰兒床。

C.放置鮮花、水果籃或其他物品。

D.VIP之接待。

E.特殊給付帳單方式。

F.預定遷出日期。

3.保留房間：在客房分配表上，將分配的房間標示出來。

（四）編製報表

櫃檯人員統計住宿旅客基本資料時，通常會編製下列各項報表：

1.住客登記卡（guest history card）

（1）此表格通常由住客或接待員在辦理登記時填寫，其資料必須查證住客之身分證明文件，並由住客簽字認可。

（2）表格設計，可為每次辦理，即填寫一張或正面為顧客個人資料，而反面為每次的住房資料（可重複使用）。

（3）此表格為旅客住房之原始資料，在住客簽字完畢後登錄（key in）於電腦之中，日後作為證明住客確實住房之證明文件。

2.住客登記明細表

（1）此表格每日一份，係將當天住宿的旅客名單及相關基本資料彙整（通常以電腦作業列印出來，以便控制客房銷售狀況），記載當日所有住客資料，依照房號順序，記載個別房間內所住客人之姓名、身分證字號、住址、遷入日期、預定遷出日期、房價、住客人數及接待員之簽字。

（2）此表格為當日住客之資料總彙整，必須按月妥為保存裝訂，以便日後查閱。

（3）住客資料來源為住客登記卡。

3.顧客名錄：根據住客登記卡上資料，輸入電腦建檔。

4.預定遷入名單：按照訂房組每日送達之接待名單，依其抵達時間順序，登記其分配之房號、姓名、所屬公司或機關、客房種類、停留天數、房價、是否確認、預定抵達時間及注意事項等。

（五）訪客之接待

1.詢問訪客姓名及來訪之對象：一般用語：「請問您貴姓大名？」；「請問您要拜訪的客人是哪一位？」；「請問您知道林先生住在幾號房？」

2.通知住客有客來訪：一般用語：「林先生您好，櫃檯有位李先生來訪。請問直接請他上樓，或請他在樓下等您？」

3.告知訪客住客之決定：一般用語：「李先生，林先生馬上下來，請您在大廳先坐一下！」

4.製作訪客紀錄：將訪客來訪的情形，其姓名、性別、特徵及櫃檯處理的狀況，作摘要紀錄。

（六）核對客房狀況

通常櫃檯在早上較為忙碌，有時客人要趕著辦理check-out，因此，在忙碌一陣後，鑰匙、客房狀況、控制表、電話或帳卡，與眞實的客房狀態，難免有所出入，所以必須加以核對，以求確實。核對的依據則爲房間檢查報告，此報告由房務部塡寫，送交櫃檯。

1.核對鑰匙：按照房號順序，逐一核對每一客房與鑰匙櫃的狀態。

2.核對客房狀況控制表：重複上述1.之作業要領。並檢查控制表上的住宿姓名。

3.核對住客帳卡（或住宿消費紀錄）：重複上述1.之作業要領。並檢查帳卡櫃（或電腦中住客住宿消費資料）、住宿登記卡及訂房卡。

4.錯誤發生之原因

（1）房間調換手續（即換房）未辦妥。

（2）遷出手續未辦妥。

（3）遷入手續未辦妥。

（4）住客登記卡放錯（或電腦資料輸入錯誤）。

（5）帳卡位置放錯（或電腦入錯帳——人爲疏失）。

（6）鑰匙位置放錯，或住客遷出未交回鑰匙。

（七）調整住宿條件

旅客住進客房後，或因設備故障，或因其他原因，必須更換房間，則櫃檯必須執行一系列之換房程序。

1.派遣服務人員：當住客表示換房，經櫃檯值班主管同意後，立即派遣相關人員攜帶欲更換之新客房鑰匙，前往協助：「張先生請您稍候，我們馬上派人爲您更換房間，房間更換後請您將原房間的鑰匙交給服務人員。」

2.填寫換房單

（1）將所需更換的資料（如房號、房價、房間的種類、住客的姓名），在換房單上詳細填寫。

（2）通知其他相關部門。

3.相關部門之配合措施

（1）總機：更換總機房內住客索引架上之名條。

（2）櫃檯：調整各房控制表上客房住客姓名及其相關資料。

（3）樓層服務台：將客房控制表上住客姓名修正，並調整客房使用狀態。

（4）出納：將住客之帳卡、訂房卡、登記卡修正調整（或修正至電腦中住宿基本資料）。

4.交回鑰匙：服務人員將房間內之行李搬運完畢後，再將原房間整理好，調整客房之狀態至「完成狀態」，最後將鑰匙交回櫃檯。

5.接收鑰匙：接待員在接到原客房之鑰匙後，應放回鑰匙箱中。

6.詢問住客意見：一般用語：「趙先生您好，這裡是櫃檯，請問您對新房間滿意嗎？」

（八）整理顧客建議與意見書

1.編號與建檔：意見書可以按日期及份數來編號如：

98－09－01－01

年　月　日　分數

2.回覆（reply）：所有顧客意見書都必須影印，送交旅館最高主管瞭解，再據實回覆處理情形，並致謝意，以示旅館重視顧客之意見。

3.定期彙整：定期（每月）整理顧客意見，並檢附處理的進度與方法，呈報高層主管瞭解，以及追蹤未執行之部分。

4.作成重大決定：定期檢討住客意見，也許可以發現住客其他需求，及增加營業額的機會。

（九）住客傷病處理

1.住客生病

（1）非急性病症時，應報告主管，並速將住客送醫診治。

（2）急性病時，應迅速報知主管，並緊急聯絡救護車送醫。

2.意外傷害

（1）報請值班最高主管處理。

（2）不能移動時，聯絡救護車，緊急送醫。

（3）傷患可以自己移動時協助就醫。

（4）傷害現場必須拍照存證。

（5）詢問目擊證人，留下聯絡電話或地址。

（6）必要時得報警協助採證。

3.處理報告：由負責處理人員，就各種處理情況作成報告書，並經相關人員簽名。

（十）行李保管與遺失物處理

1.當天行李保管

（1）把行李置於行李間，填妥行李單掛在行李上。

（2）將另一半的收據交給客人，以便領取。

2.短期行李

（1）把行李放置於行李倉庫。

（2）將另一半的收據交給客人，以便領取。

3.轉交行李

（1）記錄前來提領行李的顧客之特徵、姓名、住址，以防冒領。

（2）轉交行李之提領時，必須核對其身分。

4.遺失物品（lost and found）處理：凡有旅客遺失物品，皆由房務部處理。不管遺失物品是在旅館內的任何地方找到，都須繳到房務部。其處理的步驟如下：

（1）凡遺失物品，皆交由房務部存放在保險櫃內加鎖。

（2）所有物品皆附有標籤，存放於指定地點。

（3）凡尋找物品未妥善的處理之前，任何人均不得過目。

（4）當遺失物品交還給客人時，他必須寫張收條，同時須提出他本人的證明文件。

（十一）帳務處理

1.核計館內消費

（1）依照營業單位所送的傳票，將其金額列入顧客帳卡（輸入電腦）中。

（2）傳票依其類別暫時儲存於櫃檯處。

2.核對客房收入（room revenue）

（1）每晚12時由夜間櫃檯員，把住用之客房帳卡，依其核定之房價記錄客房收入。

（2）為入避免重複或遺漏，可以使用三十公分的尺作標記。

3.遷出結帳

（1）顧客遷出結帳時，依帳卡所示之應收餘額，收取款項。

（2）一般情況以現金結帳爲原則。

（3）若爲簽帳，則須將應收帳款轉入相對應收帳款帳號內。

（4）信用卡，則將應收帳款轉入相對信用卡應收帳款內。

（5）查問總機及樓面服務員，有關電話及冰箱飲料是否有使用，但尚未計價的情況。

（十二）審核銷售收入

1.客房收入報告：依據櫃檯客房狀況控制表上的紀錄，每一個客房的銷售金額均應列入客房收入報告中，以利查帳。

2.核對客房收入：將前項作業所編製之客房收入報告與帳卡櫃中之帳卡核對（或查電腦中住客之消費資料）。

3.遷出結帳：將日間所有分類好的傳票加總，並分別核對各項收入是否正確。

4.編製客房使用報告

（1）客房住用率＝客房出售總數÷客房總數

（2）床鋪利用率＝住客總數÷床鋪總數

（3）客房收入百分比＝客房總收入÷客房總數

（4）客房平均收入＝客房總收入÷客房總數

（5）出售客房平均收入＝客房總收入÷出售客房總數

（6）雙人房利用率＝（本日住客總人數－房間出售總數）÷房間出售總數

（7）住客每人平均房租＝客房總收入÷住客總人數

5.審核客房收入：仔細核對當天及前一天的客房收入報告、帳卡、登記卡、換房單、房務檢查報告、遷入及遷出記錄簿等資料。

（十三）旅客抱怨處理

1.傾聽旅客的訴說：上身微傾，姿態優雅，表情正經，眼睛直視顧客，不要打斷其談話，並表示你瞭解他的話及感受。

2.記錄旅客的抱怨重點：拿出隨身的筆及筆記簿，將旅客抱怨的重點記下。

3.向旅客致歉

（1）一般用語：「劉先生，很抱歉這件事造成您那麼大的不方便，……」。

（2）不要試圖爭辯誰對誰錯。

（3）如果你辯贏了，你將會失去一位顧客。

4.解決問題

（1）如為其他部門的缺失，應主動協助顧客聯絡相關部門解決。

（2）如是旅館的政策，客人的需要可能得不到滿意答覆，宜設法滿足其需要。

（3）將解決的結果告知顧客，如「陳先生我剛才已聯絡餐廳的王經理，並轉達您對餐廳服務態度的不滿，王經理表示馬上來向您致歉，希望您諒解，他會儘速解決這項問題。」

5.要求旅客驗收：一般用語：「先生，這件事我們會儘速改善，我們有信心當您下次來到我們旅館時，將會對我們的具體改善結果感到滿意。」

（十四）鑰匙管理

1.鑰匙設計

（1）鑰匙把座採大型不易放入口袋，不易遺失。

（2）鑰匙把上不應有旅館的住址或標示。

2.住客暫時離開旅館時

（1）當住客把鑰匙留於櫃檯上時，應即取走，並在櫃檯設置專區來暫時保管。

（2）當住客回來索取鑰匙，必須詢問其姓名並核對其房號是否正確。

3.住客遷出時

（1）在為住客辦遷入手續時，可要求客人於辦理遷出時，把房門鑰匙帶回櫃檯。

（2）若住客遺忘時，可請相關樓層的服務員前往查視，確定鑰匙是否遺留在房內。

4.鑰匙遺失

（1）若住客遷出後才發現，則要立刻更換新鎖。

（2）若住客未辦理遷出，甚至逃帳時，可鎖住鎖頭。

5.定期換鎖：平均每三個月將各樓層的鎖加以對換，以防止有鑰匙遺失在外。

6.通用鑰匙（master key or pass key）

（1）房務部門每位領用通用鑰匙的服務員必須當日領取，當日交回，不得帶出旅館。

（2）每支通用鑰匙必須編號，每日發出要有紀錄，交回時亦同。

（3）通用鑰匙必須加有長伸縮鑰匙鏈，任何人領用通用鑰匙後，必須掛在身上，不得隨意放置。

（十五）住客留言處理

1.訪客留言

（1）主動詢問是否要留言。如「先生，抱歉，陳先生目前不在房內，請問您是否要留話？」

（2）提供留言條，請訪客填寫。

（3）把留言條放入旅館信封，並放入受訪者房號的鑰匙櫃中。

（4）打開該房客內的信號顯示燈，告知住客櫃檯有留言。（該項設備僅少數旅館設置）

2.電話留言

（1）主動詢問是否需要留話。如「先生，抱歉，張先生目前不在房內，請問您是否需要留言？」

（2）按照電話留言上的空格，詳細詢問其「姓名、聯絡電話、來電時間、聯絡事項、請回電或稍後再聯絡，及記錄者的名字。」

（3）將留言放至信封內，並置於該房號的鑰匙櫃內中。

（十六）行李服務

引導住客前往客房與搬運行李，爲櫃檯接待服務重要工作之一。

1.客人到達時

（1）一般用語：「歡迎光臨○○大飯店！」

（2）將客人的大件行李接過來，並請客人清點件數，以防部分行李遺留在車上。

2.引導客人進入旅館：帶著全部行李打開大門，請客人先行，並引導其前往櫃檯。

3.等待客人辦理遷入手續：站在客人之後數步的位置，將行李放在身邊，並保持良好的姿勢，等候接待員的召喚。

4.引導客人進入房間：接到接待員的召喚後，向前領取客房鑰匙，引導客人至電梯。出電梯後出聲引導客人前進方向，如「請往左邊走」，至房門口應先將行李暫放一旁，勿堵住房門，打開房門，檢視一眼後，再請客人先進，而後將客人的行李放置於行李架上，並向其說明冷氣及門鎖之用法，詢問客人：「林先生，請問您還有事要我為您服務嗎？」

5.住客遷出時

（1）到房間提行李，用中指敲門，並出聲說：「林先生，行李員」。

（2）進房間時，可詢問客人是否需要叫車。

（3）提著行李跟在客人後面。

（4）到了櫃檯，站在客人後面等候辦理遷出手續，與之步出旅館。

（5）把行李放置在行李箱後，告知行李件數，並祝旅途愉快。如「林先生，行李總共兩件，祝您旅途愉快，歡迎下次再來。」

（十七）超額訂房（overbooking）處理

1.提高客房住用率（occupancy）

（1）核對房間報告、客房狀況控制表、帳卡及鑰匙櫃，或許可以增加客房的供應。

（2）檢查應遷出而未遷出者。

（3）檢查仍在修理中的房間。

（4）詢問同一團體的住客是否願意兩人共住一房。

（5）是否有公司占用的房間可以再利用。

2.檢查訂房通知

（1）訂房單是否重複。

（2）日期是否有錯。

（3）保留給今日抵達的預訂客人，及查核是否有重複配房。

3.客房不足之處理

（1）無房間可分配的客人，應預先安排至其他旅館住宿。

（2）由高級主管出面處理，以示尊重。

（3）請客人到辦公室向他解釋，讓客人感到禮遇。

（4）向客人說明超額訂房在旅館的必要性，而客房供應不足的情況特殊，請求諒解。

（5）由公司出車資或派車載送客人到所安排的住宿地點。

（6）向客人說明，其行李、電話留言及其他事項，旅館將會繼續爲其服務。

（7）保證如有空出客房，會儘速接其回旅館住宿。

（8）接回時應附送鮮花、水果。

（9）由經理致歉，如客人不再回來，應再具函致歉，以示愼重。

（十八）個人住客辦理遷出

1.接獲遷出通知

（1）轉告行李服務員。

（2）服務員在前往客房時，先在住客遷出記錄單寫上住客房間號碼，及服務員的號碼和時間。

（3）帶著行李陪同住客到櫃檯辦理遷出。

2.結帳

（1）詢問是否當天早上用過早餐、打過長途電話或其他欠帳情形。

（2）查明未登帳的傳票內是否有該住客的傳票。

（3）向住客提示帳單，說明應收帳款金額。

（4）帳款收取可分現金及記帳，而記帳方式則有公司記帳、信用卡記帳及支票記帳等三種。

3.送客：行李服務員在顧客結帳完畢後，陪同步出旅館，並向門衛打招呼，而門衛則招來計程車或其他車輛，請客人上車，行李服務員把行李搬上車，而後與門衛一起站在大門口向客人揮手告別。

（十九）團體住客辦理遷出

1.接獲遷出通知時

（1）出發前三十分鐘內將其行李搬運至大廳，以便隨時等候出發。

（2）行李必須確認件數無誤後，始可搬運上車。（宜事先清點）

（3）請導遊通知團員將鑰匙交回櫃檯。

2.結帳

（1）在團體預定遷出之前，必須將所有的帳單備妥，以便向導遊人員提示。

（2）注意個人帳款收取，不可有遺漏。

(3) 付款方式有兩種：付現或旅行社所開之憑證。

3.送客：大客車進出旅館車道，如有必要，應協助其交通指揮。

4.帳單處理：訂房組收到資料後開立佣金清單。

二、櫃檯作業須知

通常櫃檯人員負責的業務，包括辦理旅客的遷入、遷出、詢問及其他相關事宜，屬於旅館的門面，因此在處理櫃檯業務時，需特別留意。

(一) 櫃檯作業原則

1.熟記旅館周遭環境，相關附屬設備，以便隨時應答。

2.熟記房間之種類、位置、設備、價格及各餐廳、會議室的位置。

3.熟記客房定價、折扣權責。

4.櫃檯人員需處理住客之郵件。如有外來住客郵件，應放置於鑰匙櫃內待客人領取；住客外寄時則由櫃檯代寄。郵費由客人支付。

5.住客遷出時間一般為中午12時。如有特殊情形，住客要求延遲遷出時間時，須經主管之同意認可，延遲時間以不超過午後3點為原則，並通知房務部門，如再超過時間得加收半日之房價。

6.旅客支付信用卡或支票時，應依規定作業程序處理。

7.顧客要求折扣時，須先經權責主管核准。

（二）遷入前準備工作

1.爲何要作準備工作

（1）瞭解員工工作量，包括前檯、房務及其他相關單位，以利適當安排人力。

（2）爲有效控制客房使用，以提高住房率。

（3）掌握所有遷入、遷出旅客動態，以充分運用全部客房，並提供最好的服務。

2.旅客遷入前必須完成之事項

（1）訂房資料充分的掌握：在接受訂房時必須獲得必要的資料，資料愈詳細愈好，包括房客的姓名、人數、房間型態、住宿日期、抵達時間、聯絡人及聯絡電話等，另外如能取得進一步的個人資料，如公司名稱、職稱、客人的喜好，可進一步提供相關服務。

（2）資料整理：將客人的資料輸入電腦或人工作業，將其資料依日期登錄建檔。有特殊需求之客人，應依其要求預作準備，如連接房、指定樓層的預排、禁菸樓層、所需之特別設備或服務。必須聯絡的單位，則包括房務部、工程部及餐飲部等。

3.確認工作：在旅客抵達前一日或數日前（大的團體則數週前），必須再確認旅客是否確定會按時抵達，以掌握最高的住房率。

4.預排房間

（1）讓客人感到「賓至如歸」。

（2）最佳的服務方式爲客人未到達旅館之前，即將其所需的房間，預先安排妥當；排房（room assigning）時，再依訂房者及其住宿期間的長短與特殊要求安排之，絕不可在客人抵達旅館時，臨時安排房間給該名客人。

5.檢查房間：如客人有特別的要求，前檯工作人員必須在客人未到達前，檢查其他單位是否依指示完成客人所需的設備或服務，絕不可等到客人遷入後再逐項補上。

6.迎客前的心理準備

（1）預知客人抵達的時間，充分掌握哪些客人在哪些時段左右會遷入，並在客人到達時給予熱忱的歡迎。

（2）讓客人感覺到旅館期待他（她）的到來。

7.文件的安排

（1）預先將旅客的資料記載在登記卡上，除了方便旅客外，並使其感受被歡迎的感覺。

（2）爲表示尊重，對於常客或VIP人士，可事先爲其印妥私人箋函、名片、信封等，更能增進家外之家之氣氛。

（三）排房

爲求縮短旅客抵達時登記作業之時間，減少錯誤並方便作業，通常於旅客到達前，已爲預先訂房之旅客排定了房間。

1.排房之時機：原則上客房愈早排定愈佳，但在實際作業時，多半於到達日當天上午進行；特殊狀況時，可能提前至前一天或更早。

2.排房之原則：各旅館因其內部格局不同而各有考慮之重點。茲就排房之一般性原則，說明如下：

（1）散客在高樓，團體在低樓。

（2）同樓層中散客與團體分處電梯或走廊之兩側。

（3）散客遠離電梯，團體靠近電梯。

（4）同行或同團旅客，除另外要求外，儘量靠近。

（5）除特殊狀況外，儘量不將一層樓房間完全排給一個團體。（避免因工作量完全集中而造成操作上之不便）

（6）大型團體應適當分布於數個樓層之相同位置房間中。（以免同團體旅客因房間大小不同，而造成抱怨）

（7）先排貴賓再排一般旅客。

（8）非第一次住宿之旅客，儘量安排與上次同一間房，或不同樓層中相同位置之房間。

（9）先排長期住客，後排短期住客。

（10）先排團體，後排散客。

（11）團體房一經排定即不應改變。

（12）團體房排定後應通知訂房者，以利其先期作業。

3.排房之實際操作

（1）人工操作

A.列出可供使用之空房單。

B.依前述原則排定房間。

C.散客房間以鉛筆註記於預印之登記卡上與旅客到達名單上。

D.各團體房號於報知領隊／導遊後填入團體簽認單。

E.櫃檯後有名條架者，應將各房間之預排對象，以紙條註明。（通常貴賓、散客各用一種顏色，每一團體使用一種顏色）

F.每一團體之鑰匙，應預先取出集中放置，以方便作業。

G.貴賓房一經排定，除有必要原因外不應更動，迎賓招待準備通知單應儘速開出。

（2）電腦操作

A.先於電腦中爲貴賓及常客，作選擇性排房。

B.由電腦對一般訂房作自動排房。

C.列印預排名單複查。

D.調整後，再印出名單，準備旅客到達時使用，其他作業如人工作業。

4.預排房間之檢查

（1）所有預定出售之房間皆需由房務部主管檢查。

（2）有特殊要求旅客之房間應由接待主管複查。

（3）貴賓房間除由房務部主管、接待主管檢查外，於所有歡迎準備事項就定位後，尙應由部門以上主管複查。

5.部分房間的保留（room blocking）

（1）當意外事件發生，需管制人員進出時。

（2）需要進行保養時。

（3）必須顧及安全理由或法律責任時。

（4）當客房超賣時。

（5）遇有特殊旅客要求時。

（6）對於貴賓及特殊之房客。

（四）換房作業

1.換房之原因

（1）客人自己的需求。

（2）旅館本身需求而必須換房。

以上兩種狀況之處理態度，均應愼重。

2.換房之步驟

（1）填寫換房單，註明原因、日期、新舊房號、變更房價，並通知房務部、服務中心、總機，以便整理房間及更正資料。

（2）服務中心可協助搬房的作業

A.收回客人原客房的鑰匙。

B.約定好搬房的時間。

C.請客人在搬房前，將行李整理好，以利作業。

（3）其他注意事項

A.如爲旅館作業錯誤，或因設備缺失，導致客人必須搬房時，必須要向客人致歉，或給予適當的補償。

B.搬房時一定要確定所有單位知道客人搬房，否則很容易發生問題。協助搬房時，一定要仔細檢查，不可遺漏任何私人物品在房間內。

（五）客房跑帳處理

1.跑帳之原因

（1）惡意跑帳。

（2）作業疏失。

（3）客人忘記結帳。

2.避免跑帳之方法

（1）在客人遷入時取得正確的資料。

（2）預收部分房租，易導致其他帳的損失。

（3）鼓勵客人使用信用卡。如有逃帳情形可以延遲收帳的方式處理。

（4）房務人員應隨時提高警覺，掌握未回房過夜或行李減少等異常現象，並與前檯保持密切聯繫。

（5）客人遷入時應注意其言行及行李狀態。

（6）多鼓勵客人預訂客房。

（7）客人遷入時如有任何疑慮，絕不可勉強。

3.處理跑帳之步驟

（1）詳查客人資料、訂房資料、信用卡資料、往來電話紀錄、留言紀錄、訂車、訂機紀錄。

（2）詢問各單位，看客人是否有特別指示。

（3）報警處理。

（4）通知同業。

（六）房務報告（housekeeping report）

房務報告是一項極為重要的資料，每天櫃檯人員都會接到這類資料，以瞭解實際上客房變動情形，因此櫃檯人員對此項資料，應優先處理。根據房務報告，櫃檯人員必須核對房間狀況與櫃檯資料，是否有所差異。其主要目的在於確實瞭解可銷售的房間數，來增加營收。

假如櫃檯的資料顯示客人尚未遷出，但房務報告確實是空房，可能原因不外乎：

1.預付客人：指顧客先支付現金、刷信用卡或簽帳。

2.逃帳者：指旅客未向櫃檯結帳即離開旅館。

3.客人帶走行李，但打算再回來住者。

如房務報告上顯示有住客，而櫃檯資料卻顯示已遷出，必須迅速查清楚。經常會有旅客結了帳之後，仍將行李放置於房內，一定要請教客人是否續住；反之，禮貌的告訴他，可將行李放置於行李室。但是假如客人仍需占用房間，則必須計算房租。為避免上述情形發生，造成不必要之困擾，下列幾項資料有必要再重新查核：

1.假如資料顯示空房，並可出售，但在客帳資料，又顯示前晚的房價及稅金都已入帳。
2.某間客房有人住用，但無客帳資料。
3.某客房僅註明「休息」（day use）。
4.房間被用來作白天開會使用。
5.某住客遷出的時間過遲。

不論房間情形如何的調整，櫃檯人員都必須隨時掌握客房使用狀態，確實的查證其原因。經查出有問題的房間，應馬上予以調整；無法處理時則向櫃檯經理報告。如有逃帳情形應在客帳上註明skipper字樣，再將此類帳目向上級報告之後，記錄歸檔。通常在房務報告中，較為重要且常使用的註記，如下：

1.VR（vacant ready）：空房已準備出售。
2.VD（vacant dirty）：空房但仍未清掃。
3.OR（occupied ready）：住用而且已清掃。
4.S/O（sleep out）：已住用但客人外宿。
5.P/U（pick up）：蒐集髒（使用過）的布巾類。
6.OD（occupied dirty）：經過住用尚未清掃。
7.OOO（out of order）：故障房不能使用。
8.C/O（check out）：遷出。
9.D/L（double lock）：門反鎖。

10.SNS（stay no service）：住用但不需服務。

（七）失竊物品處理

1.種類

（1）客人報失物品。

（2）旅館物品遭客人竊取。

2.避免旅客物品失竊之方法

（1）提供房內保險箱。

（2）提供櫃檯大保險箱。

（3）員工的安全調查。

（4）定時或不定時巡邏。

（5）裝設閉路監視器。

3.客人報失物品之處理方式

（1）詳細記錄客人所報失物品的內容、形狀、遺失的經過及可能的地點。

（2）由有經驗的主管處理。

（3）先陪同客人找尋。

（4）詢問有關人員。

（5）回報客人調查結果。

（6）最後找不到；必要時，才報警處理。

（7）如有保險，可讓保險公司處理及賠償。

4.旅館物品遭客人竊取之處理方式

（1）處理時要特別小心。

（2）如無把握，絕對不可以開箱檢查。

（3）避免方法如下

A.於房內明顯標示各項物品的價格。

B.不要讓客人有被騙或房價過高的感覺。

C.提供部分免費贈品，降低偷取紀念品的心態。

（八）緊急事件處理

1.火警

（1）平時要作消防講習及演練，讓員工充分瞭解緊急事件的處理方法。

（2）器材的保養及維修要確實。

（3）安全通道要暢通。

（4）如有火警發生，要先通知消防隊（在初步自行滅火行動未見效時），並立刻通知所有客人及協助疏散工作。

（5）定期的巡邏檢視，可以減少火警的發生。

2.搶劫事件

（1）裝設保險箱。

（2）裝設攝影機並錄影之。

（3）不要放置過多的現金於櫃檯。

（4）與警察局連線並保持密切聯繫。

（5）員工不可逞強與搶匪搏鬥。

3.意外死亡

（1）如有房客自殺、生病或其他原因於房內死亡，應報告主管處理，儘速叫救護車，將客人由後門送出，不宜讓警方記錄死於房內，以免增加日後之困擾。

（2）避免方法

A.於客人遷入時，略爲觀察其神情。

B.於客人住宿期間，留意其進出旅館狀況，是否有任何異狀。

三、櫃檯員工常見的疏失

（一）旅客應對方面

1.急於保護自己，而損及公司利益。

2.因作業不熟悉，造成旅客需求無法滿足。

3.因無法解決問題，而逃避或置之不理。

4.應對言辭不當或服務態度欠佳，造成衝突。

（二）作業規則方面

1.流程不方便旅客。

2.內部溝通不良。

3.設備或空間因素受限。

4.專業訓練不足。

5.相關法令不熟悉，造成處置錯誤。

參、客房住宿條件之變化與處理

鑒於每個人的要求標準不一，通常在住宿旅館前，會依個人喜好、財力、品味及其他不同的標準，而有不同的選擇。因此，旅客在住宿旅館時，其住宿條件可能會遇到不同的狀況。歸納言之，不外乎訂房、設備、房租價格、客房樓層、客房格局、客房位置及其他服務等因素，上述各因素均有可能造成住宿旅客對旅館業者之不滿，雙方需要透過溝通協調來解決。茲列表說明客房住宿條件之變化與處理方式（如表5-1）。

由該表可得知，當旅客投宿某一旅館時，可能會有一些不可預知的事情產生，應如何應對則需視當時的狀況，來決定處理方式。通常一家經營管理良好的旅館，會儘量保留住任何一位顧客，避免給予該名顧客不好的印象。因此，當旅客對客房住宿條件有疑問時，爲求永續經營並提供顧客滿意的住宿環境，必須審愼處理類似情事。

表5-1　客房住宿條件之變化與處理

住宿條件	旅館處理方式	備註
1.訂金部分		
（1）未付訂金且未確認	客房可不保留（可出售）	
（2）已付訂金但未確認	客房應予保留，並再作確認	
（3）已付訂金且已確認	客房應予保留；如同不可抗力原因（如颱風、道路中斷等）。旅客已付之訂金保留至下次住宿時抵用或退還（由雙方協商）	
2.設備部分 客人不滿意	視當日住宿狀況更換房租相同或同等級之房間	如燈光不亮、設備損壞、潮溼、霉味、不清潔、水管漏水等
3.房租價格部分 房租價格與價值不符	視當日住宿狀況更換房間或退還部分租金	係旅客主觀上之認知
4.客房樓層部分 太高或太低	視當日住宿狀況更換樓層	安全、方便等考量
5.客房格局部分 客人不喜歡	視當日住宿狀況更換房間	
6.客房位置部分 客人要求	視當日住宿狀況更換房間	如靠近安全門、電梯或禁菸樓層等
7.其他服務項目 （1）旅館員工服務不周 （2）樓層客房太吵、太陰暗 （3）客房視野不佳 （4）臨時增加住客 （5）要與親友住在接近之房間	視當日住宿狀況酌予調整或作適當安排	

第二單元　名詞解釋

1.morning call：晨間喚醒。旅館依住宿旅客需求於次日上午以電話喚醒該旅客之服務。

2.overbooking：超額訂房。旅館業為求減少訂房損失，因此會超賣出客房，謂之。

3.housekeeping：房務。指客房內一切事物（包含洗衣房）及公共區域之清潔維護工作，均屬房務之業務範疇。

4. 散客：指個別旅客而言。

第三單元　相關試題

一、單選題

(　) 1.住客總數除以床鋪總數等於（1）客房住用率（2）床鋪利用率（3）住客使用率（4）旅館出租率。

(　) 2.客房平均收入等於（1）住客總數÷床鋪總數（2）客房總收入÷住客總數（3）客房總收入÷出售客房總數（4）客房總收入÷客房總數。

(　) 3.master key是指（1）通用鑰匙（2）主管鑰匙（3）主人鑰匙（4）旅客鑰匙。

(　) 4.旅館為求縮短旅客抵達時登記作業時間，減少錯誤並方便作業，通常於旅客到達前已為預先訂房之旅客排定了房間，此稱為（1）配房（2）換房（3）排房（4）貴賓房。

(　) 5.day use是指（1）當天使用（2）一人用（3）休息（4）天天使用。

二、多重選擇題

(　) 1.散客結帳付款方式包括（1）現金（2）信用卡（3）簽帳（4）銀行本票。

(　) 2.銷售客房之準備工作包括（1）整理客房（2）檢討客房銷售狀況（3）指示接待要領（4）調整銷售計畫。

(　) 3.檢查訂房通知之目的在於（1）訂房單是否重複（2）查核是否有重複配房（3）日期是否有錯（4）保留給今天抵達的預定客人。

(　) 4.客房跑帳之原因有（1）惡意跑帳（2）作業疏失（3）房間故障（4）客人忘記結帳。

(　) 5.定期檢討住客意見之目的（1）免費提供客人住宿（2）可以發現住客其他需求（3）增加營業額的機會（4）防止員工偷懶。

三、簡答題

1.電梯員的任務包括哪四項？

2.換房的原因有哪兩種？

3.假如櫃檯的資料顯示客人尚未遷出，但房務報告確實是空房，其可能之原因包括哪三種？

4.試述避免旅客物品失竊的方法？

5.可能造成住宿旅客對旅館業者不滿之主要原因有哪些（至少列舉六項）？

四、申論題

1.試申論服務中心作業前、作業中及作業完畢前之重點？

2.試述旅客遷入前為何要作準備工作？

3.試述排房之原則？

4.試扼要說明客房住宿條件之變化與處理方式？

5.試述避免跑帳之方法及處理跑帳之步驟？

第四單元　試題解析

一、單選題

1.（2）2.（4）3.（1）4.（3）5.（3）

二、多重選擇題

1.（1.2.3）2.（2.3.4）3.（1.2.3.4）4.（1.2.4）5.（2.3）

三、簡答題

1. 答：提供旅客上下樓之服務，注意電梯之安全及負荷量，報告電梯行車狀況，保持電梯內之清潔。

2.答：客人自己的需求，旅館本身需求而必須換房。

3.答：提供房內保險箱，提供櫃檯大保險箱，員工的安全調查，定時或不定時巡邏，裝設閉路監視器。

4.答：預付客人，逃帳者，客人帶走行李但打算再回來住宿。

5.答：訂房，設備，房租價格，客房樓層，客房格局，其他服務項目等。

四、申論題

1.答：

（1）作業前

A.上班前由領班檢查服裝、儀容是否整齊清潔、精神是否良好。

B.檢查倉庫（store room）裡的行李。

C.注意黑板或布告欄上的通知。

D.查看訂房單、宴會預定表，以便記憶團體客或VIP到達的時間、人數，以及宴會的地點、時間與人數，如此就可以預測當日工作最忙碌的時間，亦可以事先調集工作人員。

E.查看團體名單及行李寄存簿。

F.查看行李牌、保管單、繩子、包裝紙及簽字筆等用品的數量，是否夠當天使用。

G.巡視工作範圍內的用品是否完整或加以處理，並保持清潔。

（2）作業中

A.凡事一定要有紀錄。

B.行李間裡的大小行李務必要掛上行李牌或保管單，記載要清楚。使任何人一看便一目瞭然，知道是誰的行李，及什麼時候要來取件。

C.容易破損的東西，要註明「易破損，搬運時請注意」。客人要check-in或check-out時，必須請問客人有沒有容易破損的東西，裝運時亦須愼重；客人坐上車子時，手提之易碎品最好是由客人自己攜帶。

D.搬運行李前後均應確實點明件數。

E.應隨時保持清潔。

F.保持良好紀律與舉動，給予客人舒服的感覺。

（3）作業完畢前

A.移交行李，並整理各種記錄簿。

B.仔細的回想當天所作的工作是否圓滿，再查看一下check-in

record或check-out record。

C.是否有漏記的地方需要補記。

D.再度巡查工作範圍內是否交待清楚。

2.答：

（1）瞭解員工工作量，包括前檯、房務及其他相關單位，以利適當安排人力。

（2）為有效控制客房使用，以提高住房率。

（3）掌握所有遷入、遷出旅客動態，以充分運用全部客房，並提供最好的服務。

3.答：

（1）散客在高樓，團體在低樓。

（2）同樓層中散客與團體分處電梯或走廊之兩側。

（3）散客遠離電梯，團體靠近電梯。

（4）同行或同團旅客，除另外要求外、儘量靠近。

（5）除特殊狀況外，儘量不將一層樓房間完全排給一個團體。（避免因工作量完全集中而造成操作上之不便）

（6）大型團體應適當分布於數個樓層之相同位置房間中。（以免同團體旅客因房間大小不同，而造成抱怨）

（7）先排貴賓再排一般旅客。

（8）非第一次住宿之旅客，儘量安排與上次同一間房，或不同樓層中相同位置之房間。

（9）先排長期住客，後排短期住客。

（10）先排團體，後排散客。

（11）團體房一經排定即不應改變。

（12）團體房排定後應通知訂房者，以利其先期作業。

4.答：

茲就客房住宿條件之變化與處理方式，列表說明之：

住宿條件	旅館處理方式	備註
1.訂金部分		
（1）未付訂金且未確認	客房可不保留（可出售）	
（2）已付訂金但未確認	客房應予保留，並再作確認	
（3）已付訂金且已確認	客房應予保留；如同不可抗力原因（如颱風、道路中斷等）。旅客已付之訂金保留至下次住宿時抵用或退還（由雙方協商）	
2.設備部分 客人不滿意	視當日住宿狀況更換房租相同或同等級之房間	如燈光不亮、設備損壞、潮溼、霉味、不清潔、水管漏水等
3.房租價格部分 房租價格與價值不符	視當日住宿狀況更換房間或退還部分租金	係旅客主觀上之認知
4.客房樓層部分 太高或太低	視當日住宿狀況更換樓層	安全、方便等考量
5.客房格局部分 客人不喜歡	視當日住宿狀況更換房間	
6.客房位置部分 客人要求	視當日住宿狀況更換房間	如靠近安全門、電梯或禁菸樓層等
7.其他服務項目 （1）旅館員工服務不周 （2）樓層客房太吵、太陰暗 （3）客房視野不佳 （4）臨時增加住客 （5）要與親友住在接近之房間	視當日住宿狀況酌予調整或作適當安排	

5.答：

（1）避免跑帳之方法

A.在客人遷入時取得正確的資料。

B.預收部分房租，易導致其他帳的損失。

C.鼓勵客人使用信用卡。如有逃帳情形可以延遲收帳的方式處理。

D.房務人員應隨時提高警覺，掌握未回房過夜或行李減少等異常現象，並與前檯保持密切聯繫。

E.客人遷入時應注意其言行及行李狀態。

F.多鼓勵客人預訂客房。

G.客人遷入時如有任何疑慮，絕不可勉強。

（2）處理跑帳之步驟

A.詳查客人資料、訂房資料、信用卡資料、往來電話紀錄、留言紀錄、訂車、訂機紀錄。

B.詢問各單位，看客人是否有特別指示。

C.報警處理。

D.通知同業。

第六章　訂房作業

第一單元　重點整理

訂房來源

訂房程序

訂房控制與預測

第二單元　名詞解釋

第三單元　相關試題

第四單元　試題解析

第一單元　重點整理

訂房通常可分爲三種方式：一、旅客自行打電話（包括上網路或傳眞）或寫信訂旅館；說明欲訂之日期、房間的型態、住宿人數及幾間房間等條件。如預訂的日期爲假日或連續假期，旅館爲確保客房出租率，一般會要求旅客預付訂金（deposit）；二、旅行社（travel service or travel agent）或交通運輸公司代訂客房，屬於團體訂房。如國際性會議、旅展、商展等大型活動，國外廠商或學者專家來台開會、洽談業務、參展，均會帶來商機，對於國內旅館的住房率相對提高，當然免不了會事先訂房；三、國內旅遊團體訂房，如畢業旅行、公司行號員工自強活動等，亦會產生訂房的情形。以下就訂房的來源、程序及其控制與預測，說明如后。

壹、訂房來源

由前述可知旅館的訂房方式，如再就訂房的來源區分，則可分爲旅客本人或親朋好友、公司或機關團體、旅行社及交通運輸公司等四種。至於訂房的方式，計分爲電話、信函、傳眞、國際網際網路、電報交換及口頭（verbal）等。

一、旅館訂房的來源

（一）旅客個人或親朋好友

指旅客直接向旅館訂房，通常旅客會要求折扣或其他優惠，但此種訂房不會涉及佣金問題。就折扣數而言，旅館員工會依公司的政策或視狀況，而給予不同的折扣數，或仍收取原價。

（二）公司或機關團體

公司或機關團體訂房，多爲舉辦員工自強活動、獎勵旅遊（incentive tour），社團組織召開年會，各公司行號或機關團體辦理之講習、說明會或研討會等。由於人數較多，可與旅館商談折扣、優待之問題，通常旅館會事前收取部分訂金。

（三）旅行社

代訂客房爲旅行社業務之一。此類訂房的房價均享有折扣且不再加計10%服務費的net價（亦即約定的房價已內含10%服務費），旅行團的C/O由導遊統一辦簽帳手續，個人旅客則持旅行社的voucher或coupon直接辦理C/O手續。

此外少數個人旅客，且欲自付房租者，旅行社原則上可向旅館請求一成佣金。反之，如客人未到旅館，旅館亦得向旅行社請求賠償。依慣例對於個別訂房之旅客如有取消未到者，旅館通常不會向旅行社請求賠償。

（四）交通運輸公司

交通運輸公司係指輪船、航空公司爲其旅客代訂客房。慣例上，並不向旅館請求佣金，主要是因爲此類訂房常因旅客的到達日期有所變更，所以訂房不太確實。因此，旅館對於此類訂房亦不給佣金，而交通運輸公司在慣例上通常不會向旅館請求佣金。

二、旅館接受訂房的方式

（一）電話

一般以散客、公司、機關團體使用較多。

（二）信函

以信函方式訂房者，大多以旅行社居多。通常旅行社在簽訂房單之前，會先用電話與旅館聯繫後再開簽。訂房單爲一式二份，一份旅館存查，一份寄回旅行社，並在回單上註明是接受訂房（confirm）或是候補（on waiting），再蓋上旅館訂房組印章，最後訂房部門主管簽字認可。

（三）國際網際網路（internet）或電腦訂位系統（CRS）

利用網際網路訂房爲目前潮流趨勢，國外甚多旅館已將本身相關特色及基本資料，製成Homepage上網，旅客只需藉由電腦網路系統，即可依個人需求選擇適當的旅館，甚爲方便。

（四）傳眞

國外訂房較多利用傳眞方式，惟旅館是否接受訂房係以確認信函（letter of confirmation）回覆。

（五）電報交換

訂房回覆方式與傳眞訂房相同，但須雙方均有電報交換設備時，始可採用此種訂房方法，由於科技日益進步，上述訂房方式已漸式微，而改以傳眞通訊，更爲簡便。

（六）口頭

此種方式，通常由當地的友人，或其本人（以現住客預訂下次宿期者爲最常見）到旅館訂房較多，口頭上的約定較不易控制其準確性，旺季時最好當面表明，所訂房間只保留到某一時限爲止（必須事先再確認到達時間），逾時即取消訂房。

除了上述幾種訂房方式，茲就旅行社或機關團體訂房程序之實例，說明（如圖6-1）。

1.雙方先約定房價、付款方式、住房期限訂定。

2.下預訂訂房單。

3.預付訂金。

4.上電腦，鍵入條件限制。

5.限期決定訂房名單。

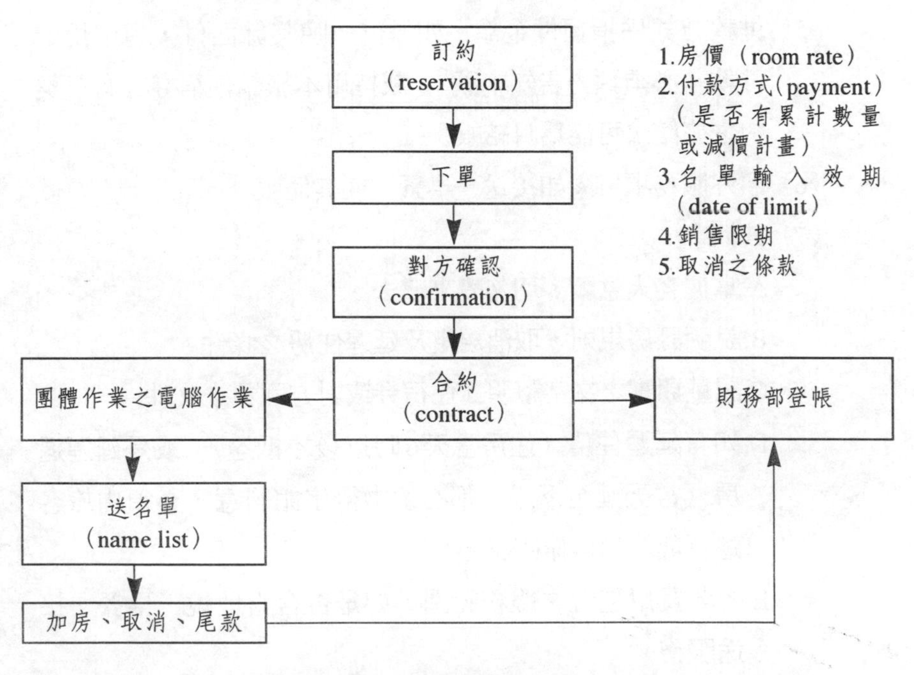

圖6-1　訂房程序圖

6.需否訂金，限期爲何。

7.預訂與實際用房不足額之處理。

8.取消及部分取消之規定。

9.尾款之付款方式。

10.以上條款副知財務部。

11.團體結帳應付款之會計科目。

12.訂位時注意事項

（1）客人姓名必須翔實填寫；若全家同行，均應一一列出。

（2）需求房間數及種類。

（3）住房及退房日期。

（4）抵達時間及班次。若有下午6時以後住房要特別提醒之。

（5）付款方式係指預付金額。如預付一晚其餘面付，用信用卡付款（必須預先告知卡號）、或持用本旅館住宿券（有訂契約之旅館，可能爲月結帳）。

（6）額外服務項目。如接送、早餐、或其他服務。

（7）其他

A.掌握客人意願，切勿變來變去。

B.說明訂房規則，取消規定及延遲住房之條件。

C.記載翔實之文字證明（住宿券或對方回覆之文件）。

D.如有延遲住房（住房當天6時以後才抵達），或是延遲退房（當天延至下午）都必須徵得旅館同意，必須由旅客逕行與旅館再作確認。

E.所收費用包含之服務範圍，如是否含當地稅、早餐、接送服務。

綜合以上幾種方式，不論是採取何種訂房，原則上旅館必須履行承諾提供之房間。就實務而言，經常有事先已訂房，卻未辦理遷入手續的旅客或通知旅館因故無法如期住進者（即cancel）之情形發生。旅館經營者爲避免遭受空房（vacant）的損失，依例只對支付訂金者提供保證訂房（guaranteed reservation），但是由於旅客匯寄之訂金的情況不多，因此，大部分旅館會先向旅客說明房間保留到C/O當天幾點，如果在幾點以前未辦理遷入手續，就將房間賣給其他旅客（除非旅客在事前先以電話確認或取消）。一般旅客訂房登記表上，會註明旅客到達時間（arrival time）或班機時間（flight number），旅館應將房間保留到該時間或該班機到達之後爲止。

貳、訂房程序

當旅館訂房部門接到訂房訊息後，應立即查閱訂房資料，由訂房控制表或電腦中可決定目前是否仍有空房，以便作適當的處理。假如旅客擬於旅館內開會或舉辦研討會、展示會（exhibition）、服裝秀等活動，此時提供之會議或展示場地（function room），必須先調查房間的使用狀況，再與餐飲、宴會及相關部門聯繫有關租用等事宜。以下就訂房的種類，訂房登記要領及訂房作業處理原則，說明如后。

一、訂房的種類

旅館接受旅客訂房時所需的基本資料，包括訂房人姓名、聯絡電話、公司名稱、抵達日期（時間）、停留期間（天數）、遷出日期、要求的房間型式等。其中旅客抵達時間或保留時間，通常旅館僅保留訂房至下午6時（視旅館所在地決定是否提前），否則訂房人須提出保證（如預付訂金等）。尤其在旅客訂房時，應提醒旅客，如無法按時抵達旅館，必須事先通知旅館。訂房的種類，大致上有下列幾種：

（一）一般訂房

訂房組負責每日房客訂房作業，作業時間通常由上午7時至晚間11時，如有客人在辦公時間外，打電話要訂房時，總機應將此類電話轉至櫃檯人員代接訂房。如櫃檯人員在忙碌中，總機亦可代為訂房，以縮短客人等候的時間。

（二）會議訂房（meeting reservation）

1.公司行號及團體直接向旅館訂房：訂房人員依團體予以分類編號，然後寄發確認信函給團體或客人，訂房組則留存一份歸檔備查。

2.會議團員訂房：基本上仍依一般訂房的程序辦理，訂房單則由訂房團體提供給每一位團員。訂房單上應註明團體名稱、開會日期，由團員逕至旅館，並附上地址、姓名、抵達日期、時間以及離開日期等。

（三）保證訂房

此種訂房應註明抵達時間（如客人要求在下午6時以後才能抵達），且須預付第一天之房租，作為保證，在此種狀況下不論客人來否，均應保留該房間，不得出售。換言之，當旅館客房供不應求或旅遊旺季時，旅客為預防到達目的地住不到房間，因此於訂房前會先付保證金，以確保客房保留。

又旅館為預防no show的損失，如接受超過可出租房間以上之訂房，致無法給保證訂房旅客住房時，旅館有義務安排客人至附近其他同級以上旅館住宿，該旅館的房租、接送車費等一切費用均由旅館負擔。此種將旅客送往其他旅館住宿稱爲form out。

(四) 訂房確認

指訂房人員確定有足夠的房間可出售時，應寄發房間確認單給客人。

(五) 超額訂房

旅客向旅館訂房，對旅館而言，若未預先支付訂金，則無任何保障；如旅客雖已訂房，卻未到達旅館，稱爲no show。這種no show情形，會造成旅館的損失，因此，旅館爲了本身利益大多會超額訂房，以彌補此一損失。至於超額訂房的百分比以多少爲恰當，應視旅館的性質與客人對象及累積的比率而定。

(六) 變更（amend）訂房

變更訂房時，訂房人員應詳載旅客相關資料，並調查其變更內容，可否接受，其次向對方以口頭或書信回報，以確認訂房最新資料。

1.客人姓名。

2.原抵達日期與離開日期。

3.如何更改、更改之日期、停留期間或變更方式等。

4.訂房人員簽字。

(七) 取消訂房

取消訂房時，訂房人員亦應記錄旅客相關資料如下：

1.同前項1.、2.、3.、4.。

2.取消原登記日期。

3.取消字樣輸入電腦中紀錄。

（八）當日訂房

指以電話、傳眞或電報確認訂房（可由電腦中查出當日空房情形）。

（九）次日訂房

指由電腦中查出次日訂房情形，並須在四小時之內以傳眞或電報確認訂房。

（十）核對訂房

訂房期間有一年前到一個月前、幾天前不等，訂房人員應視其期間之長短，在訂房日期之半年、三個月、一個月、一星期或一天前與對方核對；如有變更應及時更改，以求訂房正確性。尤其是團體旅客應格外愼重，核對次數都在二、三次以上。

（十一）無法接受的訂房

當旅館在客滿（full house）狀態，無法接受新的訂房時，不論電話、傳眞、電報、信件訂房，訂房人員都應委婉且有技巧的告訴客人，並表示歉意。

二、訂房登記要領

（一）預先訂房之旅客

1.先詢問旅客姓名，是否有訂房單，然後與電腦中的當日抵達旅客名單資料核對。

2.拿出登記表給客人，並查看訂房資料所註明的房間型式、有無特別的要求〔如花、房價、羽毛枕頭、相連房（connecting room）時〕，是否爲旅館貴賓，或與別人分房等。登記好之後將時間打在登記表上，再與客人核對一次。

3.如客人必須與別的客人共同一個房間時，將房號、房價、鑰匙卡（或住店卡）及登記卡放在一起，以便別的客人抵達時能迅速作業。

4.如客人需要特別安排（如花、羽毛枕頭等），或客人為旅館貴賓，則須向有關部門及櫃檯主管報告。

5.確認客人是否為會議團體的成員，房價是否有優待（如在登記時並未註明，則將會議成員編號及房價暫時註明於空欄上，有時間再重新查明）。

6.請教住客付款方式，註明於登記表上。如住客使用信用卡時，則核對信用卡。

7.通知服務中心人員引導客人至房間，先介紹客人的名字給服務員，最後告訴客人希望他住店期間愉快，如為貴賓則由大廳副理引導其至房間。

（二）未預先訂房登記之旅客

1.請教客人希望的客房型式，然後自電腦中選出，並確定房間是否無問題後，再將房號及房價告知客人，然後再將上項資料連同人數填寫各聯登記表，並簽上名。

2.在客房產生客滿狀況時，同時確認遷入多於遷出，非經過主管人員同意，凡無事先訂房客人皆不能接受。

3.凡有錢付房租的客人旅館不得拒絕，因此櫃檯人員在處理此類事件之技巧上必須慎重，如電腦顯示仍有空房間，無事先訂房的客人可考慮接受。

4.依照觀察判斷，如客人穿著不整齊、酒醉或有可疑之處，應溫和的告訴客人房間已經客滿，已無房間可以出售，以防事故發生或造成呆帳。如客人一定要住宿，經查仍有房間可售時，應先請教客人要停留日期，核對有無問題，如有問題，告訴客人只能有空房幾天，同時請客人填寫登記卡；又如有數位客人要求同一個房間，必須分別填寫登記表，並通知房務部門留意其住宿狀況，如有異狀，隨時向主管及各相關單位反映。

5.查核客人填寫在登記表上的資料是否完整，是否有簽名。請教客人的付款方式，作業程序與已有訂房者相同。

6.最後將資料輸入電腦。

三、訂房作業處理原則

旅館訂房部門在接受旅客訂房時，會填寫訂房單，訂房單為訂房者與旅館間之租房合約，通常旅館為利作業，散客與團體的合約形式略有不同。一般在訂房作業時，經常會遇到的一些問題，其處理原則如下：

（一）超額訂房（或訂房超收）

1.遠期訂房之控制與計算

（1）假設臨時抵達之旅客均不接受，每日要求延長住宿之旅客數，大致等於提前遷出旅客數，則影響住房者只需考慮「取消」、「延期」以及no show等三項因素。

（2）假設每一訂房之變動，均將影響旅客平均住宿天數內每天之住房率（如旅客平均住宿天數為三天，則當天如有一間訂房取消，即等於明天、後天住房將各減少一間）。

（3）以當天預定到達總數減去當天可能不出現之房間數及平均

住宿天數內，每天可能不出現之房間數，即等於當天實際可能到達數。

（4）以公式表示如下：（假設旅客平均住房日數爲三日）

（當日實際可能到達數＝當日預定到達總數×（1－取消比率－延期比率－no show比率－提前遷出比率）－（前一日預定抵達總數＋前二日預定抵達總數）×（平均取消比率＋平均no show比率＋平均延期比率）。

2.即期訂房之控制與計算：除了參考現況外，再依上述之計算方式，即可概估出一數值或比例，以作爲訂房控制（reservation control）之依據。

3.在房間不夠時處理訂房要求之原則：即如何在控制下達到客滿。

（1）如果僅爲單一房間型態不足則建議改訂他種房間。

（2）永不對外表示「房間超收了」。

（3）建議候補。

（4）建議改期。

（5）後補作業注意事項：

A.候補名單必須不斷過濾。

B.應隨時告知訂房人最新狀況以便其作其他選擇。

（6）實在必須拒絕時，可轉告訂房者何旅館尙可接受其訂房。

（7）不能決定之特殊狀況應向最高階層報告。

4.已確知房間必然不夠時，須提前尋求訂房者／旅客之合作而預作安排。

（二）更改與取消訂房

1.一般訂房，原則上只有原訂房人或預定住宿旅客本人方得更改；某些特殊訂房必須旅館同意方得更改。

2.如係不由旅客直接付款之訂房或旅客已預付款之訂房則必須經訂房者通知方得更改。

3.通知變更訂房之所有資料必須保留完整紀錄。

4.其他注意事項同接受訂房時之步驟。

5.如所欲更改之部分不能接受應明確回覆。

6.原訂房單與相關資料不可毀棄，應附於新訂房單合併存檔。

（三）保證訂房

由訂房者預付訂金（通常爲一日房租）或書面（通常爲經常往來客戶）以保證訂房按約使用者。非依一定程序不得取消、退款，而旅館於保證期內（最少應爲到達當日）有責任依訂房合約內容，爲旅客保留原訂之房間及附帶要求。

（四）無訂房之旅客

每個旅館處理臨時住客的原則不一，部分的旅館很少有walk-in的客人，大部分的客人都是有訂房的，如此walk-in的客人就比較不受歡迎，櫃檯人員在處理時要特別小心。有些旅館則是walk-in的客人占所有客人一半以上的比例，其處理的方式又有所不同。遇到walk-in的客人，基本上應採取歡迎的態度及小心謹慎的心情來處理。從客人的神情、結伴的情形、行李多寡、是否開車、有無信用卡等，觀察客人是否眞的來投宿，或是有其他怪異的事。

walk-in的客人收款方式，原則上，最好是以現金或信用卡爲宜。收信用卡時不可叫客人先簽名（不合規定等於是簽空白支票）。客人住房後，要通知房務人員多留意客人的進出情形。

（五）客滿

旅館最快樂也是最痛苦的一件事就是客滿（房間不夠）。

從員工的反應而言，有客滿時的成就感，但又常會有客人不走、新顧客要來住的壓力，因此，旅館爲了達到高的住房率，常常會超收訂房。一般而言，每天的住房都會有許多的變化，有no show、有cancel、有延住、有早走的，所以一般的旅館爲了達到百分之百的住房率，多少都會超收5%～10%；也有的旅館no show的比率較高，則要再增加超收的比例。

如遇到超收訂房時，處理的步驟如下：

1.先將今天要抵達的客人再清查一次，確定每一位都會到，通常是看訂房單及通信資料，打電話給訂房者再確定，若客人無班機者，要告知只能保留到6點（各公司規定不同），詢問客人本地公司是否願意保證。

2.清查所有預走的客人確定每位都會走，最好前一晚即有通知送到客人房內，早上並請housekeeping逐房清查客人的行李是否打包或已由服務中心將行李集中，櫃檯是否有訂車，前幾天是否請櫃檯confirm機票等等。

3.預訂房間，有時全市都客滿，要先作準備，找一家同等級、關係良好、客人又不會抱怨的旅館，先視情形預訂幾個房間以備急用。

4.清查房務部所報的客房表，鑰匙櫃是否有多的鑰匙，電腦中是否有空房而未show出。總之要想盡辦法找出房間並預作準備。假使仍無法解決該走而不走的客人（有優先秩序），則要先替客人安排好去路。

5.從旅客到達名單中，挑選要送的客人，記住不要將後到客人列爲最倒霉的人，因爲此時客人都是很累的，晚上員工人力單薄，較無法處理，所以要儘早處理。

（六）取消訂房與沒收違約金

旅館預收訂金後，應隨時與顧客核對訂房情形，以確保訂房數及其他內容之準確性，如仍有顧客違約或中途取消訂房時，應立刻取消該項登記及調整訂房表；同時可沒收全額或一部分訂金，沒收之訂金稱爲違約金。收取違約金數額除預先約定外，國外通常係依照表6-1之標準處理。

參、訂房控制與預測

櫃檯使用電腦控制作業，在於掌握客房經常所發生不同狀況之紀錄及客房之型式、類別、價格、折扣、貴賓優待及房間經常變化狀

表6-1　國外收取違約金處理標準

住宿人數＼接到取銷訂房日期		當天未接到通知	當日	前一天	9天前	20天前
一般散客	14人以下	100%	80%	20%	0	0
團體客	15～99人	100%	80%	20%	10%	0
	100人以上	100%	10%	80%	20%	10%

註：1.當天未接到通知時限是以雙方事先預定之時間為準，如下午8時等。如無事先約定者，慣例上是以當日下午6點為核對基準。
2.如客户遲誤之原因為火車、飛機或公共設施等不可抗力的因素造成，客户並持有證明文件時，原則上不得沒收客户之訂金。

況，如使用房間、空房、準備好的房間、故障等資料。當旅客住進時，櫃檯人員將每一位客人之房號、價格、住宿人數、抵達及預定遷出日期、國籍及付款方式等詳細資料輸入電腦，輸入資料必須正確，才能有效控制訂房。

電腦控制之目的在於提高旅客服務品質，掌握房間變化，以提高銷售率。因此在電腦系統作業的聯繫上，櫃檯與房務部之間須密切合作配合。

由於旅館客房與一般商品特性不同，其商品總數是固定的，沒有存貨問題，如果當天不銷售，即損失一天的利潤，爲尋求最大利潤則必須作好客房銷售與控制。

一、客房銷售控制

(一) 最佳的客房銷售方式

最佳的客房銷售，就是在一天結束時無庫存（已客滿）。但是如能持續維持高住房率，則是旅館業應努力的重點。

(二) 超額訂房與客滿

旅館爲求客滿，在接受訂房時酌量超收是必要的，但是並非不可計算與控制。通常每天可容許的超收比率尙無一定的數據，而是依訂房旅客的「不出現率」，再參酌旅客的平均住宿天數，才能決定。如控制得當，可爲旅館爭取更多的利潤。

(三) 訂金制度與訂房的推廣

隨著旅遊風氣的興盛及信用卡的普及，訂金的收取與保證訂房，已不會再增加訂房作業上任何的困擾，事實上可成爲雙方利益的最佳保障，是非常值得推廣的作業方式之一。業者接受旅客訂房之原則如下：

1.如果收取一日房租的訂金，除了雙方另有約定外，旅客所訂之房間應予保留到二十四小時。

2.如爲全程保證的訂房，除另有約定外，旅客在原訂的期間裡仍有權住宿；但未住部分之訂金將自動轉爲未住宿日之房租而不必退還。

3.有保證金之訂房如欲取消則應有一定之時限（通常爲到達當日下午6時前，但亦可雙方約定）。

4.只要訂房一經確認，旅館即須滿足旅客住房的需求，在房間不足時，旅館必須安排旅客轉住同級之旅館並代付差額。

（四）淡旺季價格與附加價值

客房價格可依淡、旺季或假日、平時等作不同的報價，更重要的是將旅館住宿變成套裝旅遊（package tour）的一部分，以增加其附加價值（added value）及旅客舒適度。

由於市場國際化趨勢，外籍旅客愈來愈多，爲方便接受國外訂房及加強國際銷售網，可以透過旅行社、電腦網路，或直接與國外訂房公司、旅行社或連鎖系統，建立長期合作關係。

（五）旅客登記資料的建立

旅客住宿登記屬於客房租約之簽訂，具有極重要之法律、服務及作業意義，而旅客登記卡除作爲合約外，亦可作爲旅客流動戶口之申報書及歷史資料卡，故填寫必須翔實，尤其個人資料部分爲流動戶口之申報之依據，故必須依照身分證件（本國旅客），護照內所附之入境申報書或居留證（外籍旅客）填寫，本國旅客資料應報管區派出所，外籍旅客資料則須呈報該管警方之外事單位。惟旅客留宿期間其身分證件不應「留置」，登記卡於旅客遷出後仍應視同一般商業合約保存，並可作爲旅客之歷史資料，以供日後服務時之參考。

（六）銷售策略之訂定

客房銷售策略之訂定必須先瞭解市場現況，同業間營業之成長或衰退，考慮產品之差異、定位，及業務推廣之方式與預算，適度檢討並加強產品包裝與宣傳（如適時利用節日、連續假期或設計特殊活動等），以吸引更多顧客光臨消費，因此，業績成長與否之要訣，在於隨時掌握顧客需求，瞭解市場動態，不斷檢討修正營運方針與策略，並加強產品的包裝銷售及服務的水準，以滿足顧客需要，提升本身競爭力。

（七）訂房控制的原則

1.控制應開始於接受訂房之先：客房銷售不能有「存貨」或「期貨」買賣，故每一個房間都必須賣給最有消費潛力之旅客或最有利潤之客戶。

2.何謂最佳銷售：指可以達到最高收入之銷售。尤其是高平均住房率及高平均房價，比個別天數之客滿更重要。

3.調節性預留／保留（management block）：爲方便控制，預先在可銷售房間中保留（或容許超收）一部分用以在接近客滿時平衡訂房之自然消長，或滿足特殊（突然）之需要；必須在電腦中及訂房控制表上標示，提醒作業人員注意。

4.預留／預排（pre-block）：在接受特殊訂房後或在預期某些狀況會發生後，於各紀錄中預作記載預先排定屆時住宿房間，以免重複出售或錯誤發生。

5.旅館尋求客滿之策略：是否每間客房一定要售出（先尋求客滿再解決旅客抱怨），或是在不招致抱怨之前提下，尋求最高之出租率。

（八）增加營收之道

老板對員工的評價，除了他對客人服務態度的好壞，及員工相處的情形外，如以數量來評量，即應以其生產量來計算。由於櫃檯職員無法到外面去促銷，大部分的生意都是已經上門的，所以如果要增加產能，有賴櫃檯人員如何留住客人，或是想辦法讓客人多付些錢，高興的住下來。為了要達到這個目的，每位櫃檯人員必須瞭解自己旅館房間的特色，如大小、色調、設備、景觀等，才能有效的說服客人。但須切記，絕不可強迫客人接受，尤其是客人面有難色，或有其他友人在場，他不好意思拒絕時，要特別小心，否則很容易造成事後的抱怨或拒付差額的情形。

除了說服客人住較大或較貴的房間，可以增加營收外，另外櫃檯人員也要記住，在旅館中每位員工都是業務員，所以不只是負責客房的銷售，同時也要促銷飯店中的其他設施及服務，如隨時隨地提醒客人，使用旅館內的餐飲設施，並提供訂位等相關服務。櫃檯人員也應瞭解每個餐廳的特色，才能有效的促銷。

二、訂房的預測

通常旅館業務部門必須事前評估市場之成長狀況，並考慮本身產品之定位（position）與成本，及推廣預算來決定客房定價，一經決定，則必須貫徹執行，及定期檢討。必要時，客房型態應視情況變更之。

預測（forecasting）訂房狀況時，通常會參考過去訂房、住宿紀錄，與市場成長相關資訊，再調整本身所提供之產品競爭力，擬定最適合的銷售策略。

（一）收受訂房

一般在收受訂房時，應考慮的因素，包括下列幾點：

1.團體與散客的比例。

2.老顧客與一般客人的優先考慮。

3.淡旺季價格的調整。

4.佣金之比率。

5.長期出租客房取捨之原則：

（1）VIP套房或少數特殊客房（如connecting room等），不宜長期租與固定對象。

（2）實值收入不應少於該房間的平均產值。

（3）瞭解住用的原因。

（二）佣金、折扣與控制

1.佣金（commission）：指在交易中用以酬謝中間商者，旅遊業除了另有約定之外，通常為10%；且僅能由旅遊相關行業收入。

2.折扣（discount）：指在淡季或非假日時，為提高住宿率而給予部分折扣優惠。

三、訂房的分析

為利客房充分銷售，並擬定完善的銷售策略，作正確的分析，訂房部門應定期製作各種分析報告，提供各相關單位參考，俾爭取更多客源。

（一）旅客國籍分析報告（geography report）

由旅客之國籍分類以確定旅館在各地區之受支持度、各國籍旅客平均住宿日數長短及消費習性等。

（二）市場分析報告（source report）

藉此分析報告可以瞭解不同訂房來源間受支持之程度。

（三）客房接受度分析報告（popularity analysis by room type）

爲瞭解何種客房最受旅客歡迎，可藉顧客意見調查表或口頭方式詢問，以掌握旅客需求，或作適度之設備、客房之調整，以迎合市場需求。

（四）業務分析統計

爲求確實控制客房銷售，每日大夜班值班人員將負責進行當日作業複查、帳目核對及分析統計。

1.核對郵電、通訊收發及入帳紀錄。

2.核對更正每日旅客訂房及抵達狀況。

3.製作每日客房銷售分析報告。

4.預估次日客房銷售及其他相關報表。

四、訂房作業查核

爲確保訂房作業無誤，訂定一套查核作業方法，乃旅館經營管理中之重要課題。

（一）作業週期

定期辦理。通常爲每月一次。

（二）作業程序與查核重點

1.接受訂房時，有否將客戶名稱、聯絡電話、住宿日期、天數、客房type間數、他人代訂者由何人付款等各項資料填寫齊全。

2.旅行社訂房之訂房單是否蓋有旅行社印章及經辦人簽字。折扣優待是否均依授權範圍核准辦理。

3.預收訂金是否依照公司規定。

4.查核訂房組辦事員是否每日將預定次日遷入之旅客資料取出，重新電詢以確定其是否依約前來，並注意查看是否有旅客姓名重複之情事。

5.查核當日到達之旅客是否經櫃檯接待人員填入預配房號。

6.瞭解櫃檯接待完成排房工作後，有否將訂房單、旅客登記表、check in單交予櫃檯鍵入電腦並依旅客遷入日期存檔。

7.如有更改應由原訂人或受託代理人行使變更。

8.旺季時，訂房辦事員是否有向違約旅客或旅行社收取違約金。

（三）資料來源

訂房紀錄電腦檔、guest history電腦檔、客房使用紀錄、訂房紀錄單、旅客登記表。

第二單元　名詞解釋

1.保證訂房：旅客於預約訂房時，即事先支付訂金，旅館即保證該名旅客於住宿當天一定會保留其預訂之房間。

2.佣金：同業或異業間相互訂定合作之契約，依其約定之內容支付費用，謂之。

3.walk-in：指旅客未事先預約訂房，於住宿當天直接到旅館櫃檯辦理住宿登記者。

第三單元　相關試題

一、單選題

（　）1.當旅館訂房部門接到訂房訊息後，應立即（1）打掃客房（2）查閱訂房資料（3）整修客房設備（4）查詢有無不良紀錄的住客名單。

（　）2.旅館最快樂也是最痛苦的一件事是（1）房價訂的太低（2）旅客賴帳（3）客人訂房又取消（4）客滿。

（　）3.通常旅館每天可容許的超收比率（1）非常固定（2）不一定（3）大部分固定（4）沒有多餘空間。

（　）4.full house是指（1）有很多房子（2）房間剩下很多（3）客滿（4）沒有空屋。

（　）5.旅客雖已訂房卻未到達旅館稱爲（1）no show（2）no return（3）no way（4）no money。

二、多重選擇題

（　）1.業者提高住宿率，而給予旅客較高折扣優惠的時機是在（1）非假日（2）假日（3）淡季（4）旺季。

（　）2.假設旅客平均住宿天數爲三天，則當天如有一間訂房取消，即等於（1）今天（2）明天（3）後天（4）大後天。

（　）3.旅館接受訂房的方式中，如以電話訂房的話，一般以（1）機關團體（2）散客（3）旅行社（4）公司。

（　）4.walk-in的客人收款方式，原則上最好是以（1）簽帳（2）支票（3）現金（4）信用卡　爲宜。

（　）5.超額訂房的百分比以多少爲恰當，應視（1）訂房損失情形（2）旅館的性質（3）客源對象（4）累積的比率而定。

三、簡答題

1.通常訂房可分爲哪三種方式？

2.旅館訂房的來源有哪四種？

3.最佳的客房銷售方式爲何？

4.預測訂房狀況時，通常會如何作業？

5.一般在訂房作業時，經常會遇到一些問題，其處理原則有哪六項？

四、申論題

1.試述旅館接受訂房的方式？

2.試扼要說明當房間不夠時，處理訂房要求之原則？

3.試扼要說明超額訂房之處理原則？

4.業者接受旅客訂房之原則爲何？

5.旅館訂房之程序如何？試以簡圖示之。

第四單元　試題解析

一、單選題

1.（2）2.（4）3.（2）4.（3）5.（1）

二、多重選擇題

1.（1.3）2.（2.3）3.（1.2.4）4.（3.4）5.（2.3.4）

三、簡答題

1.答：旅客自行打電話或寫信自訂旅館，旅行社或交通運輸公司代訂客房，國內旅遊團體訂房。

2.答：旅客個人或親朋好友，公司或機關團體，旅行社，交通運輸公司。

3.答：最佳的客房銷售方式就是在一天結束無庫存（已客滿）。

4.答：參考過去訂房住宿紀錄與市場成長相關資訊，調整本身所提供之產品競爭力，擬定最適合的銷售策略。

5.答：超額訂房，更改與取消訂房，保證訂房，無訂房之旅客，客滿，取消訂房及沒收違約金。

四、申論題

1.答：

（1）電話：一般以散客、公司、機關團體使用較多。

（2）信函：以信函方式訂房者，大多以旅行社居多。通常旅行社在簽訂房單之前，會先用電話與旅館聯繫後再開簽。訂房單為一式二份，一份旅館存查，一份寄回旅行社，並在回單上註明是接受訂房（confirm）或是候補（on waiting），再蓋上旅館訂房組印章，最後訂房部門主管簽字認可。

（3）國際網際網路（intemet）或電腦訂位系統（CRS）：利用網際網路訂房為目前潮流趨勢，國外甚多旅館已將本身相關特色及基本資料，製成Homepage上網，旅客只需藉由電腦網路系統，即可依個人需求選擇適當的旅館，甚為方便。

（4）傳真：國外訂房較多利用傳真方式，惟旅館是否接受訂房係以確認信函（letter of confirmation）回覆。

（5）電報交換：訂房回覆方式與傳真訂房相同，但須雙方均有電報交換設備時，始可採用此種訂房方法，由於科技日益進步，上述訂房方式已漸式微，而改以傳真通訊，更為簡便。

（6）口頭：此種方式，通常由當地的友人，或其本人（以現住客預訂下次宿期者為最常見）到旅館訂房較多，口頭上的約定較不易控制其準確性，旺季時最好當面表明，所訂房間只保留到某一時限為止（必須事先再確認到達時間），逾時即取消訂房。

2.答：在房間不夠時處理訂房要求之原則：即如何在控制下達到客滿。

（1）如果僅為單一房間型態不足則建議改訂他種房間。

（2）永不對外表示「房間超收了」。

（3）建議候補。

（4）建議改期。

（5）後補作業注意事項

A.候補名單必須不斷過濾。

B.應隨時告知訂房人最新狀況以便其作其他選擇。

（6）實在必須拒絕時，可轉告訂房者何旅館尚可接受其訂房。

（7）不能決定之特殊狀況應向最高階層報告。

3.答：如遇到超收訂房時，處理的步驟如下：

（1）先將今天要抵達的客人再清查一次，確定每一位都會到，通常是看訂房單及通信資料，打電話給訂房者再確定，若客人無班機者，要告知只能保留到6點（各公司規定不同），詢問客人本地公司是否願意保證。

（2）清查所有預走的客人確定每位都會走，最好前一晚即有通知送到客人房內，早上並請housekeeping逐房清查客人的行李是否打包或已由服務中心將行李集中，櫃檯是否有訂車，前幾天是否請櫃檯confirm機票等等。

（3）預訂房間，有時全市都客滿，要先作準備，找一家同等級、關係良好、客人又不會抱怨的旅館，先視情形預訂幾個房間以備急用。

（4）清查房務部所報的客房表，鑰匙櫃是否有多的鑰匙，電腦中是否有空房而未show出。總之要想盡辦法找出房間並預作準備。假使仍無法解決該走而不走的客人（有優先秩序），則要先替客人安排好去路。

（5）從旅客到達名單中，挑選要送的客人，記住不要將後到客人列爲最倒霉的人，因爲此時客人都是很累的，晚上員工人力單薄，較無法處理，所以要儘早處理。

4.答：

（1）如果收取一日房租的訂金，除了雙方另有約定外，旅客所訂之房間應予保留到二十四小時。

（2）如爲全程保證的訂房，除另有約定外，旅客在原訂的期間裡仍有權住宿；但未住部分之訂金將自動轉爲未住宿日之房租而不必退還。

（3）有保證金之訂房如欲取消則應有一定之時限（通常爲到達當日下午6時前，但亦可雙方約定）。

（4）只要訂房一經確認，旅館即須滿足旅客住房的需求，在房間不足時，旅館必須安排旅客轉住同級之旅館並代付差額。

5.答：

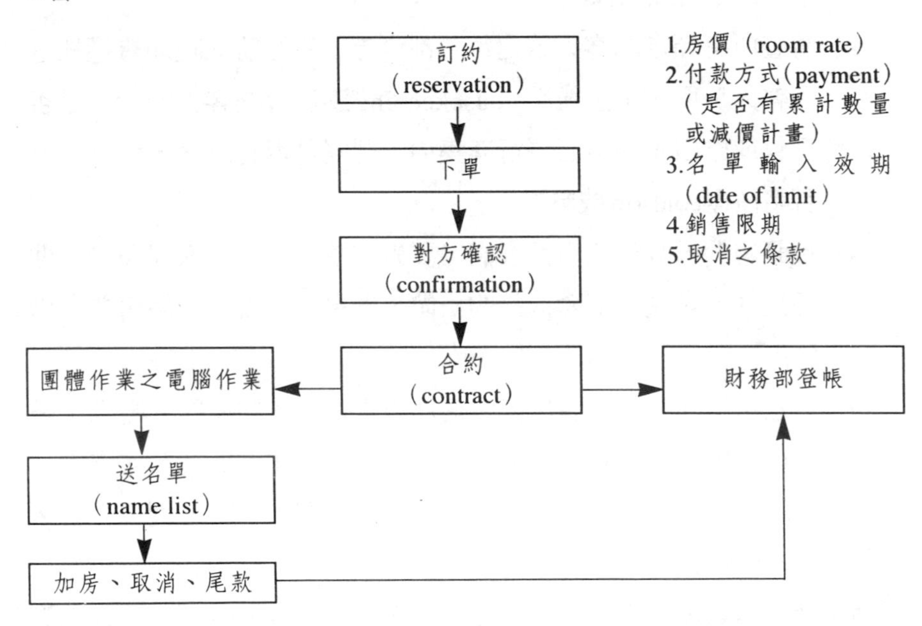

第三篇　房務管理

房務部門主要的任務，係提供旅客舒適、寧靜的住宿空間與其他各項服務。在房務管理的組織架構中，有關客房類型、房務部員工的職掌、分工，與相關單位間之關係，及房務作業程序與維護制度等，為本篇探討之內容。

第七章　房務部組織與職責

第一單元　重點整理

房務管理係指創造、維持並提升良好的旅館住宿環境之管理工作。其工作範圍包括一、家具、床具、布巾、床墊、窗簾、桌椅等之設計，並負責選擇、採購、驗收、布置、裝飾、清潔、維修、報廢等工作；二、由廚房、內外樓梯、電梯、各樓層走道、客房、餐廳、下水溝至廢棄物等；三、從客人進入旅館，服務生幫忙提送行李，收取換洗衣物、送水果、點心、報紙、清潔房間、擦鞋、補充冰箱飲料、做夜床服務（turn down service）至遷出房間。

顧名思義，房務部乃是指管理房間事務的部門。由於旅客投宿旅館後，通常以停留在客房內的時間爲最長，房務人員對於房間內的設備與清潔維護工作，就顯得格外重要，因此，能否提供舒適、清爽、恬靜的空間，及親切、熱忱的服務，爲房務人員應首重的課題。

壹、房務部的組織

旅館房務組織架構，大致可區分爲兩部分：一、營業單位（指前場）；二、行政單位（指後場或後勤單位）。前者可分爲客房與餐飲兩部分，而客房又分爲房務與前檯（櫃檯）兩部門。因此，房務部門的組織架構與內部分工運作，對旅館整體營運而言，扮演極爲重要的角色。然而房務部門組織分工，須視旅館規模大小及其是否有其他附屬設施（如洗衣房等）而定。

爲提供旅客舒適的住宿空間，通常一家較具規模的旅館，其房務部門分工較細。各旅館依其規模大小、組織分工及實際需求，有不同的組織架構。通常房務部組織（如圖7-1）。

一般而言，房務部的組織，可分爲下列三部分：

一、房務組

負責樓層客房清潔、保養與服務。

二、洗衣組

負責管衣室、布巾及制服之洗滌之管理。

三、清潔組

負責公共區域及辦公室的清潔、保養。

在房務部人員編制方面，通常設置經理、副理、主任、副主任、領班（人數依房間數而定）、樓長（人數依其樓層數而定）、房務員

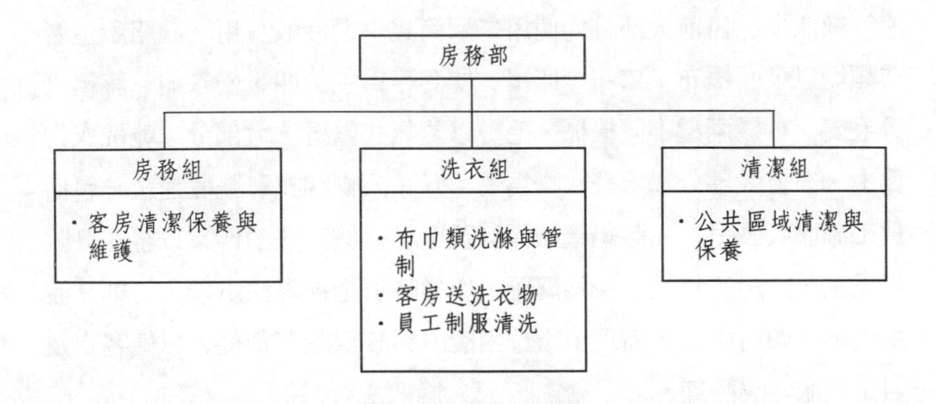

圖7-1　房務部組織圖

（人數依其房間數而定，每人每日之工作量為十個房間）、清潔組（人數依其負責之範圍、區域大小而編定）等。上述人員編制，各旅館因規模、設施及服務對象不同，其編制可依實際現狀而作調整。

整體而言，房務部門除了負責全旅館客用及員工用公共區域清潔工作，及各樓層客房清潔保養與維護外，另一主要工作為洗衣房，係負責清潔全館各部門所送交員工制服與布巾類之管理清潔工作，包括餐飲部檯布、口布、桌圍、毛巾（face towel），客房部床單、枕套（pillow slip）、毛巾、床罩（bedspread）、毛毯、窗簾，以及為房客送洗衣物等。

洗衣房組織大致上可分為五組：一、水洗組：該組機械水洗機係以客房總數乘以1.5～2倍（即五百間客房須具有八百至一千磅水洗機設備方可配合水洗部分運作；二、乾洗組：該組機械乾洗機所使用溶劑係有毒四氯乙烯，操作時須照勞工安全衛生法所規定事項執行，以免造成工作人員職業傷害（目前正在研究以無毒溶劑取代四氯乙烯）；三、平燙組：該組機械又可稱滾筒機，有二滾筒及三滾筒不等結構，該機器係以滾筒直徑大小與滾筒數成正比，即滾筒直徑愈大其滾筒數愈少，目前大部分均使用二滾筒式平燙機較實用，該組所生產布類均以平面檯布、口布、床單、枕套等為主；四、燙衣組：該組可分毛燙、布燙兩種不同機械，毛燙以蒸氣式整燙，大部分以乾洗衣物為主，布燙大部分以水洗衣物為主；五、公物客衣訂號收送組（包括員工制服收發室）：該組機械係訂號用訂號機，該項作業以客衣訂號用為主，該組工作性質較為繁雜，作業時須全神專注處理，否則易發生失誤，如有誤失，處理上十分困擾。另該組設有裁縫，以備客衣及員工制服修改縫補。

上述五組工作皆需相互支援配合，才能提升工作效率與服務品質，惟洗衣房機械之維修保養，於平時即應定期處理，以維持正常運作。在工作環境方面，洗衣房多設置於地下室，所以空調設備亦須經常維護，才能保持空氣新鮮及適當的溫度。

貳、客房的類型

旅館客房的類型，依其規模、區位、方向等不同，名稱互異。茲就其分類，說明如下：

一、現行法規之分類

依「觀光旅館等管理規則」中有關「觀光旅館建築及設備標準」之規定，係以客房淨面積（不包括浴廁）來區分不同類型的客房，如下：

類型 ＼ 面積 ＼ 區分	觀光旅館	國際觀光旅館
單人房	10 ㎡	13 ㎡
双人房	15 ㎡	19 ㎡
套房	25 ㎡	32 ㎡

上述各類型客房之專用浴廁淨面積，觀光旅館不得小於3 ㎡，國際觀光旅館不得小於3.5 ㎡。

二、一般分類

旅館客房之分類，一般稱呼為單人房、雙人房，但於旅館內應以房間床鋪之數量來區分，而不以人數來認定。茲就單床房（single room）、雙床房（twin room）及套房（suite room）內床鋪之尺寸（如圖7-2），與房間面積，說明如下：

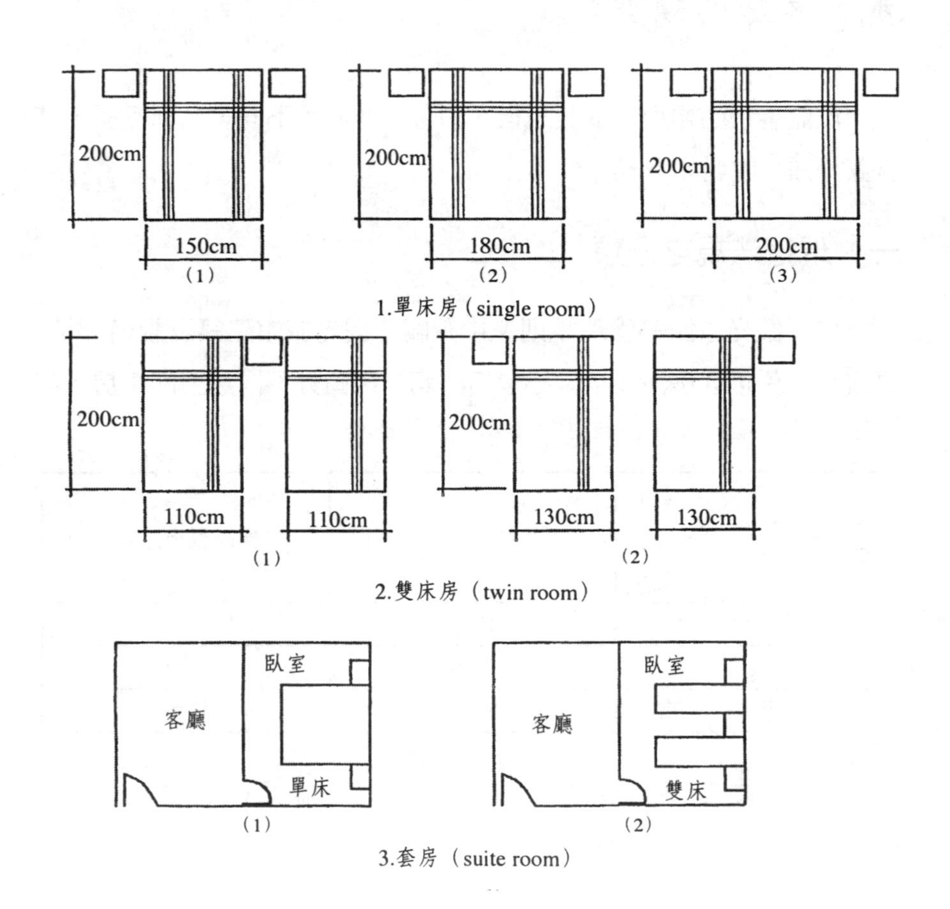

圖7-2　客房類型

（一）單床房

指房間內配置一張床。

1.床的尺寸

（1）寬150cm×長200cm×高50cm。

（2）寬180cm×長200cm×高50cm。

（3）寬200cm×長200cm×高50cm。

2.房間面積約爲七坪至十坪左右。

（二）雙床房

指房間內配置兩張床。

1.床的尺寸

（1）寬110cm×長200cm×高50cm×II。

（2）寬130cm×長200cm×高50cm×II。

（3）寬150cm×長200cm×高50cm×II。

2.房間面積約爲八坪至十二坪左右。

（三）套房

指房間除臥室外，尚有會客室、廚房、吧檯等，甚至於有一會議廳，其內設備齊全，床數及規格均視實際規劃而定。且其面積依其功能而有不同之設計，如總統套房、家族套房、蜜月套房等。

三、其他分類

（一）依房間與房間之關係位置區分

1.connecting room：指兩個房間相連接，中間有門可以互通（雙重門）。中間的門如關閉，可分開銷售，此類型房間較適合家族旅客住用。

2.adjoining room：指兩個房間相連接，但中間無門可以互通。

（二）依房間之方向區分

1.inside room：指向內、無窗戶、面向天井、無景觀（view）或山壁的房間，房價較outside room便宜。

2.outside room：指向外、有窗戶、面向大馬路、海邊、景觀較佳或公園的房間，房價較inside room稍貴。

（三）特殊型房間

1.duplex（雙樓套房）：指臥室位置設在二樓，其他設備與套房相同。

2.studio room（沙發床房）：指客房內放置沙發（sofa）兼床鋪用。白天可利用沙發當客廳辦公用，晚上則當床用。

3.lanai：指遊憩地區的旅館，其客房內有庭院。

4.cabana：指靠近游泳池旁的獨立房間。

5.efficiency：指有廚房設備的房間。

6.cabin：指小木屋。

參、房務部的職責

一家旅館的客房設備的維護與環境的整潔，直接會影響到旅客對該旅館之印象，而客房清潔維護及其他相關服務作業，爲房務部的職責。以下分別就房務部的責任、職掌及房務作業查核重點，說明於后。

一、房務部的責任

清潔工作並不是房務部惟一的工作，尚有其他許多的責任。職務（duties）或工作（tasks）統稱爲責任（responsibilities）。旅館中的餐飲部、宴會部、前檯或經理等都有其特殊的任務，茲就房務部之責任，說明如下：

(一) 房務部是旅館所有房間的家具、備品、裝飾物以及建築物等維護的管理員

大部分的旅館都設有修護部門，並且負責家具的修理、地毯的維護、電氣設備及水管等故障缺失的處理，但是進出客房最多的是房務員，所以注意與報告這些損害的狀況等，都屬於房務員的責任。

(二) 訊息的蒐集與報告

前檯人員如何知道哪些房間已整理妥並可出售，旅客遺失物品有否依照規定處理並通知相關單位，房間的布巾類衣物被損害或失竊等有否依照規定處理並呈報經理。

旅館內有些死角的地方，沒人去清潔，只因權責未劃分清楚。如誰來負責清潔廚房或餐飲服務區是房務員或餐飲服務員必須正確地學習如何處理這些工作，同時也要有心理準備去接受這些作業的變化。

(三) 讓投宿的旅客感到愉快

假設有位旅客要求添加一條毛毯、一條面巾，或有訪客要來，請你加強房間的清潔時，旅客首先會打電話通知櫃檯，櫃檯再通知房務辦公室，房務辦公室再通知樓層主管，最後樓層主管指派你去服務客人。此刻你面對著旅客，也就代表了旅館，旅客可能也會向你詢問其他問題，如有哪些名勝古蹟，哪裡的餐食比較美味等，當然你尚有許

多其他的工作，不可能整天陪他聊天，但是站在旅館服務的立場，往往會讓旅客留下深刻的印象。

（四）調和自己的形象

瞭解房務部在旅館業中所負的責任與重要性，假如一位旅客詢問你在旅館中作什麼，此時你應該如何回答，才能使旅客滿意。

二、房務部的職掌

（一）經理（executive housekeeper）

1.承總經理指示，負責督導所屬對客房樓層、責任公共區之整潔美觀維護，服務顧客及所有布巾之管理。
2.負責管理督導所屬員工遵照規定施行各項作業，保持優良品質，服務住客。
3.負責建立所屬各單位之工作程序、作業規定、工作處理方法、注意事項、遵守事項及員工職責，確實督導施行。
4.負責本部門人員之管理、指揮、督導及平時工作、品德之管理。
5.建立標準之清潔檢查項目，交各級幹部施行，並隨時以銳利、挑剔的眼光檢查。
6.編訂所屬人員之訓練計畫，如何去完成工作、分配工作及時間調配。
7.找出最有效益之清潔用品或物品使成本降至最低。
8.依據年度工作計畫，訂定工作進度，負責確實執行。
9.建立客房日用品之預算及消耗標準，促使所屬降低損耗率。
10.建立標準之房間清潔作業程序，配合飯店目標，訂出員工之班次以利營業之進行。

11.研訂房間之檢查辦法及檢查項目表，確實施行。

12.編定所屬之訓練計畫及目標，配合訓練部施以定期訓練或在職訓練。

13.建立房間之養護計畫，作定期、不定期之保養制度，並編列預算，協調工程部、採購處及前檯，按期實施。

14.協助安全、消防、衛生有關之檢查，及加強本部門員工應有之訓練。

15.會同相關單位處理客房樓層發生之特殊客房事件或其他突發事件。

16.旅客遺留物品之處理，及旅客遺失物品之報告及協助尋找。

17.依據服務之需要，訂定合理而精簡之組織，充分有效運用人力，負責編訂人事費用預算。

18.依公司人事規定，負責本部門員工之僱用及解僱，控制本部門員工名額與工作量，保持平衡。

19.維護公司人事規定及執行、控制本部門員工人數，使公司之薪水預算得以確實控制。

20.建立完整之工作考核紀錄及制度，嚴正的執行獎懲。

21.訂定各房層及清潔責任區內牆及頂、裝飾地毯、家具、壁紙色澤之汰舊換新及保養預算，按期施行。

22.與前檯保持極密切之聯繫，全力配合前檯之作業，使每一個房間均能適時的讓顧客住入。

23.負責督導所屬依標準作好住客或VIP、VVIP遷入前之準備房間檢查工作、住房之服務及遷出、與前檯密切聯繫事宜。

24.與工程部協調並取得密切合作，應顧客之需要，在適當時機給予顧客即時之服務。

25.使上級主管充分瞭解本部之工作狀況，及適時的提出報告。

26.建立服裝及布品管理制度，擬定職工制服及全館布巾用品汰舊更新之年度預算。

27.保持本部門財產之完整及建立各項正確之紀錄。

28.督導所有計畫之執行及考核，對計畫之得失，定期舉行檢討會，並訂定改進方法。

29.負責考核各級人員之工作績效、薪資調整，以提高服務品質。

30.核定本部門每月班表、人力狀況。

31.使自己所屬瞭解公司之政策規定、公司之傳統文化、經營理念、各部職掌、各營業項目及價格、各項設備與服務。

32.儘量瞭解所屬員工之工作情緒、能力、興趣，甚至私生活狀況，作爲管理考核之依據。

33.負責釐訂各部客房層及責任工作區內整潔維護，裝飾家具設備之檢查項目表，作定時與不定時確實執行。

34.負責督導所屬利用時間蒐集及瞭解同業旅館之客房整理、設備、服務之更新方式或組成小組前往觀摩學習。

35.負責迅速順利的處理顧客之抱怨，並將情形即時反應給上級主管。

36.負責督導洗衣房之管理，編訂年度收支預算，定期保養汰舊更新計畫，技術工作之訓練計畫及職工之管理。

37.負責督導健身房之管理及營運狀況。

38.上級臨時或特別交辦事項。

（二）副理（assistant housekeeper）

1.承房務部經理之命令，負責督導所屬對客房層、責任工作區之整潔美觀維護，服務住客及所有布巾類財產管理。

2.負責管理督導所屬遵照規定施行各項作業，保持優良品質服務房客。

3.負責建立所屬各單位工作程序、作業規範、工作處理方法、注意事項、遵守事項及各人員職責，確實督導施行。

4.負責本部門人員之管理、指揮、督導及平時工作、生活、品德之管理。

5.建立標準清潔方法、程序及所要求之清潔程度。

6.建立標準清潔檢查項目，交各級幹部施行，並應隨時親自作檢查。

7.編訂所屬之訓練計畫，分配工作及時間調配。

8.依據房務部年度工作計畫，訂定房務中心之細部工作進度，並負責確實施行。

9.使用最有效益之清潔用品及用具，促使所屬降低損耗率。

10.配合飯店目標，訂定員工之班次，以利營業之進行。

11.編訂女清潔員及領班之訓練目標及計畫，配合季節會同訓練部施以定期訓練或在職訓練。

12.建立房間之養護計畫，定期或不定期之保養制度，編列預算，協調工程部按期施行。

13.協助安全、消防、衛生有關之檢查及本部門員工應有之相關訓練，會同安全室處理客房發生之特殊客務事件或其他突發事件。

14.旅客遺失物之處理及報告，與協助尋找。

15.依據服務需要訂定合理精簡之組織，充分有效運用人力，負責編訂人事費用預算。

16.依公司人事規定負責執行本部門員工之僱用及解僱，控制所屬員工名額與工作量保持平衡。

17.建立完整之工作考核紀錄及制度，嚴正執行獎懲。

18.訂定客房層及清潔責任區內之牆、頂、裝飾、地毯、家具、色澤之汰舊換新及保養預算，按期施行。

19.與客務中心保持密切聯繫，配合客務作業，使每間客房均能適時讓房客住入。

20.負責督導所屬依標準完成訂房顧客或VIP遷入前之準備，住店之服務及遷出與前檯之密切聯繫等事宜。

21.與工程部門及洗衣房協調取得密切合作，應住客所需，適當時機給予顧客即時服務。

22.使上級主管充分瞭解本部工作狀況，適當提出報告。

23.保持本部門財產之完整及建立正確紀錄，每月份財產清點，並向主計處提出月報表。

24.督導所有計畫之執行及考核，對計畫之得失定期舉行檢討會，並訂定改進計畫。

25.時常舉辦工作競賽，以激勵士氣，提高服務品質。

26.時常接近所屬，瞭解其工作情緒、能力、興趣及私生活狀況，作爲管理考核。

27.安排所屬幹部及員工休假日期，核定本部門員工每月（或每週）工作輪值表。

28.安排樓領班、各樓清潔員樓層工作區之輪調，及樓領班到辦公室輪流接受訓練實習。

29.使自己及所屬瞭解公司之政策規定、各部門職掌、各營業項目及價格、各項設施與服務。

30.負責督導所屬利用時間蒐集或瞭解同業間之客房整理、設備、服務之更新方式，或組隊前往觀摩。

31.負責迅速順利處理房客之抱怨，並將經過情形即時反應上級。

32.上級臨時或特別交辦事項。

（三）主任

1.協助副理推展本中心政策及接受主管交辦事項，於副理因公、因假時，代理其職務。

2.排定員工作業時間表，並對每日作業人力平均分配與調度。

3.協助副理建立本部門所保管使用之財產登記卡，督導領班每月清點，並作正確之紀錄報告。

4.每日定時或不定時檢查客房清潔及安全消防設施情形，並予以記錄。

5.隨時保持可賣客房正確紀錄，與前檯密切聯繫，瞭解需要之情形。

6.負責督導各客房層，依規定整理及保養客房內外，夜間檢查各樓層之夜床服務是否確實正確。

7.督導各客房層，確實依規定完成VIP住進之前各項準備事宜。

8.負責每日對客房層及公共責任區、辦公室的檢查，設備若有損壞，應即向工程部申請報修。

9.負責客房層各項物品申請之複審、申購及請修之報告，汰舊換新。

10.熟悉本飯店服務項目、營業項目、價格及各部門職責，以配合服務房客。

11.臨時發生情況之應變及協助處理交辦事項。

12.隨時抽查並留意已辦C/O手續之房客，以防止結帳後顧客再回房，又有新的帳務發生。

13.將主鑰匙交各樓，並予簽收作記錄。

14.處理辦公室一般行政事務。

15.VIP房之房號應於規定時間內，通知有關樓層作準備。

16.確定DND（do not disturb）房號，並聯絡前檯作適當處理。

17.會同安全室及大廳副理，處理突發事件，並回報上級。

18.其他臨時特殊交辦事項。

（四）副主任

1.協助主任執行每天的工作及政策。

2.主任休假時代理主任一切職務。

3.安排每月之員工作業時間表。

4.檢查管道間庫房備品存數，不堪使用者則報廢處理。

5.協助主任建立本部門所使用之財產表，督導組長每月清點，並作正確之紀錄報告。

6.每月初會同盤點飲料數量。

7.每月底督導各組長盤點消耗品之殘存數。

8.處理辦公室一般行政事務。

9.每日需檢查空房的客房清潔及公共區域等。

10.臨時發生情況之應變及協助處理事項，如涉及房客安全時，應會同安全室及大廳副理處理，並回報上級。

（五）組長

1.檢查所屬樓層今日之備品是否充足，或向辦公室提出申請。

2.執行每日定時客房檢查報告及VIP房之各種安排事宜。

3.督導所屬依規定清理房間，並分先後順序。

4.督導所屬於次要時間清潔走道、安全門區域及庫房，並作記錄。

5.考核服務人員之生活行爲，並且積極要求達到工作標準。

6.房間之設備、家具、電器等情況不良或失靈情形，即申請修理，並報告辦公室紀錄。

7.及時檢查清理完成之房間，並報告房務中心，並將樓層指示燈由C/O燈改爲OK room。

8.安排房間特別養護之先後程序。

9.每月財務之清點，嚴格維護財物之耗損量。

10.注意可疑詭異之房客或訪客。

11.隨時報告上級工作情形或疑難問題。

12.維護客房內設備與備品，如遭客人破壞或偷竊，立即報告房務中心處理。

13.熟悉本飯店所有服務項目、營業項目、價格，以備客人詢問。

14.下班前應對負責樓層門窗作最後安全檢查。

15.遵守公司規定，參加有關訓練及活動。

16.其他臨時交辦事項。

（六）其他人員

1.樓層領班（floor supervisor或floor captain）：通常一個人管理三

十間房間，主要工作爲負責客房之管理，分配工作給room maid，及訓練新進員工，且須經常注意住客之行動與安全。

2.客房女服務員（room maid）：又稱chamber maid，負責客房之清掃以及補給房客用品。

3.房務辦事員（office clerk）：負責客房內冰箱飲料帳單登錄到銷售日報表，及保管處理顧客之遺失物品。

4.公共區域清潔員（public area cleaner）：負責清掃公共場所，如大廳、洗手間、員工餐廳、員工更衣室等場所。

5.布巾管理員（linen staff）：負責管理住客洗衣、員工制服、客房用床單、床巾、枕頭套、臉巾等布巾及餐廳桌布巾等。

6.縫補員（seamstress）：爲客衣及員工制服作一般簡單修補工作。

7.嬰孩監護員（baby sitter）：負責看顧住客之小孩。（度假旅館的特殊編制）

三、房務作業查核重點

房務作業查核之目的，在於瞭解客房服務作業是否依公司規定辦理。通常採不定期、隨時查核方式進行。房務作業查核重點如下：

（一）客房清潔

客房是否常保整齊清潔，設備完好無損。

（二）棉、毛織品換洗

客人在check-in之前，預定房間是否已清理完畢，各種客用棉、毛織品是否換洗。

（三）客房設備使用

客房各項設備、冰箱飲料是否正常可用。

（四）房客對旅館設備、服務瞭解程度

住房客戶是否均明瞭本飯店提供的各項設備與服務。

肆、房務部與前檯的聯繫

客房部係指房務部與客務部（即前檯），兩者間之關係密不可分。前檯的主要任務在於銷售客房，包括接受旅客訂房、分配房間及提供其他相關的服務（如接送機、交通工具、旅遊訊息、商務資訊等），當旅客在前檯辦理完成住宿登記後，服務生即引導旅客至客房，旅客遷出時，亦須至前檯辦理遷出手續，因此房務部可視爲門市部，其產品則爲客房，而兩者之關係可以互爲表裡來形容，重要性可見一斑。

房務部與前檯之聯繫作業，除協調溝通外，一般係以書面的報表作爲登記與確認的資料，以便翔實記載旅客個人基本資料，在旅館內消費的動態，及客房使用狀況（如內部設備是否有故障待修等）。茲就房務部門需填列之相關報表，說明如下：

一、客房狀況報表

（一）檢查時段

通常每日三次，如11時、16時、20時三個時段。

（二）檢查內容

客務部（前檯）雖然依旅客住宿登記後將資料輸入電腦，或根據

前檯出納通知房客遷出資料，得知現有客房情況；然而實際客房現況仍須核對，此份由房務人員親自檢查後製作之報表才能確認故障房號、住宿房號、遷出房號等資訊，以求電腦內的全館客房資料保持最新、最正確的狀況。

二、客房小冰箱（mini bar）日報表

房務部辦公室根據辦事員鍵入電腦之mini bar消費帳，核對並填寫日報表，於晚間10時左右送交前檯出納，以利夜間稽核核對作帳。

三、旅客習性表

各檯領班依照客人特殊習慣或要求：如矮枕、席夢思床墊等，作成習性表，第一聯交櫃檯，記錄於電腦裡之「旅客歷史資料」檔裡，第二聯交由房務部留底。

四、DND客房檢查報告

下午3時各樓組長將DND房號統一送到房務辦公室，辦事員彙總後將第一聯送交櫃檯處理，第二聯則歸檔。

五、房務部夜床報表

下午5點至6點30分，開夜床時段裡，房務員根據不能清潔的房號作成報表送交辦公室，彙總後送交櫃檯處理。

六、故障房號表

以電腦內程式紀錄原因及預定完成日期，知會前檯。

七、每日工作檢查表

（一）客房清理工作檢查表（housekeeping room report）

由樓組長填寫。房務辦公室於每日晨間將該表內之「特別注意事項」、「週保養」、「增加清理房間房號」填妥，俟各樓組長到辦公室取此表後，進行一天房務檢查工作，於下班時交回辦公室。該檢查表內容大致包含房號、客房缺失、浴室設備狀況及修理情形等。

（二）客房整理報告（room make-up report）

由房務員填寫。房務員根據其清潔房間，逐一據實將報告填妥，第一聯樓層自留，第二聯則送交辦公室。內容包括各項備品整理之時間等。

（三）DND客房檢查報告（housekeeping DND room check report）

由樓組長填寫。樓組長在其所屬樓層將DND房號，把紀錄填妥後送交辦公室，每日下午由房務辦公室彙總後送交前檯處理。

（四）房務部夜間巡查紀錄

由下午房務主管填寫。房務人員於下班後，下午班房務當值主管於夜間巡查安全時，填寫此表。

（五）夜間清潔檢查表

由大夜班房務主管填寫。大夜班房務主管於夜間公共區域清潔工作完成時，填寫此表。

（六）冰箱飲料帳單

由房務員填寫。房務員於清潔房間時，檢查冰箱飲料，客人如有取用，則填寫該帳單，第一聯置於冰箱旁，以讓客人核對數量，第二、三聯及第四聯送交房務辦公室，轉交前檯出納，第五聯則由房務部存底。

伍、房務部與其他部門的關係

假設一家旅館內附設有餐廳、酒吧、理容美髮及其他附屬設施（如洗衣服務等），當顧客check-in之後，即開始在旅館內消費，在其住宿期間旅館內所有的消費帳目，一方面會經由電腦連線傳輸至會計單位，另一方面營業單位亦會製作每日營業報表，以瞭解業績狀況。顧客check-out時，櫃檯出納會將該顧客於某期間內，在館內各項消費金額列印出明細表，供客人參閱。因此，旅館內各相關部門與房務部之關係至為密切。茲扼要說明如下：

一、櫃檯（前檯）

房務部應隨時將房間使用狀況通知櫃檯人員，以便讓櫃檯掌握可供銷售之空房數；同時對於住客之使用情形亦應瞭解並通知櫃檯，避免意外發生。

二、餐飲部

如果客人在客房內使用餐點，此時之room service係由餐飲部供應餐食。另外，餐飲部使用之桌巾與制服等，亦會直接與房務部聯繫所需數量，合併採購。尤其是在舉行大型的宴會（banquet）時，更應事先安排妥當。

三、工務部

客房內外各項設備，如有損壞或故障，房務人員每天在清理打掃房間之際，應隨時留意並檢查各項設備之使用狀態。一經發現故障，簡易者即予維修；較嚴重者則報請工務部處理，維修時以不驚擾住客爲原則。

四、採購單位

通常房務部所需各項備品、清潔用具、床具及相關設備，均由採購單位統一購買。採購之品牌、規格及品質，一般由房務部決定，最後由旅館經營者作確認。

五、洗衣房

爲確保洗衣物處理迅速，並保持洗衣物質料完整及正確房號標識，以避免損害客人衣物或送錯對象。此外，客房內採用之床單、枕頭套等布巾類備品於採購時亦應考量其耐用年限及質料。

六、會計單位

支付薪金、核算帳單及稽核庫存備品使用情形，以控制成本與費用支出。

第二單元　名詞解釋

1.connecting room：兩間房間相連，中間有門可以互通。

2.adjoining room：兩間房間相連，但中間無門互通。

3.inside room：客房面山或無窗戶或無景觀者。

4.outside room：客房面海或看得見景觀者。

5.turn down service：做夜床服務，亦稱爲開床服務。即將床罩取下折疊好置於櫥櫃中，並將毛毯折角，方便旅客就寢。

6.single room：單人房。

7.twin room：雙人房。

8.suite room：套房。

第三單元　相關試題

一、單選題

（　）1.管理房間事務的部門稱爲（1）客務部（2）房務部（3）工務部（4）採購部。

（　）2.turn down service是指（1）洗衣服務（2）客房服務（3）做夜床服務（4）客房餐飲服務。

（　）3.mini bar是指（1）迷你吧台（2）酒吧（3）小餐廳（4）小冰箱。

（　）4.負責清潔旅館各部門所送交員工制度與布巾類之管理部門稱爲（1）洗衣房（2）工程部（3）客務部（4）前檯。

（　）5.客房內放置沙發兼床鋪用的房間稱爲（1）sofa room（2）cabin（3）studio room（4）inside room。

二、多重選擇題

（　）1.inside room是指（1）視野景觀良好（2）無窗戶（3）面向山壁（4）價格比outside room貴　的房間。

（　）2.旅館業爲提高品質，客房內採用之床單及枕頭套於採購時，應考慮其（1）耐用年限（2）花紋（3）色澤（4）質料。

（　）3.套房是指客房內之設備包括（1）臥室（2）會客室（3）吧台（4）廚房。

(　) 4.connecting room是指兩個房間（1）相互連接（2）中間無門互通（3）可以分開銷售（4）可以互相監視。

(　) 5.客房女服務員的英文名稱爲（1）office clerk（2）room maid（3）seamstress（4）chamber maid。

三、簡答題

1.客房部的組織可分爲哪三部分？

2.何謂「房務管理」？

3.洗衣房大致上可分爲哪五組？

4.房務部的責任有哪四項？

5.房務部門需填列之相關報表有哪些？（至少列舉五項）

四、申論題

1.試述房務管理的工作範圍？

2.試繪製房務部組織圖？

3.試扼要說明房務管理與前檯、餐飲部及洗衣房之間的關係？

4.試說明inside room與outside room之差異？

5.試說明connecting room與adjoining room之差異？

第四單元　試題解析

一、單選題

1.（2）2.（3）3.（4）4.（1）5.（3）

二、多重選擇題

1.（2.3）2.（1.4）3.（1.2.3.4）4.（1.3）5.（2.4）

三、簡答題

1. 答：房務管理係指創造、維持並提升良好的旅館住宿環境之管理工作。

2.答：房務組，洗衣組，清潔組。

3.答：水洗組，乾洗組，平燙組，燙衣組，公物客衣訂號收送組。

4.答：房務是旅館所有房間的家具、備品、裝飾物以及建築物維護的管理員，訊息的蒐集與報告，讓投宿的旅客感到愉快，調和自己的形象。

5.答：客房狀況報表，客房小冰箱日報表，旅客習性表，客房檢查報告表，故障房號表。

四、申論題

1.答：

（1）家具、床具、布巾、床墊、窗簾、桌椅等之設計，並負責選擇、採購、驗收、布置、裝飾、清潔、維修、報廢等工作。

（2）由廚房、內外樓梯、電梯、各樓層走道、客房、餐廳、下水溝至廢棄物等。

（3）從客人進入旅館，服務生幫忙提送行李，收取換洗衣物、送水果、點心、報紙、清潔房間、擦鞋、補充冰箱飲料、做夜床服務（turn down service）至遷出房間。

2.答：

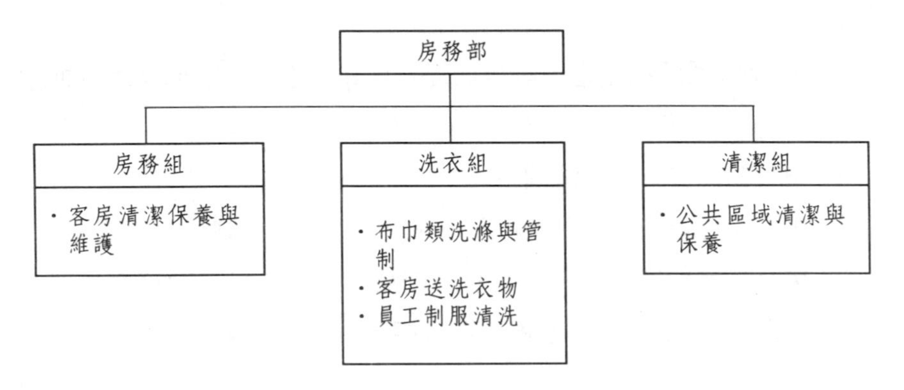

3.答：

（1）櫃檯（前檯）：房務部應隨時將房間使用狀況通知櫃檯人員，以便讓櫃檯掌握可供銷售之空房數；同時對於住客之使用情形亦應瞭解並通知櫃檯，避免意外發生。

（2）餐飲部：如果客人在客房內使用餐點，此時之room service係由餐飲部供應餐食。另外，餐飲部使用之桌巾與制服等，亦會直接與房務部聯繫所需數量，合併採購。尤其是在舉行大型的宴會（banquet）時，更應事先安排妥當。

（3）洗衣房：爲確保洗衣物處理迅速，並保持洗衣物質料完整及正確房號標識，以避免損害客人衣物或送錯對象。此外，客房內採用之床單、枕頭套等布巾類備品於採購時亦應考量其耐用年限及質料。

4.答：

（1）inside room：指向內、無窗戶、面向天井、無景觀（view）或山壁的房間，房價較outside room便宜。

（2）outside room：指向外、有窗戶、面向大馬路、海邊、景觀較佳或公園的房間，房價較inside room稍貴。

5.答：

（1）connecting room：指兩個房間相連接，中間有門可以互通（雙重門）。中間的門如關閉，可分開銷售，此類型房間較適合家族旅客住用。

（2）adjoining room：指兩個房間相連接，但中間無門可以互通。

第八章　房務作業

第一單元　重點整理

服務生與旅客之關係

房務作業程序

第二單元　名詞解釋

第三單元　相關試題

第四單元　試題解析

第一單元　重點整理

房務作業包含之範圍甚廣，除需提供舒適、整潔、衛生之客房外，尚應不斷加強客房服務品質，兼顧各項軟、硬體服務，始能滿足旅客需求。為使旅客都能留下良好印象，經營者宜加強旅館設施的維修保養及安全維護（門禁管制）等工作。一般而言，旅客在選擇住宿之旅館時，通常會考慮的因素為清潔、衛生、安全及服務佳，因此，如何提供整潔衛生之客房，乃旅館經營者應研究之重要課題。茲就服務生與旅客之關係，及房務作業程序，分別說明於后。

壹、服務生與旅客之關係

每一位旅客都希望從一進門開始到其離開旅館，有備受歡迎的感覺，直正體驗到「賓至如歸」式的接待。因此，旅客的再度光臨有賴旅館氣氛的營造，即由客房的整潔、餐飲的品質及員工們的服務態度等因素，來決定對於旅館的評價。由於工作性質關係，房務主管與服務生接觸旅客的機會非常頻繁，所以服務生必須隨時注意自己的禮節與儀態。良好的儀態必會引起旅客的讚揚。對顧客親切的態度，或許出自天賦的，但後天的培養與訓練，仍能培養出優秀的服務人員。

房務部的員工必須瞭解旅客對旅館的重要性，因為沒有旅客，就沒有旅館。當你在通道上遇見了旅客，要親切地說出：「早安」（good morning）或「午安」（good afternoon）。當旅客在客房裡開始和你談話時，要以開朗的表情回答，但以不耽誤你的工作為原則。

尤其應注意，避免在通道上大聲呼喚或聊天，不要有工具撞擊聲或相碰聲，以及避免用鑰匙敲門作響。在早晨要保持安靜。如果可能的話，在大部分的旅客還沒有起床之前，不要使用吸塵器或其他會產生噪音的工具。經常要尊重「請勿打擾」（do not disturb）標識的權威，並且不在通道上搖動鑰匙作響。

以上說明，可瞭解一位房務人員的重要性。茲就一位稱職的房務員應具備之任務，如一、從事旅館客房的整潔工作，以備旅客住宿；二、依照正確的步驟，操作清潔用具和材料，更換床單，打掃客房內浴室，以維持客房清潔衛生；三、瞭解在客房內發現旅客遺留物品處理方式；四、學習工作技能，迅速檢查客房，使各種布置、清潔工作全部完成，確實提供新遷入的旅客住用；五、體認清潔、親切、舒適、安靜及旅客安全之共同目標。

整理客房及鋪床（make bed），只有依順序每一步驟踏實地去作，才能作得完善。最初可能感覺很難，但瞭解其方法後工作就較為容易。假如沒有標準作業流程，則非常容易遺漏其中的某一部分，而這一「部分」，往往屬於相當重要的工作。

通常房務人員以女性居多，在從事房務作業時與旅客接觸的機會亦較頻繁，因此，平時應時注意儀表與言行，因為端正的儀表會增進旅客對旅館好的印象。服務生如果經常保持一副端正的外表，穿著合身的制服、適宜的化粧；並儘可能少帶珠寶（珠寶以結婚戒指及手錶為限）。適宜的化粧意味著不要濃粧艷抹，以減少不必要之困擾。

另外，房務人員必須將旅客所有的讚譽、建議或抱怨，轉報房務主管，讓公司能夠瞭解旅客們的需求，是喜歡或不喜歡旅館所提供的設施或服務。旅客的好評與讚美，可以高高興興地轉報主管，假如旅客的意願無法達成，應以誠懇的態度向旅客解釋其立場，並將旅客的建議轉報有關主管人員研究採納。至於旅客的抱怨必須立即調查處理，並儘可能予以協調改進。

貳、房務作業程序

房務作業係屬實務工作，必須實地操作演練，才能瞭解各項工作細節及操作技巧。茲就房務作業之流程（如圖8-1），說明如下：

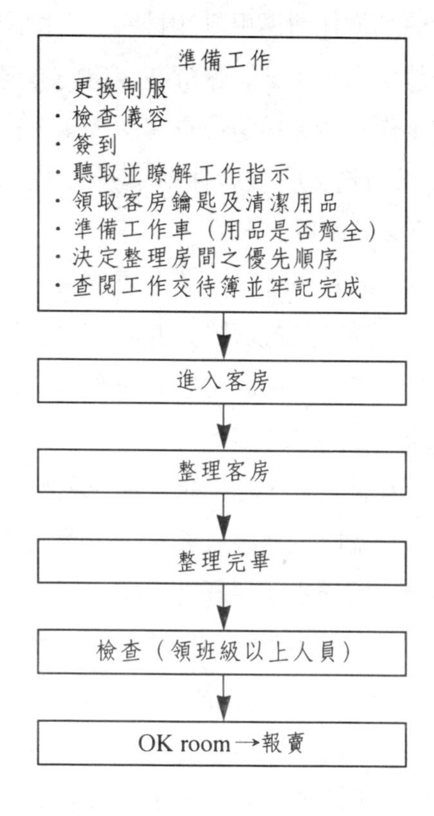

圖8-1　房務作業流程圖

一、準備工作

(一) 簽到

房務部工作地點分布很廣，要瞭解出勤狀況、臨時事情發生和臨時性工作安排，必須於辦公室內設置簽到表，並規定員工於上班前簽名。

(二) 瞭解工作指示

房務部的工作範圍廣泛，人員分散各個角落，而且在旅館內的工作是二十四小時全天候的（採輪班制），可能會有任何新的指示與通知不易轉達，所以在辦公室及工作地點均須設公布欄。另外，房務部門主管也會利用朝會或適當時機召集所屬員工不定期召開會議，討論員工在工作上遇到之重大問題，並宣達上級指示、規定事項及工作重點，一般開會時間以五至十分鐘為原則，至於次數則視狀況與需要而定。

(三) 鑰匙控制

旅館內所有房間鑰匙應妥善保管，於交接班時宜作好清點工作。如果不幸遺失，易造成旅館的損失，也會損及旅客之權益，所以旅館客房鑰匙的管理非常重要。茲就客房鑰匙分類與日常管理方式，說明如下：

1.鑰匙的分類

（1）room individual key：係指地下樓至頂樓每一個房間的鎖所使用的鑰匙。這種鑰匙只能開單一房間（通常備用有三把）。

（2）floor master key：此鑰匙可開同一樓層的每個房間。

（3）grand master key：可開每樓層的所有房間。

（4）general master key：可開整棟大樓任何一個房門，也叫緊急鑰匙（emergency key），由總經理、副總經理使用。

（5）double lock key：此鑰匙是由房內用手按反鎖之後，用double lock key固定，再將房門關上，那麼此門只有總經理的鑰匙才能開啓，其餘鑰匙均無法開啓。

2.鑰匙之日常管理

（1）不是每天使用的鑰匙，必須存放在鑰匙架上。

（2）每天使用的鑰匙，使用時必須簽名以示負責。

（3）鑰匙架子平常必須上鎖，以策安全。

（4）員工不得將鑰匙攜出飯店外，假如中途需離開飯店，必須先將鑰匙交回再離開。

（5）鑰匙應不離身，如有人要借，寧可幫他們開，不可將鑰匙交給他人，並隨時注意鑰匙不離身。

（6）所有的鑰匙應於用完後交回辦回室，同時清點上鎖，如有不符者，應立即向主管報告。

（7）鑰匙如遺失，應立即聯絡相關人員尋找，直到找回爲止。

（8）如鑰匙確定遺失無法找回，應該將其相關客房門鎖全部換掉，以保障住客安全。樓層鑰匙管理作業程序如下：

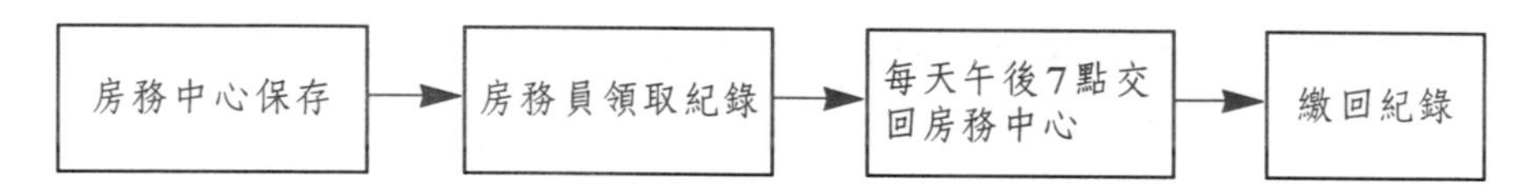

有關旅館客房房間的開啓，除了使用鑰匙外亦有使用卡片式（密碼）的key，但是保管與交接均應慎重，以維護旅客住宿安全。

（四）準備工作車

工作車通常於工作完畢後整理起來，以便次日早上上班可以很快開始工作。

1.取出使用過之床單、毛巾放於工作車以便送洗。

2.取出垃圾袋，書報雜誌、空瓶空罐應分類處理。

3.工作車裡外擦拭乾淨。

4.補充新垃圾袋。

5.補充客房及浴室備品（消耗品）。

6.補充床單、枕套、毛巾（非消耗品）。

7.工作車推入擺放位置。

當房務員上班打卡（出勤卡）後就到布巾室領取客房鑰匙、清潔用品及聽取工作指示。

到更衣室換穿工作制服，然後到工作崗位。

在工作推車上擺放之用品如下：

1.單人床單（single sheets）。

2.雙人床單（double sheets）。

3.枕頭套（tick）。

4.床罩（counterpane）。

5.浴巾（bath towels）。

6.手（方）巾（hand towels）。

7.面（毛）巾（washcloth, face-cloth）。

8.腳踏巾（bath rugs）。

9.防滑橡皮墊（rubber mats）。

10.淋浴簾（shower curtains）。

11.火柴（matches）。

12.菸灰缸（ash trays）。

13.文具（stationary）。

14.菜譜（日常、點菜、開胃菜〔menus（daily, a la carte, cocktail）〕。

15.「請勿打擾」標識卡（do not disturb signs）。

16.衣掛（hangers）。

17.送洗衣物袋及洗衣單（laundry bags and lists）。

18.香皂（大、小）〔bath soap（large, small）〕。

19.擦鞋布（shoe shine cloths）。

20.人造纖維手巾（Kleenex）。

21.衛生紙（toilet paper）。

22.床褥（mattress pads）。

23 其他客房用品：已消毒的玻璃杯（sanitized glasses）。

有些旅館在布巾室內備有小型消毒機器，管理員依照公司的規定，將玻璃杯予以消毒後包裝並供服務生取用。如果沒有這種設備，把玻璃杯送至廚房利用專用機器洗滌；其次，在整理客房之前應向房務主任取得優先整理的客房清單，以便進行客房清理工作。

（五）整理房間的優先順序

如何決定先整理已遷出的空客房，或旅客住宿中的客房之優先順序，通常由房務主管來決定。假如客房都已住滿，而新的旅客在等待客房時，宜先整理空的客房。通常早晨班有很多客房要整理。當旅客遷出時，櫃檯或房務主管會告訴你空房的號碼。假如沒有遷出的空客房時，就依照旅客的要求來決定客房整理的優先順序。假如發現客房有異樣或不尋常，要立刻向房務主管報告，並與櫃檯人員聯繫。

整理房間的優先順序，原則如下：

1.客人通知要求整理者爲第一優先（包括VIP房及套房）。
2.未通知之VIP房及套房爲第二優先。
3.客人自行掛「房間整理牌」者爲第三優先（不包括VIP房及套房）。
4.依房號順序依序整理。
5.check-out的房間最後整理

通常住客率很高或是某一類型的房間不足供應時，則C/O房間列爲第一優先，以利櫃檯排房作業。

（六）房間整理表

1.每天早會由領班分配房間，塡寫房間狀況（續住房、空房、D/O或C/O房）。D/O係指預備C/O的房間。
2.房間整理表要註明日期、清潔人員，及每個房間進出之時間。
3.登記使用之布巾數量（浴巾、面巾、方巾、足布、床單、枕套）。
4.備註欄應註明房間設備有無損壞或發現之遺留物，以便領班查閱與處理。

（七）交待簿（log book）

1.上級交待事務應作成記錄。
2.工作時間內發生的任何事情，都要詳細記錄。
3.訪客、受訪爲何人、何時，應詳作記錄。
4.任何來電均應作記錄。
5.交班時看交待簿即知相關事務。未辦妥之事由交接班者負責辦理完成。

二、如何進入房間

（一）進入客房前應注意之事項

1.進入客房時必須先按鈴或以手指輕敲房門三聲，連續兩次動作並說" housekeeping"「整理房間」（空房亦應如此），如無回音應過片刻再作同樣動作，確定無人方能開門進入。
2.如遇客房門上掛著「請勿打擾」字牌，不可敲門，但須多加留意。
3.門鎖鎖針露出時，可敲門先徵求顧客意見整理房間，一般在9:00AM 前不可敲門。
4.開門後若住客仍在睡眠中，即應輕輕退出，關上房門。（最好不要發生）
5.如住客被開門聲吵醒，要有禮貌的說聲「對不起，回頭我再來整理。」（最好不要發生）
6.開門後，如住客在，應很有禮貌的解釋，徵求住客同意。
7.進入房間工作時，將「房間整理牌」掛在門把上，房門保持開啓。

8.儘量利用房客外出後，再去整理。

（二）攜入所需之床單及清潔工具

1.床有single size、queen size及king size之分，應瞭解房間配備何種床及數量，以便攜入足夠之床單、枕套。

2.清潔工具，包括小水桶內裝清潔劑、水瓢、玻璃清潔劑、菜瓜布、海棉、擦布、乾布等。

（三）進入房間後應注意事項

1.敞開房門，以避嫌疑，並以工作車對房門稍作遮掩，以防不良分子經過客房時利用死角，將房客行李順手牽羊。

2.整理中如逢房客返房，應問明可否繼續整理。

3.嚴禁翻動房客行李或翻閱房客之書籍、文件等。

4.工作中若遇有顧客希望參觀，應婉言相拒。

（四）進入房間清理要點

1.進入房間後要隨手開燈，拉開窗簾，讓光線進來，並檢查窗簾有無破損，房間如有異味，應開窗片刻使空氣流通，向內之房間應開窗，以利空氣流通。

2.檢查音響櫃（床頭櫃）所有開關之設備是否有故障後，將冷氣開至「弱」，檢查壁上空調恆溫器是否運作正常。

3.檢查冰箱內外層，結霜太厚應隨時除霜，冰箱溫度固定在3℃左右。

4.收拾床鋪──鋪床。

5.將住客睡衣疊放在枕頭上。

6.將住客皮鞋、拖鞋排列整齊放於規定位置。

7.擦拭寫字檯、沙發、邊桌、床頭櫃、壁畫、mini bar檯面等。

8.檢查文具夾內印刷品、不夠者補齊。

9.桌上所有排列之物件，需注意是否齊全及補充。

10.檢查抽屜內是否清潔，如發現住客遺留物品，應即報領班或房務中心辦公室處理，續住客房此項省略。

11.房內被移動之家具應回復原狀。

12.擦拭檯燈座及燈罩，並檢查燈泡是否均正常。

13.傾倒垃圾桶時，應注意有無房客遺留物。

14.清潔衣櫥，並注意應有物品的齊全。

15.地毯吸塵時，特別留意角落及床底。

16.檢查所有設備，如發現故障或短少，應即告知領班，以便即時修護補充。

17.檢查手電筒是否能用。

18.檢查冰箱飲料是否過期並補齊。

19.注意門把及鑰匙孔之清潔與正常與否。

三、客房整理

開始整理房間時，房務員應注意之事項與處理原則如下：

（一）客房部分

1.開始整理房間時，應將全部電燈打開，一則便於清潔，一則檢視各燈光是否均正常，更換枕頭套、床單、毛巾等布巾類，如發現破損、污漬未洗淨者，一律應換新，破損者應報銷，污漬者應重洗。

2.C/O 房要檢查是否有遺留物，並查看裝備是否有被破壞；若發現則要向主管報備。

3.更新後的枕頭，枕頭套開口處應朝下朝內。

4.床單鋪妥後，應目測兩個枕頭是否高低一致對稱，床罩是否拉挺拉齊。

5.擦拭木器，一定要順著一個方向擦拭，才不致遺漏。

6.擦拭到哪裡，檢查工作也作到哪裡，務使房間各項裝備電器保持最佳狀況。

7.擦拭時，應隨身攜帶兩條濕巾，一條乾布，以自己的右手邊或左手邊開始擦拭，以免有的地方漏擦。另外，家具、畫框的平面會積灰，應特別注意擦拭乾淨，立面的地方則檢查是否有咖啡、可樂等污漬，再決定是否要清潔。

8.黏膠類以「去漬油」擦拭，原子筆油、香菸油等則以「安麗膏」處理，壁紙上皮箱底輪碰到的污點，可用橡皮擦去除，而玻璃上的手印、污漬則用「穩潔」來擦拭。

9.擦妥畫燈、壁畫後應注意將其定位。

10.各個抽屜應打開檢視是否有遺留物，如有灰塵、毛髮、屑物，均應將抽屜取出，面朝下將雜物倒出擦拭歸位。

11.沙發茶几組每日須翻開檢查，如需吸塵應立即處理。

12.茶几應對齊壁畫中心點，左、右沙發再靠緊茶几，沙發縫如有麵包、餅乾屑，應以乾抹布去除。

13.桌上、檯面、枕頭上、床上最忌諱有毛髮。

14.電話聽筒如有口臭味，應以棉花沾酒精擦拭消毒。

15.電視機後面之檯面、衣櫥上層、大門及浴室門後面，應每天擦拭一次，C/O房必須全擦。

16.立燈（落地燈）如支桿鬆動應將其旋緊，以免晃動，多餘電線收齊藏於底盤下。

17.書桌燈各部分支桿鬆動者亦應旋緊，轉鈕朝房客，靠近電話擺放。

18.發現地上有玻璃碎片、圖釘等危險物品時，一定要先掃除清理乾淨再吸塵。

19.吸塵地毯應由房內往門口吸塵，家具需移開吸好再歸位。

20.窗簾要拉對稱，兩邊窗簾寬度儘量力求平均。

21.房內有菸味、異味時，應開窗透氣，關窗後記得要鎖好。

22.收拾報紙及垃圾，並檢查備品；將垃圾及髒床單攜出放入工作車及帆布車上，攜入所需備品。（務必將進出房間之次數減至最少，以縮短不必要之時間浪費）

23.房間整理完畢房門要關上之前，要再作最後查看；窗簾是否掛好，溫度是否調在規定之範圍，家具是否定位，備品是否充足，壁畫、燈罩是否歪斜。

24.填寫房間整理表。

（二）浴室部分

1.進門時須開燈，並檢查吹風機、飲用水、水龍頭、馬桶排水、晒衣繩是否正常，並記錄於檢查表。

2.檢查是否有遺留物。清點毛巾、蒐集垃圾；將用過毛巾及垃圾筒放在浴室門口，防止沖洗時水溢出浴室。

3.移開洗臉檯上之備品及客人用品。

4.清洗並檢查水龍頭及蓮蓬頭是否正常。

5.原則上房務員清洗浴室應攜帶肥皂水、海棉、抹布、水杓等用具。爲保持浴室的光亮，不宜使用菜瓜布。浴室門口應鋪放腳踏布。

6.清洗牆壁磁磚，方式爲由內而外，由上而下，之後依序清洗浴缸、馬桶、下身盆及洗臉檯，完畢後應用抹布拭乾，絕對不可用客用毛巾擦拭，亦不可用下身盆、馬桶裡的水洗抹布，以求衛生。

7.發現浴缸周邊矽膠或磁磚縫有發黑、發黃情形，應立即以刷子沾漂白水刷洗（漂白水切忌沾到蓮蓬頭、水龍頭等五金類及地毯）。

8.清洗馬桶，要先洗馬桶蓋，馬桶坐圈，後洗馬桶。

9.清洗地板，將毛髮沖至排水孔周圍清除。

10.用大抹布擦拭洗臉盆、洗臉檯、浴缸、牆壁、馬桶及地板，注意是否有毛髮殘留。

11.擦拭天花板，檢視抽風口是否清潔，以防止污垢、雜屑、蜘蛛網層。

12.浴簾、浴墊應每日清洗，保持高度清潔，浴簾拭乾後應摺疊固定於浴缸後側，不可疏漏，浴簾有黑斑發霉者即應拆下漂白。

13.擦拭浴鏡、面紙盒蓋、電話、浴簾桿及門框，擦拭時務求抹布本身要清潔，切不可愈擦愈髒。將浴簾拉開與浴室門同寬，使之通風晾乾。

14.水龍頭、淋浴頭、浴鏡、洗手檯周邊牆壁等處，絕不可有水紋、指紋、牙膏紋、肥皂水紋等。

15.洗臉檯水塞、浴缸水塞，務必保持正常可使用。

16.洗臉盆、浴缸、下身盆塞子應確實塞緊，以防止蟲子、蟑螂爬出，水龍頭、蓮蓬頭、飲水機均須以乾布擦光亮（正反面均須注意，以防鏡子反射裡看得到）。

17.整理浴室時須同時注意設備是否有故障之處，若發現有缺失，應立即報修，維護設備完整性。

18.備品擺放須齊全，並將之定位及擺正，毛巾類品的飯店商標應正面朝外，肥皂盒盒面英文朝上，並注意摺疊整齊。大浴巾折縫及開口應朝內牆（朝裡面）。

19.將備品補入，若C/O房間則一律換新，以維持充裕的使用設備。續住房肥皂更換標準：如肥皂用去三分之一即應換新（保持三分之二）。

20.衛生用品類（衛生紙、面紙）擺放不得少於二分之一，應隨時注意及補充。衛生紙、面紙須折成三角形形狀，保持美觀。

21.single（單人房）應擺設二套備品，twin（雙人房）應擺設三套備品，填寫整理報告並確定紀錄時間。

22.若有裝備損壞，記錄在「房間整理表」上，並告之領班處理。出來前要再作最後一遍的巡視。

23.嚴禁於浴室內清洗水杯，乾淨水杯應自工作車上更換。當客房全部打掃完畢，由房務部領班或其他主管進行檢查工作，以確認該客房是否為OK room。

四、OK room之清潔檢查

C/O房整理完成，經領班檢查一切OK，才可以報賣，謂之“OK room”。

OK room之清潔檢查係依客房檢查表之項目依序檢查。

（一）臥室檢查

1.房門：插入鑰匙，注意轉動是否靈活；確定門的鉸鏈不會出聲或卡住不動；檢查安全鍊是否正常堅固；緊急疏散圖是否標示正確，並張貼於門後。

2.衣櫥：架子上應一塵不染；擺放整齊且數量足夠之衣架；應有送洗衣袋及洗衣單。

3.冰箱：內外均須清理乾淨；檢查擺放之食物、飲料包裝正常，且未超過保存期限。

4.書桌和家具：檢查時應依順時鐘或反時鐘方向環繞室內工作；檢查是否擦拭乾淨並上蠟；電視收視正常；備品補充齊全；電線整理整齊；垃圾桶倒乾淨並清洗光亮；椅子是否鬆動。

5.床：床罩、枕頭整齊美觀；床下地毯乾淨無雜物；電話清潔並消毒。

6.電燈：包括床頭燈、檯燈、化粧燈、立燈；注意所有燈泡是否良好，瓦數是否正確。

7.天花板：注意檢查水泥有無裂縫，角落裡是否有蜘蛛網，或是否需要清潔。

8.牆壁：檢查是否有沾有手印或需要油漆；踢腳板上灰塵是否已清除。

9.空調：出風口及迴風網保持乾淨；將調溫器調至適當之溫度。

10.窗戶：注意其清潔及窗鎖情況是否良好。

11.畫框：應該擦淨灰塵；懸掛是否垂直。

12.窗簾：必須保持清潔，並懸掛適宜。

13.地毯：應以真空吸塵器徹底清潔；桌椅下方要注意清潔，地毯邊要安排清潔保養。發現地毯污漬，愈早處理愈容易去除，滲入纖維後即不易處理。

（二）浴室檢查

1.洗臉檯：是否清洗乾淨；臉盆及水龍頭擦拭光亮；鏡子擦拭光亮不留水痕。

2.浴缸：是否清洗乾淨，不得殘留皀垢或毛髮；水龍頭及淋浴蓮蓬頭應予擦亮；防滑墊及浴缸扶手均正常。

3.馬桶：內外均須刷洗乾淨，馬桶內不得有殘餘水珠。

4.牆壁：洗刷乾淨；瓷磚縫水泥是否污黑或需修補。

5.浴簾：應清洗乾淨，垂掛整齊；注意晾乾，以免發霉產生酸臭味；浴簾桿應無灰塵，有些客人會將衣服掛在浴簾桿上。

6.毛巾：應吊掛或擺放整齊；注意檢查是否有潮濕現象。

7.備品：檢查備品補充齊全並擺放整齊。

8.電話、吹風機：檢查是否清潔及功能正常。

9.天花板：是否乾淨，若有發霉須安排油漆；抽風機是否運轉正常。

10.地板：是否清洗乾淨，注意不得殘留毛髮。

（三）注意事項

1.客房檢查發現故障應立即報修，修理後一定要加以檢查，直到恢復正常方得報賣。

2.房間若有異味，應使用除臭劑或清香劑以除臭。

3.房間若太潮濕，應擺放除濕機去潮。

4.客房應定期安排消毒，以防滋生蚊蟲、蟑螂。

5.爲提供整潔、衛生、舒適的住宿空間，旅館通常會要求主管人員再進行複檢，甚至依各樓層各客房予以評分，以提升服務品質並激發員工之作效率。

6.客房內部之檢查項目（如表8-1）。

五、客房備品與裝備

旅館客房內之備品可分爲消耗品與非消耗品兩大類，前者係指供旅客參考或免費使用，須隨時補充之用品；後者則指可重複使用或耐用年限較久之設備、器具（如表8-2）。

前面所述有關房務組織結構及功能，係屬於軟體之運作需求，而在硬體設備及備品提供上，亦須有完善舒適安全裝備及充分必備品提供。茲就客房重要之消防設備，說明如下：

（一）感應器

以溫度72℃～74℃情況下有感應而將會發生信號。

（二）灑水器

溫度達72℃～74℃會自動噴灑水滅火。

由（一）及（二）項裝設標準均須直徑3.5m內設感應器及灑水器各一座。

（三）警示燈

該燈裝設於客房門外，當1.或2.項發生動作時，該警示燈會發出信號，此信號將與中央控制室及總機產生連線動作。

（四）緊急廣播系統

該項功能係當發生意外災害時，由總機室開啓此系統即可廣播，客房音響無論有否開啓，均可接聽廣播內容。

表8-1 客房內部之檢查項目

檢查項目	ITEM	檢查項目	ITEM
房門：	Entrance Door:	窗：	Window:
鎖	Lock	玻璃	Window Glass
內框	Door Frame	窗檯	Window Sill
火警疏散圖	Fire Map	窗簾及幔	Curtain & Drape
請勿打擾牌	DND Card	窗簾前地毯	Carpet behind Curtain
走道燈	Hallway Light		
		床頭板	Head Boards
		床單	Bed Spreads
		床下地毯	Carpet Beds
壁廚：	Closet:	音響櫃	Radio Table
門	Door	電話及電話墊子	Telephone & Pad
輪軌及擱板	Rail & Shelf	菸灰缸	Ashtray
洗衣及購物袋	Laundry & Shopping Bag	聖經及電話簿	Bible & Telephone Directory
拖鞋	Slipper	溫度調節器	Thermostat
地板（衣櫥）	Floor	壁紙	Wall Paper
		天花板	Ceiling
		空調出風口	Air Condition Grill
		地毯及角落	Carpet & Corners
		等身長鏡及框子	Long Mirror & Frame
化粧檯：	Dressing Rack:	走道循環氣口蓋	Hallway Circulating Plate
電視架及配線	TV Set & Wiring		
雜誌	Magazine		
抽屜及針線包	Drawers & Sawing Kit		
水壺及杯子	Water Jug & Glass		
摺紙（地圖、時間表）	Folder（map, time list）		
花瓶及菸灰缸	Flower Base & Ashtray		
鏡子及鏡框	Mirror & Frame	浴室：	Bath Room:
燈及燈罩	Light & Covers	門及門框	Door & Fram
化妝椅	Dressing Stool	門阻	Door Stop
字紙簍	Waste Basket	衣鉤	Cloth Hook
小櫃子：	Cupboard:	冰箱：	Refrigerator:
燈	Light	裡面清潔	Inside Cleaning
擱板	Shelf	外表清潔	Outside Cleaning

（續）表8-1　客房內部之檢查項目

檢查項目	ITEM	檢查項目	ITEM
行李架	Baggage Rack	扶手椅	Arm Chair
咖啡桌及菸灰缸	Coffee Table & Ashtray	廁所：	Toilet:
檯燈及燈罩	Table Lamp & Cover	沖水系統	Flush System
洗臉檯：	Wash Counter:	馬桶蓋及坐墊	Toilet Cover & Seat
燈及燈罩	Light & Cover	馬桶底座	Toilet Bowl
鏡子	Mirror	字紙簍及蓋子	Waste Basket & Cover
衛生紙及紙盒	Tissue Paper & Box	電話	Telephone
面盆及龍頭	Basin & Faucet	浴缸	Bath Tub
肥皂及浴袍	Soap & Wash Cloth	牆壁瓷磚及浴缸邊緣	Wall Tile & Tub Edges
菸灰缸及水杯	Ashtray & Glass	肥皂及肥皂盒	Soap & Soap Holder
擦鞋布	Shoe Shine Cloth	蓮蓬頭及龍頭	Shower Head & Faucets
浴帽	Shower Cap	浴簾	Shower Curtain
剃刀及刀盒	Razor Blade & Box	浴簾桿	Shower Curtain Rail
備用衛生紙及滾筒	Spare Toilet & Roll	浴巾及架子	Bath Towel & Rack
面巾及架子	Face Towel & Rack	天花板及循環氣口蓋	Ceiling & Circulating Plate
		地板瓷磚	Floor Tile

表8-2　客房備品明細表

消　耗　品					
項目	單價	數量	項目	單價	數量
香皂（小）			信　封		
香皂（大）			信　紙		
洗髮精			明信片		
沐浴精			便條紙		
潤絲精			傳真紙		
護膚乳			鉛　筆		
刮鬍水			原子筆		
刮鬍膏			飯店簡介		
刮鬍刀			行李貼紙		
浴　帽			敬告卡		
浴　枕			餐廳介紹卡		
衛生袋			電視節目卡		
面　紙			飯店指南		
衛生紙			早餐卡		
牙刷、牙膏			客房餐單		
梳　子			旅客意見書		
棉花球			針線包		
棉花棒			擦鞋布		
洗衣袋			紙拖鞋		
洗衣單（水乾燙）			絨布拖鞋		
茶　包			咖啡包		

（續）表8-2　客房備品明細表

非消耗品					
項目	單價	數量	項目	單價	數量
浴巾			文具夾		
面巾			筆記架		
方巾			IDD手冊		
足布			菸灰缸		
床單			水杯		
枕套			花瓶		
床罩			備品架		
床墊布			水杯架		
木棉枕頭			茶壺		
羽毛枕頭			茶杯		
毛毯			熱水瓶		
羽毛被			冰桶		
浴袍			托盤		
睡袍			水果刀		
口布			水果叉		
衣刷			匙		
鞋拔			水果盤		
男女衣架			洗手盅		
整理房間牌			浴簾		
請勿打擾牌			吹風機		
磅秤			整髮器		

（五）緊急疏散圖

一般設置於房門後，係標示該房號位置並指示疏散逃生方向路線。緊急照明燈可分爲固定式及活動式，固定式一般裝設於房門進口上方天花板處，當停電時經由發電機自動於三十秒內發作動作產生照明；活動式一般裝設床頭櫃處，如發生緊急狀況時可隨時取用。

另客房內亦可裝設感煙器，該項功能即當火災發生煙霧接觸此項裝備時，亦會發出信號與中央控制室產生連動作，另在客房外及公共區域部分仍有此設備，如滅火器、消防栓（須定期更換藥劑）、緊急通話器、不銹鋼自動防火隔門、自動抽排風口、自動送風口等設備，以維護房客安全。

六、床鋪翻面使用之作業

爲加強床鋪之維護與延長其壽命年限，通常會作適當之處理，其原則如下：

（一）床鋪定時翻面和調換頭尾

床鋪長時間睡在同一地方時，容易造成床鋪下陷之情況；爲使床的平面承受壓力平均，及增加床的使用年限，必須定時翻面和調換頭尾，以保持床鋪正反前後之均勻使用。

（二）正反兩端標月份數字

新購床時，即在床鋪正反兩端分別標上1、4、7、10四個代表月份之數字。（1：正面前端；4：反面前端；7：反面尾端；10：正面尾端。）

（三）記錄翻面日期

以床頭爲準，於每季住客率低時安排將床鋪上標示之月份調整至床頭；翻面日期須作記錄，以便追蹤查核。（翻面順序：翻面→轉頭

→翻面→轉頭→）

（四）翻面時檢查凹陷

翻面時順便作檢查，有凹陷之處應報告領班。

（五）雙床可互換使用

若雙床房因客人習慣用一邊床時，可互換使用。

（六）記錄嚴重凹陷、布面破裂

發現嚴重凹陷或布面破裂污損時，均作記錄以便更新。

七、客房作業要領

爲加強旅館服務水準，在遇到各種狀況時，均應有一套處理原則或方法。茲歸納如下：

（一）房客遷入

1.接過行李，引導客人進入房間，置妥行李。（床頭燈、化粧燈、檯燈、浴室燈均應開啓）
2.端送冰（茶）水。（有些旅館客房內備有電熱水瓶，則無需端送茶水）
3.簡單自我介紹，表明隨時等候傳喚服務，並介紹旅館設備位置、房間設備、使用方法等。
4.服務過程如下：
（1）旅客遷入時，服務員於接到櫃檯通知時，應先在電梯前等候歡迎（可能的話叫出客人的姓氏），如「○先生，歡迎您的光臨」，俟旅客進入，應立即送入茶水，然後向客人自我介紹及說明房間內設備（如電氣及空調開關、電視頻道、冰水飲用裝置之說明等），並告知服務台位置及電話號碼。

(2) 旅客準備遷出時，應先在房間檢查有無遺忘物品或幫客人整理行李、備品有無損壞、遺失，冰箱內飲料有無欠缺等，然後幫客人提行李，隨客人至大廳櫃檯辦理遷出手續。

(二) 出借物處理

備用物品是指除了房內設備外，客人仍需要用但不是普遍使用的東西。這些物品可說是爲了提供客人更好的服務品質的服務項目之一，依飯店類型不同而有差異。通常可供房客借用之物品，包括電熨斗、板、變壓器、插頭、毛毯、冰壺、花瓶等。

(三) 房客遷出

1.協助提送行李外，迅速檢視房間各處，有無客人遺留物品。

2.冰箱飲料帳之結帳通知。

3.房間鑰匙收回之提示。

4.如拾獲遺留物品，來不及交還客人時，應立即向領班報告呈交管理單位。（嚴禁據爲已有）

5.檢查是否有送洗衣物未取回，經手的客人欠帳單是否已全轉至櫃檯出納入帳。

(四) 換房（change room）

換房的狀況如下：

1.客人對房間格局不喜歡。

2.客人住進房間後發覺不滿意，太吵、太陰暗、視野不佳、設備不好、服務不佳等。

3.要靠近太平梯才安全。

4.要求住低樓層的房間較安全方便。

5.價錢不符合。

6.臨時增加住客。

7.要與親友接近之房間。

8.高樓層視野較佳。

（五）加床（extra bed）

除了客房的床以外，另準備了少數的備用床，供臨時增加的人使用。加床的床可分為三種：一、和客房之床相同的備用床；二、可拆起的推式床；三、嬰兒床等。

1.由前檯（櫃檯）開具加床單，交給房務部執行。

2.團體訂房單上有註明加床者應先行加好。

3.與前檯核對，以便入帳收取加床費。

4.加床之前先將備用床擦拭乾淨，並檢查是否有損壞。

5.加床前先行將床整理好，再行推入客房內，並準備一份備品同時送入。

6.嬰兒床要用專用的毛巾鋪上。

7.加床服務流程如下：

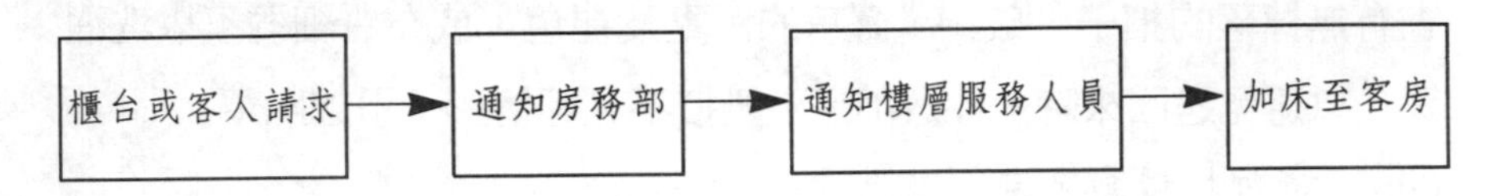

（六）洗衣與燙衣服務

客衣送洗至送回到房間內的一貫作業，都有繁雜的手續。必須注意手續上不能出差錯，及洗衣品質的控制。

1.客衣蒐集

（1）收到客衣先檢查口袋是否有錢、東西，若有要馬上還給客人。並檢查袖扣是否完整。

（2）檢查衣服是否有破損、染色、鈕扣遺失，褪色無法洗淨的衣服可向客人直接說明。

（3）衣服的數量，房數、日期及時間等塡寫在洗衣單上，同時登記在交待簿上。

（4）快洗服務二小時內必須交件。

（5）把特別交待註明在洗衣單上，如快洗、快燙、漿掛、縫扣和換拉鍊、手洗等。

2.客衣送回

（1）要確實清點數量核對正確，以免送錯房間。

（2）最好是客人在房內時再送回衣服，可當面點清。

（3）衣服應放在房內明顯處，如放在床上，不要放入衣櫥內。

（4）無法送入的衣物應列入交待，並妥爲保管。

對客人拿出待洗之衣物有燙、乾洗、水洗三種，須注意件數及客人要求送回時間，其次檢查口袋有無東西，使客人有安全之感，並檢查有無掉落的扣子、破洞，嚴重的污點及褪色，或布質細弱不堪洗濯等，以避免送回來時，件數不足，鈕扣不見等情形，引起麻煩。

（七）請勿打擾與反鎖之處理

當房客掛出DND牌表示不希望服務人員或其他人敲門打擾，因此房務人員在房客未將DND牌收回去前，絕不能去打擾房客，但飯店在旅客安全之顧慮下，特定此一方法以防止意外。

1.資深房務員在接班時將掛有DND牌之房號記在值班日誌上。另外對夜班交代從昨晚作夜床即掛DND牌之房間應特別留意。

2.在房務作業中掛有DND牌的先保留不作，待房客將DND牌取下後，與櫃檯核對房間鑰匙，如在櫃檯表示房客已外出方可敲門入內整理，若鑰匙不在表示房客仍在房內，等13:00之後再敲門入內整理。

3.早班領班在每日12:00～13:00須以電話向各樓負責人查詢未整理好房間之原因，如房客從早即一直掛DND牌，領班需先向總機查詢該房客是否有特別交代及電話往來紀錄，再以電話向前檯聯絡詢問房客鑰匙在不在，是否有特別交代及動向，如為續住房客，則查詢顧客習性紀錄表，看是否有不整理房間之紀錄，如無紀錄則到樓層及前檯稍作瞭解，然後向值班主管報告。

4.當班之房務主管於15:00時，會同大廳副理共同處理，先由大廳副理以電話與房內聯絡，如房客接聽即向房客表示接到房務中心通知，禮貌的詢問房客是否可前去整理房間，視房客答覆採取作業，如電話無人接聽，則由房務主管敲門兩次後，用master key開門入內查看，以防止意外發生。

5.等狀況解除後，由領班通知資深房務員開始整理工作。

6.做夜床時，如房客掛出DND牌，房務員須加以記錄，於下班前（連同送回客衣）交晚班領班處理，晚班領班每小時須去巡視一遍，如住客未取回則敲門入內送客衣並做夜床，如一直掛DND牌，交班時請夜班領班特別注意該間房間動靜，並保持每小時巡視一遍，夜班領班下班時，再交班給早班繼續注意。

7.反鎖之門可敲門，如一直無法聯絡上房客，可先向主管報告，視其情況再一窺究竟是否房內有異常。

（八）做夜床服務（即開床服務）

1.除做夜床外，其他時間不得再進入房間內。

2.做夜床，如發現客房內有故障的地方，能隨手修理者應即完成。

3.修理工作，如未能修理，移請工程部人員儘速修復。

4.如有客人要求需做夜床服務，須註明時間及房號。

5.如掛有DND（請勿打擾）牌之房間，應適時電話詢問，並列入交代。

6.做夜床的時段，一般為16:00～18:30。

（九）晚間服務（night service）

假如旅館有提供晚間服務，應先敲門並說出：「晚間服務。」

假如旅客外出，即可進入客房，開燈並打開窗戶，讓空氣流動及進行工作。清除菸灰缸裡的菸蒂後予以清洗，放回原處。清除字紙簍，換已用過的玻璃杯。假如旅客已用過洗面盆及浴缸，予以清洗及擦乾。沖洗馬桶、換用過的浴（毛）巾，換置腳踏巾於浴缸邊上。

其次，拿開床罩，從床腳部位起往床頭部位摺疊整齊後置於壁廚的低層抽屜裡。將補充毛毯疊好，置於床腳部位，當旅客需要時，一伸手就可以拉上毛毯。在疊床時，把被（毛毯）的上端外角摺疊在床的中心，使被的上端與床邊成平行。然後關上窗戶，將窗簾拉起，除了床邊的一盞燈外，其他的電燈都予以熄滅，並確認關好門後出去。

通常於晚間整理房間的程序如下：

1.先敲門，如有應聲，即報告你是整理房間；如無回應即開門往內，並開亮各燈光。

2.開床將床罩摺好，擱置在指定地方（毛毯單邊拉開成夜床規定，並注意夏床、冬床之區分）。

3.清理空瓶、水杯、菸灰缸、字紙簍等。

4.更換用過的毛巾，補充備品。

5.關窗、開燈，但小燈可不熄。

（十）第二次整房

有時住客在房裡開了一個小型的酒會，或有親友來訪之後，房間需要再次整理，基本工作是將空瓶及用過的水杯或盤碟等物拿走，清理菸灰缸、字紙簍，補充火柴、文具等，將家具放回適當位置，用清潔器清掃地毯，並更換浴室毛巾、香皀，清潔洗臉盆，將廁盆沖洗。

（十一）晚間整理（指晚飯後客人外出之房務作業）

1.將床罩摺妥置於指定地點。

2.摺好毯被之稜角，按規定放置拖鞋、睡衣。

3.拉妥窗簾上下檢視。

4.徹底整理房間、浴室，浴室用之腳踏布（布質），置於浴室門前。

5.開亮床頭燈及進門燈退出。

（十二）特別清理（針對長期住客、染病住客、特殊生活習慣者）

1.除依一般房間整理要領進行外，對於財物設備，更需徹底清理。

2.使用除臭劑、噴灑消毒劑等。

3.布巾或不堪再用之物品更換或毀棄。

（十三）晨間喚醒

客人有逕行與總機聯絡者，但常有吩咐服務員叫喚情事，並且不限於晨間，也有午後小睡需要叫喚情形，服務員須特別注意，立即轉告總機，並作記錄。如在交接班以後，應告知接班服務員和記錄於交接簿中，不宜有半點差錯。

（十四）小冰箱

冰箱內擺放飲料和食品，方便客人在房內飲用，對客人亦是一種服務，對飯店也是一項很好的盈收。

永保冰箱內飲料食物新鮮，隨時更換是必要的，必須不定期檢查，超過使用期限者應收回，以免影響客人健康。

（十五）客房餐飲服務

1.客人以電話訂食物或飲料時，應注意聆聽清楚，並立刻記錄，如無法弄清時，應親自前往一次。

2.客人以電話呼喚前往時，應親自前往，勿以電話回答。

3.點菜單開妥送餐廳後，即準備要用之餐具送進房客，放置在適當的位置，等食物送來時即可食用，須掌握時間以免餐食冷卻或準備保溫之設施。

4.瞭解客人所點食品，據以準備，要確實問清楚。如蛋就可分下列幾種：

boiled（煮蛋）　　over easy（雙面熟）

poached（水波蛋）　　sunny side up（單面熟）

scrambled（炒蛋）　　over well down（兩面全熟）

fried（煎蛋）

5.依照所點食品的種類多寡，以活動餐桌或托盤送入房內。

6.充分準備器皿、調味料。

7.簽單儘量由住客簽，勿由其親友代簽，簽妥後儘快送到客房餐飲組，以免漏帳，同時注意簽單上之房號有無寫錯。

8.估計一下時間將碟子餐具等收回，或請客人在用過餐飲後，以電話通知前往將餐具收回。

9.要下班時切記交待清楚，以免餐具等留在客房過久，而沒有人去清理。

（十六）空房

將一般有住客的房間及客人剛遷出的房間整理好之後即應檢視空房間，檢查房裡有無缺少用品，房間整理一切整齊，並全面擦拭乾淨。凡是打掃完畢的房間，即在報表上註明「D」，表示「已打掃」（dusted）之意，以利管理作業。

（十七）遺失物

遺失物之處理，對旅館來說是相當繁重的工作，每日平均記錄下來約有五、六件。不管件數多寡及大小，一定要送到房務部辦公室登記存查以備客人要回，絕對禁止房務員或任何人攜回家。

在房務員整理客房發現旅客遺失物時，原則上最好即刻聯絡前檯，查看旅客是否已經離店，如旅客尚未走，立即送還客人，也就解決了此項問題。

如旅客已離店，則將拾獲物送交房務辦公室，辦事員登記於「遺失及拾獲記錄卡」上，並在電腦裡取得編號填於卡上，和拾獲物品存放歸檔於房務部保險箱裡。通常遺失物處理流程如下：

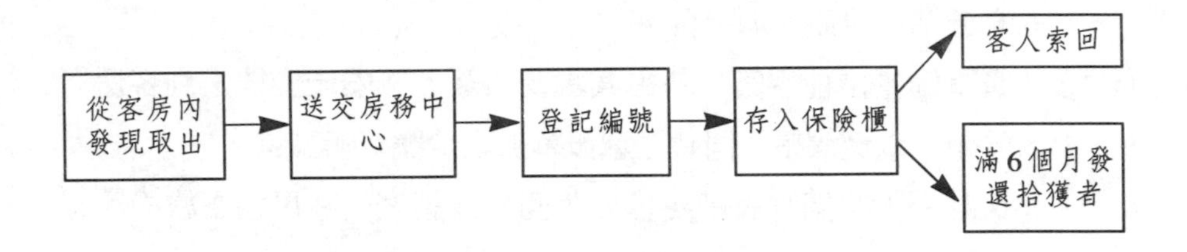

房務人員在處理旅客遺失物之後續作業如下：

1.房務辦事員向前檯查出訂房人電話，聯絡查詢旅客去向，有時旅客仍在訂房人處洽商，尚未去機場。
2.查出客人已走，如客人下個月將再來台或過兩天南返，則在「旅客歷史資料」檔內作成紀錄；下次客人來時，前檯可知會客人。
3.如不知客人何時再來，則房務部應知會公關經理去函客人，告知此事，問客人是否我們郵寄給他，抑或待他下次來取。

以上後續工作，可讓心急如焚的客人知道我們很注意其感覺，處理此事很貼心。如果旅客前來認領失物，即填寫遺失物收到確認單。

原則上，在客房內拾獲旅客遺留之物品，即使是幾張名片或半瓶藥酒，均應交到房務辦公室，因為我們不知道這些東西對客人的重要性。

平均每半年可將不重要的東西處理一次，每一年時則將重要物品處理一次；並在管區警局備案後，還給拾獲人。

（十八）其他房務作業程序

1.公共場所的清潔

（1）太平梯維持清潔暢通，並定期洗滌。

（2）所有牆壁指標之清潔保持堪用。

（3）落地菸灰（客梯前之地毯）、盆景、花木走道、轉角等之清潔、維護與報修。

（4）走廊、服務台、庫房，隨時用心整理。

（5）公共場所之清潔程序如下：

A.遵照時間，並規定範圍路線，清潔指定場所。

B.按照場所、器物之不同，分作清掃、清洗、擦拭、吸塵、打蠟、廁所、清理消毒工作，衛生紙之補充。

C.特殊外表之清潔，如大理石，光面外表處理、擦銅、帷幕處理、高處、清潔、玻璃擦淨等。

D.打蠟工作著重於大廳，且不防礙營運，故必須排於夜半之後，按照清洗、抹乾、打蠟磨亮等手續完成。

E.公共場所之清潔對於旅館觀瞻及形象關係甚大，應按排定時間勤加檢視清理。

F.注意工作之完善及附帶工作之安全，如供應品之補充，用器之收拾保管有條不紊，整齊清潔，方達標準。

2.客房清潔過程

（1）到達工作崗位後應立即換上制服梳洗整齊，首先須查閱各項日報表，瞭解住客遷進出情形，掌握住客的動態，決定打掃順序。

（2）檢查工具、準備各項換洗備品及清潔工具。

（3）進入房門前，應先敲門，打掃房間時，不可將門關住。

（4）將房內所有燈光開亮一下，檢查有無損壞後，便即時關熄，同時查看電視畫面是否清楚。

（5）記錄應修理的損壞品。

(6) 將窗簾打開，打開窗戶或開動空氣調節設備，使房內空氣流通。

(7) 清理字紙簍、水杯、菸灰缸等。

(8) 蒐集床單、毛巾等，送往洗滌。

(9) 為節省時間，將需供應品一次送回房內（補充房內之用品，如火柴使用過或較易遺失品，如火柴、菸灰缸均按規定數量補齊）。

(10) 清潔浴室（檢查馬桶排水、洗臉盆、浴缸之排水）。

(11) 補充浴室用品。

(12) 清潔衣櫥抽屜。

(13) 整理床鋪。

(14) 全面揩抹塵埃。

(15) 清掃地毯。

(16) 最後再檢查一遍。

3.擦鞋服務

(1) 不論客人要求或為客人服務，絕對不可將房號弄錯。

(2) 客人需要擦鞋時間應適當把握。

4.其他服務

(1) 按摩師或護士之召喚。

(2) 茶水供應。

(3) 行李搬運之協助。

(4) 設備使用協助。

八、設備維護與保養

（一）設備維護

良好的每日、週、月、季、年定期維護保養，可以延長設備使用壽命，節省很多費用。

1.浴室水龍頭開關擦拭、瓷磚清洗，Silicone矽酮漂白、更換等。

2.客房牆壁更新壁布、紙或粉刷、地毯清洗，家具油漆、大理石面處理及燈罩更換等。

3.吸塵（水）器、打蠟機、吹風機等家電用品保養。

4.翻床應每三個月作一次。

5.全館消毒每月至少徹底實施一至二次，所用消毒藥劑應合乎法令規定，無臭無味、對人體無害，爲求防治效果，應時常更換藥劑。

（二）設備保養

1.木架類：門櫃、門、行李架、木牆、櫃檯、衣櫥、木桌椅及化粧台等定期打蠟、擦拭，以防霉朽。

2.木器內箱：抽屜、內櫃等應隨時吸淨、鋪紙，或加防蟲劑清理等。

3.玻璃陶瓷類：日常細心洗濯外，定期消毒漂白。

4.電器、音響、光照類：燈泡、燈管、插座、電視機座、冰箱底部內外等之擦拭、清理、接觸良否、開關堪用、檢修等。

5.銅器類：所有銅器門鎖、鉸鏈、房間號碼、指示牌等隨時擦亮。

6.清理器材：吸塵機、打蠟機、垃圾盛具等，隨時維持清潔，收拾妥當。

7.各冷氣機出風口、浴室回風口、門縫下緣、濾網等之清理。

8.地毯、木板、大理石，分別吸淨，清洗打蠟，維持清潔、光亮。

9.沙發椅、椅縫四周應注意灰塵，利用刷子將其刷出。

10.壁紙、天花板：污點、角落蛛網之清除。

11.其他：服務台內外檯面應時常保持清爽，除工作必須用品外，其他物品均應每週作定期清潔保養。

（1）某些家具無需每天清潔，但必須每週清潔一次，如鏡框及需要上蠟的部分應按部就班爲之。

（2）浴室水龍頭給水管等金屬用品作必須之保養。

（3）龍頭滴水、沖廁不流暢、水壓不夠、排水不通，應報告立即請修。

（4）協助完成未完成的工作。

（三）清潔維護中之禁止事項

1.在房間私接電話。

2.個人私事或旅館內部事務向客人申訴。

3.過分與客人表示親熱，主從不分。

4.閱覽客人書報、文件，翻動客人行李、抽屜。

5.在房間內收聽廣播、音樂、收看電視。

6.取用客人之食品、飲料。

7.住客有訪客，藉機服務逗留太久，尤以異性訪客來到時尤然。

(四) 客房設備報修作業流程

客房設備報修作業流程如下：

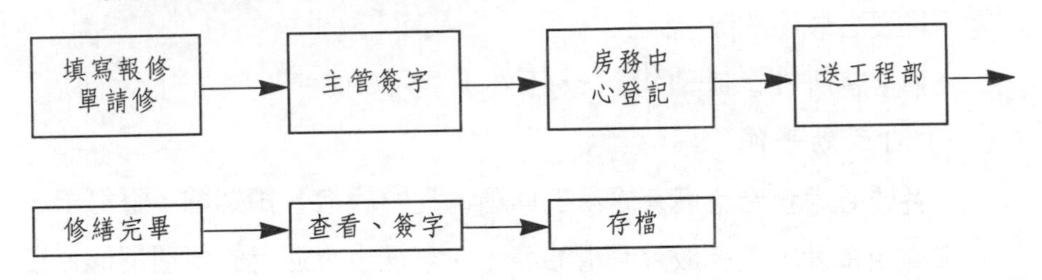

九、財產保管

旅館財產的控制要有良好的管理，房務部門的財產爲數不少，要使財產控制得法，必須分小單位負責，各樓層財產由各樓層負責，財產的完整、補充、遺失、破損等要有明白的交待。

財產之保管項目包括各樓床單、布巾類，經管的數量、破損之情況是否夠用，應在每個月份盤存之。茲就財產保管應注意事項，說明如下：一、儲藏室日用品、文具應分門別類位置，易於控制，數量不可低於安全存量，應注意上鎖，以防盜竊；二、整理房間時密切注意清查應有物品、用具，遇有缺少、破損，隨時報告領班處理；三、同事間相互鼓勵，養成勤儉習慣，養成廉潔不貪不取之操守；四、注意財產物品之清點與放置，俾易於清查管理，不致失落；五、禁止與工作無關人員進入服務台及儲藏室；六、值班時間內禁止親友來訪；七、有必要之物品借用，應立單據備查；八、財產物品之損失與毀壞，除報告賠償外，並須追究原因去處，以根絕類似事情再度發生。

十、維護制度之建立

爲提供旅客舒適、安全的住宿環境，旅館應建立一套維修制度，責由工程（工務）部門負責，惟房務部員工在清理或檢查時，發現有故障、不良之現象，即應塡列報表，通知有關部門進行檢修，以保持客房維護之最佳狀況。

通常客房維修制度的建立，不外乎下列四種：

（一）自己動手作

各樓層服務台應備有簡易工具箱，凡換燈泡、鎖螺絲、釘釘子、調整電視畫面、上門鉸鍊潤滑油等，在家裡也會遇上的修理情形，在樓層客房也可動手自己作，既可節省時間效率高，又可省得麻煩工程部同仁跑一趟，造成人力浪費，何樂不為？

（二）定期維修保養

我們常說保養重於維修，將各項保養項目於每年的淡季時作定期保養：如洗客房及走道冷氣送風機、家具椅子換布面、噴漆等，淡季時作好保養工作，旺季來時才不會臨時這間冷氣滴水，那間椅子斷腳，而變成故障房，不能出售。

（三）建立維修制度

在清理房間時遇到必須麻煩工程部來修理的故障，應塡寫工程請修單，將修護內容、請修人、請修單位、日期塡好，經請修單位主管（房務部主管）蓋章，二、三聯送交工程部；房務主管則在「房務部請修單登記表」上逐一登記。工程部於修妥後，請當樓房務組長簽收，第一聯存根留房務辦公室，二聯工程部存查，三聯財務部存查，四聯則為請修單位存查。

房務主管應根據其「請修單登記表」的紀錄，於檢查客房清潔時亦同時檢查其修復情形；有時候工程部修復的認定標準與房務部的認定標準是有差距的。

（四）備用品管理

舉凡燈類、電視機、吹風機、桌子、椅子等，在房務部均應有一定量的備用品庫存，假如發現損壞或故障現象，應即填列請修單派人修護，故障並先以替代品更換，以利旅客使用。

第二單元　名詞解釋

1.due out（D/O）：預計遷出（expected departure）

2.due in（D/I）：預計遷入（expected arrivals）

3.非消耗品：指可重複使用，且成本較高之設備及備品。如浴巾、面巾、毛毯、足布等。

4.消耗品：指用過一次即可丟棄，無法重複使用且成本不高之備品。如牙刷、牙膏、肥皂、紙杯等。

5.通用鑰匙（master key）：可以開啓每一間客房的鑰匙。

第三單元　相關試題

一、單選題

(　) 1.爲提供旅客舒適安全的住宿環境，旅館將維修管理工作交由（1）業務部（2）工程（務）部（3）採購部（4）餐飲部。

(　) 2.DND是指（1）努力工作（2）打掃完成（3）整理房間（4）請勿打擾　之意。

(　) 3.Make bed是指（1）換床罩（2）整理客房（3）鋪床（4）整理床單。

(　) 4.可重複使用或耐用年限較久之設備、器具屬於（1）消耗品（2）非消耗品（3）一般用品（4）備品。

(　) 5.D/O是指（1）C/O（2）C/I（3）turn down（4）make bed的房間。

二、多重選擇題

(　) 1.旅客選擇住宿之旅館時，通常會考慮的因素爲（1）清潔（2）衛生（3）安全（4）服務佳。

(　) 2.床鋪長時間睡在同一地方時，容易造成床鋪下陷之情況，爲使床的平面承受壓力平均及增加床的使用年限，必須（1）定時清洗（2）定時翻面（3）定時更新（4）調換頭尾。

(　) 3.旅館緊急疏散圖之用途爲（1）標示房號位置（2）瞭解樓層位

置（3）指示疏散逃生方向路線（4）掌握意外動態。

（　）4.良好的設備定期維護保養可以（1）提高房子（2）延長設備使用年限（3）節省費用（4）增加設備成本。

（　）5.下列何者屬於消耗性備品（1）牙刷（2）香皀（3）浴巾（4）浴帽。

三、簡答題

1.客房維修制度的建立不外乎哪四種？

2.加床的床可分爲哪幾種？

3.何謂OK room？

4.旅館客房內之備品可分爲哪二大類？

5.試列舉十項客房內之備品？

四、申論題

1.客房設備作業流程如何？試以圖示之。

2.試說明整理房間的優先順序之原則？

3.試述第二次整房之涵義？

4.房務作業流程如何？試以圖示之。

5.一位稱職的房務員應具備之任務爲何？

第四單元　試題解析

一、單選題

1.（2）2.（4）3.（3）4.（2）5.（1）

二、多重選擇題

1.（1.2.3.4）2.（2.4）3.（1.3）4.（2.3）5.（1.2.4）

三、簡答題

1.答：自己動手做，定期維修保養，建立維修制度，備用品管理。

2.答：和客房之床相同之備用床，可拆起的推式床，嬰兒床。

3.答：C/O房整理完成，經領班檢查一切OK，才可以報賣，謂之。

4.答：消耗品，非消耗品。

5.答：香皀，牙刷，牙膏，浴巾，面巾，足布，床單，床墊布，枕頭，毛毯，文具夾，水杯，吹風機，茶包，咖啡包等。

四、申論題

1.答：客房設備報修作業流程如下：

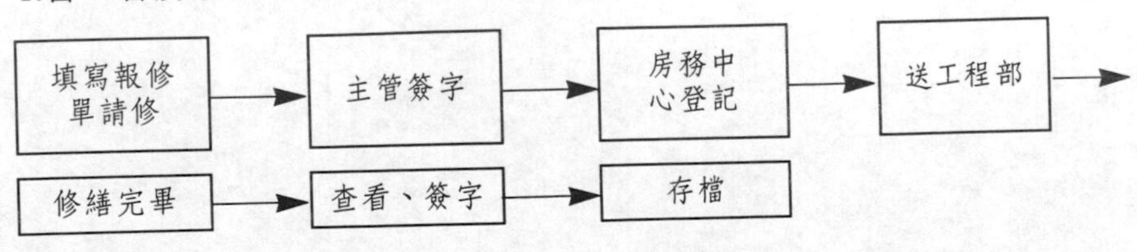

2.答：整理房間的優先順序，原則如下：

（1）客人通知要求整理者爲第一優先（包括VIP房及套房）。

（2）未通知之VIP房及套房爲第二優先。

（3）客人自行掛「房間整理牌」者爲第三優先（不包括VIP房及套房）。

（4）依房號順序依序整理。

（5）check-out的房間最後整理。

通常住客率很高或是某一類型的房間不足供應時，則C/O房間列爲第一優先，以利櫃檯排房作業。

3.答：有時住客在房裡開了一個小型的酒會，或有親友來訪之後，房間需要再次整理，基本工作是將空瓶及用過的水杯或盤碟等物拿走，清理菸灰缸、字紙簍，補充火柴、文具等，將家具放回適當位置，用清潔器清掃地毯，並更換浴室毛巾、香皂，清潔洗臉盆，將廁盆沖洗。

4.答：

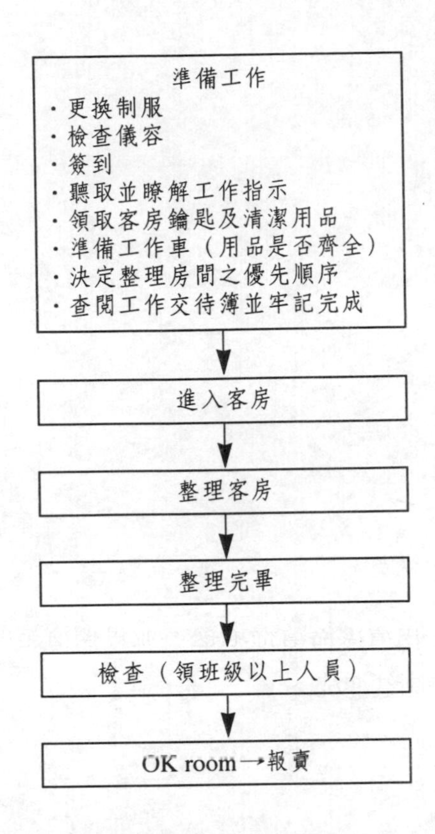

5.答：

（1）從事旅館客房的整潔工作，以備旅客住宿。

（2）依照正確的步驟，操作清潔用具和材料，更換床單，打掃客房內浴室，以維持客房清潔衛生。

（3）瞭解在客房內發現旅客遺留物品處理方式。

（4）學習工作技能，迅速檢查客房，使各種布置、清潔工作全部完成，確實提供新遷入的旅客住用。

（5）體認清潔、親切、舒適、安靜及旅客安全之共同目標。

第四篇　餐飲管理

餐飲設施係屬旅館附設之服務項目，其設置之主要目的，在於提供住宿旅客或消費大眾用餐的場所，業者為爭取更多客人，對於各項餐飲服務水準，無不推陳出新，使出渾身解數。本篇重點即在探討旅館附設餐飲之服務內容，餐廳的組織與職責，及餐飲銷售服務。

第九章　餐飲服務

第一單元　重點整理

餐飲服務（food and beverage service）係指旅館業提供之餐飲與服務，應隨著顧客需求而採取不同的變化，除了供應餐飲技巧外，用餐場所的氣氛、裝潢、設備（包括餐具、器皿、桌巾、餐巾等）、擺設、服務態度與技巧，均爲餐飲服務涵蓋之範圍。爲提供高品質的服務，不僅要供應商品，還要講求由人提供的精緻服務。有時顧客會爲一件微不足道的事而感動萬分，相對地，也會爲一件芝麻小事而憤怒異常。因此，業者應該體認這些微不足道的事情，善加利用，俾能展開新穎的服務方式。

以下分別就餐廳的概念、餐飲的組織與職責，及餐飲準備作業等內容，說明如后。

壹、餐廳的概念

旅館內附設餐廳（restaurant）之主要目的，在於提供住宿或外來顧客之便利，甚至可利用館內會議場所，舉辦自助餐會、婚慶喜宴等活動。通常餐廳宜具備三項條件：一、在一定的場所，設有招待顧客之客廳及供應餐飲的設備；二、供應餐飲與提供相關服務；三、以營利爲目的之企業。

一、餐廳的種類

附設於旅館內之餐廳種類，可分為下列幾種：

（一）以服務方式區分

多指餐桌服務（table service）而言，即已擺設好桌椅，應顧客點菜，服務生將餐飲送到桌上。

（二）以供餐時間區分

1.breakfast：早餐可分為美式（American breakfast）與歐式（Continental breakfast）兩種，這兩種是以加或不加蛋來區分。

（1）美式早餐：果汁（orange juice）
蛋類並附帶火腿或鹹肉（eggs with ham or bacon）
土司麵包（toast and bread）
咖啡或茶（coffee or tea）

（2）歐式早餐：咖啡或牛奶（coffee or milk）
牛角型麵包（croissant）
果汁（fruit juice）

2.brunch：為breakfast與lunch的拼寫。是為晚睡晚起的旅客所設。屬於早餐與午餐的兼用餐。

3.lunch：指午餐。又可稱為tiffin。

4.afternoon tea：指下午茶而言，是在中餐與晚餐之間的點心餐。

5.dinner：指正餐。依照世界性的用餐習慣，即light lunch，heavy dinner（輕便午餐，豐富正餐）。菜色多，用餐時間長。

6.supper：指正式而重禮節的晚餐。目前在美國，可當宵夜稱之。

（三）以服務形態區分

1.由服務人員服務者：食物及飲料由服務人員送到顧客桌上。
2.自行服務者：食物及飲料由顧客自行拿取，而沒有服務人員代爲服務。

由於旅館業彼此之間的型態及大小各不相同，附設之餐廳這一名詞所能涵蓋的可能就非常的廣，旅館內附設的餐廳大致如下：

1.西餐廳：由於服務形式及所供應食物的不同，又可劃分爲正式西餐廳、咖啡廳及宴會廳三種。
2.中餐廳：根據所供應食物的不同又可劃分爲粵菜廳、川菜廳、湘菜廳、北平菜廳、台灣料理等。
3.其他：如日本料理、飲茶等。

二、餐廳的特性

（一）個別訂製生產

旅館內附設之餐廳所銷售的餐菜是顧客進入餐廳後，由顧客依菜單個別點菜，然後作菜爲成品。與一般商店所銷售的商品，依照規格或標準，大量生產的現成品略有不同。

1.生產過程時間很短：經營餐廳從購進原料、生產、銷售、收款等連續過程，都在同一地點完成，且其生產過程的時間很短。
2.銷售量預估困難：餐廳是顧客上門才算有生意，顧客的人數及其所要消費的餐食很難預估，而且產品原料的種類多，多種原料作成一種成品，其原料用量又不能劃一，尤其調味原料的計算更加困難。

3.成品容易變質、腐爛：經過烹飪的產品過了幾小時就會變味、變質，甚至腐爛不能食用。熱的餐食變冷，或冷的餐食冷度不夠，即失去了成品價值。所以成品不能有庫存，生產過剩就是損失。

（二）銷售上的特點

1.銷售量受場所大小之限制：旅館內附設餐廳之用餐人數，受餐廳大小、桌椅數量之限制。客滿了就無法再提高銷售額。

2.銷售量受時間上的限制：一般人一日三餐，其用餐時間大致相同，用餐時間一到，餐廳裡擠滿了顧客，時間一過即空無一人。

3.餐廳設備要豪華，有高尚的氣氛供人享受：一般人只要對商品滿意，店內的設備都不太注意，在旅館附設之餐廳用餐的顧客，除了要求可口的餐食及親切的服務外，大都希望在設備豪華的餐廳，有舒服的享受。

4.銷售收現金爲原則，資金周轉快：餐廳的銷售收入中以小額交易較多，以收現爲原則。因爲資金周轉快，用現金買進的原料款，當天或過一兩天就可收回現金。

5.毛利多：餐廳收入減去原料成本，稱爲餐飲銷售毛利。酒類飲料約有七成，西餐類約六到六成半，中菜類有五、六成的毛利，只要其他費用能節省，且經營得法，盈餘的機會很大。

貳、餐飲的組織與職責

餐飲部為飯店內五大部門（客房部、餐飲部、業務部、管理部、財務部）之一。近來年由於大型飯店的餐飲收入有高於客房收入的趨勢，乃造成了餐飲的重要性。一般而言，餐飲部下分為餐務組（又稱餐廳組）、飲務組、宴會組及廚房組（料理組），其組織圖（如圖9-1）。

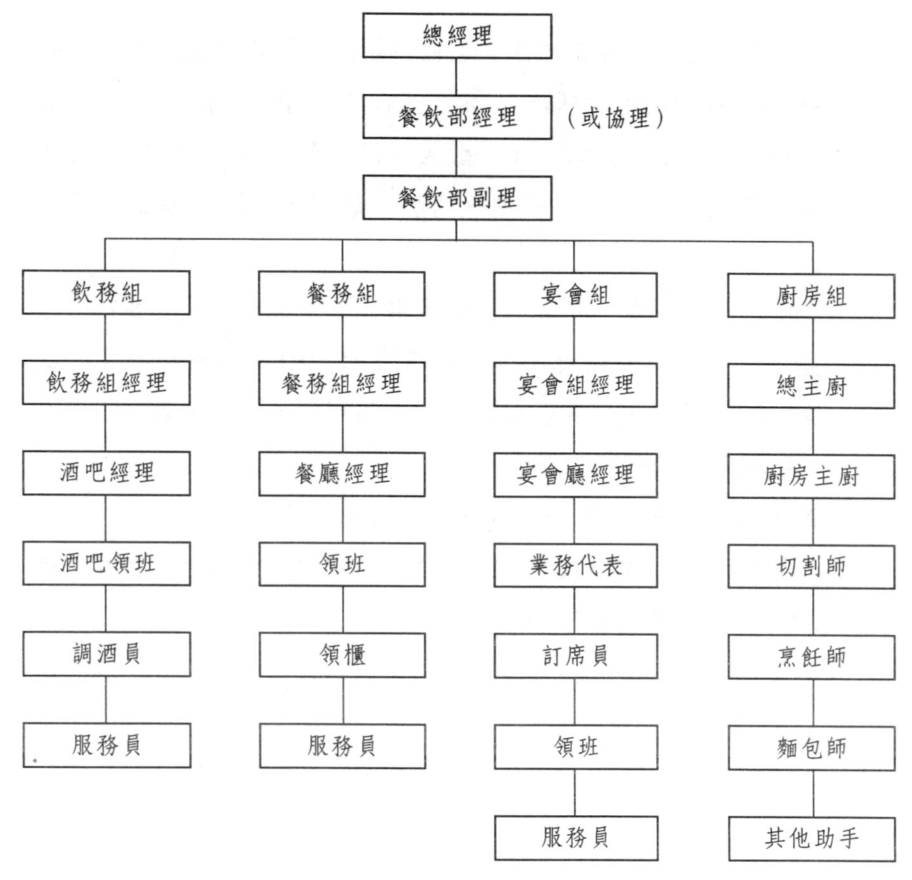

圖9-1　大型旅館餐飲部組織圖

餐務組乃是負責飯店內各餐廳食物及飲料的銷售服務及廳內管理、清潔、布置等工作。飲務組負責館內各種飲料的管理、銷售及儲藏。宴會組乃是負責接洽一切訂席、會議、酒會、展覽等業務及布置會場及現場的餐飲服務等。廚房組負責食物、點心的製作及烹飪等。

一、餐飲組織結構

餐飲業的組織為了協調及控制其成員的活動，組織於是孕育出其結構；且餐飲業的組織結構也因旅館的規模、策略的運用、職權的劃分及外在環境的配合等而有所差異。旅館業最常採用餐飲組織結構是簡單型、功能型和產品型三種。

（一）簡單型結構

大部分小型的旅館業餐廳都會採簡單型結構，其特色是組織圖形非常扁平（如圖9-2）。決策權操在一人手裡，且作決策時，大都以口頭相傳。

規模小的餐廳為精簡人事，往往一人身兼數職，老闆就是管理者（經理），編制可能只有廚師、洗碗工和跑堂工，所以整個組織表的架構是扁平狀的。

（二）功能型結構

規模大的旅館餐飲部（如圖9-3），可能會加設餐務部，負責器具的保管及清潔，以減少（各單位餐廳）重複購置餐具的浪費，其編制係依照工作內容和性質來劃分。

（三）產品型結構

餐飲業的組織通常可劃分為兩大部分：外場與內場。內場負責廚房作業，而外場則是直接面對客人提供服務。圖9-4即是大型旅館西

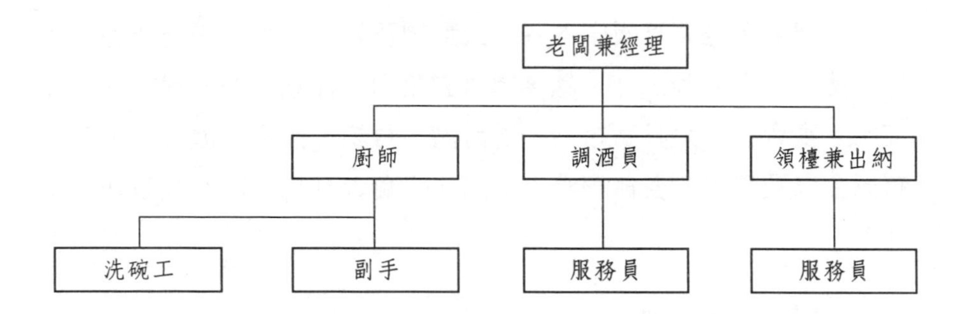

圖9-2　小型旅館餐飲部組織圖

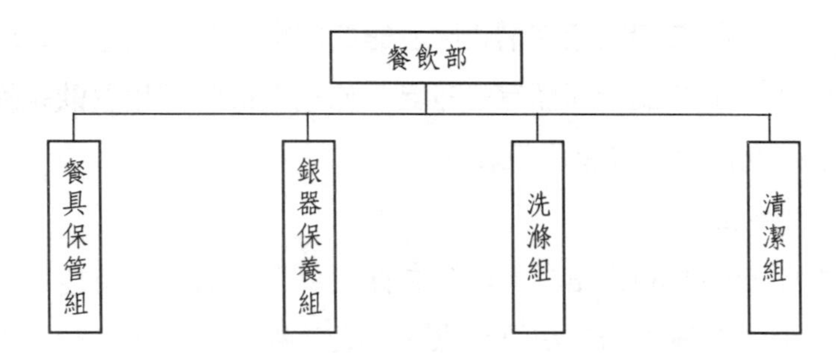

圖9-3　大型旅館餐務部的編制組織圖

餐廳之組織的代表。其中內場的編制，在主廚（chef）及副主廚之下，是以產品線作爲組織結構的設計。產品型結構最大的優點是權責分明，成敗責任無法推諉；但是卻也常常造成協調不易和人員設備的重疊設置，造成成本上的浪費。

二、餐飲的任務與職責

餐飲的活動非常複雜，通常包括菜單設計、食品原料採購、儲藏、廚房加工烹調及餐廳服務等，因此，餐飲業務需要許多員工分工合作才能完成。爲使整個組織活動能在統一指揮下步調一致，每一個

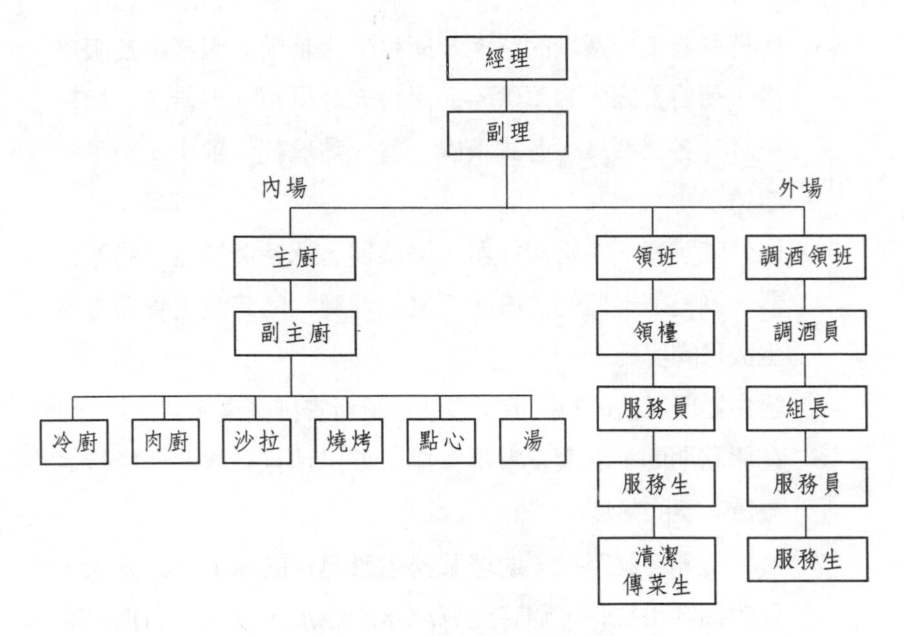

圖9-4　大型西餐廳的組織圖

職位必須設立工作說明書（job description），訂定分層負責、職能分工的規定，使每一位員工和管理者，都能清楚瞭解自己的職責。

茲就餐飲職位說明（即餐廳各服務人員的職責），分述旅館內附設餐廳員工之任務及其職責如下：

（一）助理服務生

1.任務：主要的職務是輔助餐廳所有服務員之工作，並確保餐廳服務順利執行。

2.職責

（1）工作時宜穿著乾淨且適當的制服。

（2）開始工作時，直接向直屬的經理或領班報到。於此時，經理或領班將會分派當日的工作或一些特定的指示。

（3）保持餐廳工作區域的整潔及衛生。服務前、服務中及服務後，須對餐廳內必須供給品保持充分供應（供給品包括菸灰缸、各式餐具、各式茶碟、盤、玻璃杯、餐巾、墊子、冰塊等）。

（4）保持咖啡壺、牛奶攪拌器、保溫器、冰茶攪拌器、烤麵包器、鍋盤等器皿的清潔和正常的運轉。隨時向主管報告發生故障的器具。

（5）經由經理或領班的指示而移動及重新安排餐桌。

（6）在服務期間，清潔及重排餐桌，要迅速且有效率地進行並擺置必要的餐具。

（7）每一位顧客就座後，助理服務生應迅速的送上一杯冰水，且於顧客用餐時，隨時注意冰水的添加，以八分滿爲最適宜（送上冰水時，需注意勿觸及杯子的上緣）。顧客用餐之後，協助服務員撤下各式餐具。

（8）在上班期間，除非主管有特別指示，否則不得擅自離開工作崗位。

（9）負責餐廳內桌巾及餐巾的領取及送洗。

（10）始終以主動及積極的工作態度，協助服務員及其他同事，以順利的完成餐廳內的工作。

（二）女服務員和男服務員

1.任務：主要的任務是敏捷且有效率的執行餐飲各項服務。

2.職責

（1）直接向直屬的經理或領班報到，在簽到簿上簽到。

（2）所有人員應該一起工作，並保持和諧氣氛。一般的任務是：

A.打掃與一般的清潔。

B.適當的安排桌子。

C.檢查服務檯（service station）是否整潔和乾淨。

D.服務檯內應包括桌墊、餐巾、桌巾、餐具、茶杯、茶碟、玻璃杯、奶盅、水罐、奶油、各項佐料、冰塊、菜單、乾淨的菸灰缸等等。

E.熟悉當天的菜單且能夠回答如下列的問題：如何調製，需費多久時間準備等。

（3）根據餐廳規定，於開始營業前，在你的餐飲帳單上簽字。如所領的帳單無誤時，在控制單上簽字。

（4）瞭解且遵循帳單的處理程序。

（5）所有顧客點的食物和飲料必須確實寫在帳單上。

（6）領檯（hostess）或領班帶引客人坐下並點完餐前酒之後，即給客人一份菜單，並且親切地問候他們，同時點菜（taking order）。

（7）當客人要求特定且費時的餐點時，告訴他們大概需要多久的烹飪時間，如此，他們就會安心的等待。

（8）儘快拿點菜單（kitchen order）到廚房。首先放冷盤的點菜單，如此可確保所有點菜，將在同一時間準備好。

（9）根據餐廳或咖啡廳的程序，給予所有客人應有的服務。

（10）客人用餐快結束時，可準備帳單，並重複檢查帳上的總數是否正確。將帳單送給客人時，將它們放在主人的右方（注意帳單正面宜向下），同時務必說：「謝謝光臨」、「歡迎下次再來」等話。

（11）你下班前，需將當天尚未被使用的餐飲帳單送還，絕不允許有任何一張帳單被帶離餐廳。

（12）當你從出納員處拿取找給客人的餘額時，必須在你離開出納處之前，點算清楚，否則如有任何差錯，服務員將負所有的責任。

（三）領班

1.任務：務必使每位客人被招呼，並且以最迅速、友善的態度服務顧客。

2.職責

（1）領班必須熟悉每位服務員及助理服務生的工作，且監督他們操作。

（2）領班在餐廳開始營業之前，應檢查桌椅是否乾淨及是否被適當布置。

（3）當客人已經坐定時，領班可以拿著雞尾酒的目錄且以一種溫和、友善的態度說：「早安（午安、晚安），我叫○○，我可以爲你們點餐前酒嗎？」

（4）當開胃酒（餐前酒）已經送上後，領班要確定菜單已由服務員呈遞給客人了。

（5）正式西餐廳內所有桌邊服務和準備工作，必須由領班親自服侍。

（6）每道菜用過後，領班必須確定桌面已適當地重新布置。注意，不同的酒，應有不同的酒杯。

（7）主菜用過後，領班必須檢查餐桌是否已適當的清理，且拿點心菜單給客人，同時飯後的飲料和咖啡是否已端上給客人。

（8）領班對於寫在客人帳單上之所有項目，皆需負責。帳單應以一種清晰、易讀的方式書寫。若有錯誤，領班要負全責。

（9）客人離開後，領班應該督促助理服務生適當地重新布置桌子。

（10）在下班之前，領班對於隔天之事宜必須作好適當的安排。

（四）領檯

1.任務：務必使每位客人被親切的招呼，而且迅速入座。

2.職責

（1）執行任務時應面帶微笑，以一種友善、熱心的態度招呼及引導所有客人入座。

（2）必須熟悉服務員和助理服務生的任務，並且協助領班注意那些任務被適當地運作。

（3）營業開始前，必須檢查餐廳之清潔且查視桌子是否已適當布置。

（4）必須知道所有桌子、椅子的數量和它們之方位。無論任何的情況，引導客人就座時皆不可超過該桌子所能容納的人數。

（5）必須瞭解每天的訂席情況以及儘可能熟記每位客人的名字。

（6）儘可能使客人於坐上座位時感到舒服。若客人要求更換桌位時，如情況許可應儘可能將客人換到另一桌。

（7）客人入座前，定要確保桌椅是乾淨的且是適當地布置，絕不可讓客人坐在尚未清理的桌子前，並且確定在桌上的菸灰缸是乾淨的。

（8）必須讓該區的服務員知道新到達客人的人數及情況。

（9）客人如有抱怨，而本人無法處理時，必須儘快向主管報告。

（10）應將可能聽到之任何員工的抱怨、批評及意見，轉達給經理。

（11）對於所有的要求，依照經理的指示行動。

（五）餐廳經理

1.任務：餐廳經理務必使餐廳達到最有效率的營運。透過對部屬的督導、有效的計畫及與有關部門之良好協調，對客人提供最好的服務及佳餚。

2.職責

（1）務必使餐廳是在一種有效率的型態下運作，且隨時提供良好的服務。

（2）組織與管理所有的餐廳工作人員。

（3）根據往昔的營業資料、季節及當地的特殊節慶，而來預測及安排員工的工作時間表。

（4）預測銷售量、薪資成本及餐具消耗量。

（5）建立一個有效率的訂席系統，以便讓主廚可以控制及準備所需的食物。

（6）給予領班及領檯適當的責任。

（7）監督所有被交付下去的任務——務必讓部屬以一種自動自發的精神來完成它們。

(8) 爲你的部屬建立各式的訓練計畫及課程，並督促它被確實執行。

(9) 將每次的情況，記於日誌本內，如氣候情況、特別的事件、服務生的表現與客人的抱怨及意見。

(六) 廚務人員

1.任務：廚房最主要的活動，當然是食物的製備，由整個廚房的員工來負責完成此項任務。無論中廚或西廚，主廚都是整體廚務工作的靈魂人物，其下各專司廚師及助理，都須遵守主廚所分派的工作，克盡職守。

2.職責

(1) 負責主持廚房（中或西式）的日常事務工作。

(2) 根據客源、貨源及廚房技術能力和設備條件，準備宴會菜單。每天提供各組所需食品原料的請購單，交採購供應部。

(3) 協調各組間工作，檢查各項工作任務的落實完成情況，及時向部門經理呈報，提出改進意見。

(4) 負責對食品原料品質的全面檢查。對不符合烹飪要求的原料，及不符合規格、品質要求的成品和半成品，應督促重作或補足。

(5) 負責檢查各組的衛生情況。檢查各組的冰箱、櫥櫃、抽屜、工作檯、門窗等的清潔衛生，並審核各組領班的工作，檢查各項任務的執行情況。

(6) 負責安排每週的菜單，根據客人不同口味、要求，安排點菜單和特定菜單，並指派專人製作。

（7）經常與餐廳經理、業務經理取得聯繫，並虛心聽取顧客意見，不斷研究菜餚品質，以滿足顧客需要。

參、餐飲準備作業

一、營業前後的準備

（一）營業前的準備工作

1.早餐

（1）在餐廳營業時間還未到時，你早已抵達公司並打完卡，於更換制服後，應提早抵達你的工作崗位，檢查營業前的準備工作（早餐或晚餐前的準備工作）是否充分。

（2）早餐營業前，應將放水果和果汁的不銹鋼盤子，放上冰塊，裝滿水果、果汁、牛乳等。水壺裝上冰水，將昨晚裝滿之糖盅等分派在各檯上。

（3）要注意服務檯上準備好的東西是否齊全，如胡椒粉、鹽等，亦可酌量分配在主要的檯上。

2.午、晚餐

（1）午餐營業前，我們應該知道今天午餐的菜單。餐桌布置（table setting）是根據菜單來擺設的，要用的東西都須充分地準備。共同性的如將餐巾摺成餐廳所規定的樣子，再摺疊整齊置於服務檯備用。將裝胡椒粉和鹽的瓶子揩抹乾凈（定時洗刷一次），再將之裝滿胡椒粉和鹽（由於這兩種佐料很易潮濕，洗過的瓶子，必須等其乾燥後才可放進胡椒粉和鹽)。

(2) 糖盅和胡椒瓶子一樣，擦乾淨後再將之裝滿。芥茉也在餐前先準備好，用沙溜水或清醋調好，吃牛排的客人就常要求用它。

(3) 其他如各種醬油、蕃茄醬、糖漿（或稱糖油)、紙餐巾、及其他用品，都應準備好，不要等到有客人要時，才去作，那已來不及了。

(4) 檯布應依其尺寸，分別放置，如此在需要時，方能隨手可得。每天用的各項物品，應注意其消耗數量，將用完之前，通知領班請領，以免臨事周章。

（二）營業後的整理工作

1.髒的檯布送洗衣房洗滌時，將上次送洗的檯布領回，如送洗與領回時間不相同時，應儘量尋求時間的配合，使物盡其用。

2.午餐營業時間結束，將桌椅收拾乾淨，重新布置齊整，鋪設檯布，準備晚餐，大部分的準備工作與準備午餐相同。

3.晚餐營業終止時，應爲次日早晨作一充分準備，因早餐營業時間開始得相當早，故早餐的準備工作，大部分已在晚上準備齊全。早餐所用的東西，並不如我們所想像中那麼簡單，所以必須在晚餐營業後先妥爲準備，使翌晨不致手忙腳亂。

(1) 先將水果檯布置好，這包括鋪好檯布，擺設水果盤、冰果汁盤，以備明晨放置冰塊再放上水果和果汁。

(2) 胡椒粉、鹽、果醬、方糖、砂糖等都必須在晚上分別裝在瓶子及各種適當容器裡，再放在適當的地方，如櫥或櫃等。

（三）其他注意事項

1.一方面準備如上述的東西，另方面布置桌子，更換檯布、擺設餐具、摺早餐用紙餐巾。如果晚飯的客人還未完全離去，布置餐具時，切記防止聲音過大，因金屬互相碰撞，散發難聽的聲音，工作人員也許不自覺，但客人會感覺刺耳。

2.要保持服務區、工作檯的清潔。

3.爲了避免火災，須將所有的菸灰缸收齊，並清理之（將菸灰缸內的垃圾，倒在有防火裝置的垃圾桶內）。

4.將所有的鹽罐、胡椒罐及糖罐移到工作檯，用抹布清潔這些罐子，並加滿它們（注意：須定時的清洗這些罐子）。

5.將所有的佐料瓶，如蕃茄醬、芥茉及剩餘的奶油移到冰箱存放。

6.更換桌布。

7.將隔天要使用的餐具準備好，覆上餐巾保持清潔，並排置桌椅以應付隔天的需要。

8.各項布置及準備就緒，在餐廳走一圈檢查有無遺漏，防止菸蒂生火，關閉電燈、鎖門。切記將鑰匙交還櫃檯出納（前檯），不要放在口袋，以免無意中帶走，使上早班者困惱。

二、餐具的布置

在客人尙未進門之前，我們宜先瞭解桌上餐具有哪些？其作用及布置又如何？（如圖9-5、圖9-6及圖9-7）

桌上餐具布置之基本步驟如下：（以晚餐爲例）

（一）盤子

每個座位前先放置一個較大的盤子，叫做service plate。這個盤子的眞正用途並不大，所以一般餐廳較少用它，但是宴會或較正式的餐廳，還是被照用，以增加隆重的氣氛。因爲第一道菜如開胃菜

table setting（breakfast） 餐具布置（早餐）

1.linen napkin 桌布
2.meat knife 牛排刀
3.meat fork 叉子
4.coffee cup & saucer 咖啡杯&咖啡碟
5.bread plate 麵包盤
6.coffee spoon 咖啡用匙
7.butter spreader 奶油刀
8.butter knife 奶油刀
9.butter cooler 奶油罐
10.goblet 水杯
11.salt shaker 鹽瓶
12.pepper mill 胡椒磨
13.suger pot 糖盅

圖9-5 早餐餐具擺設

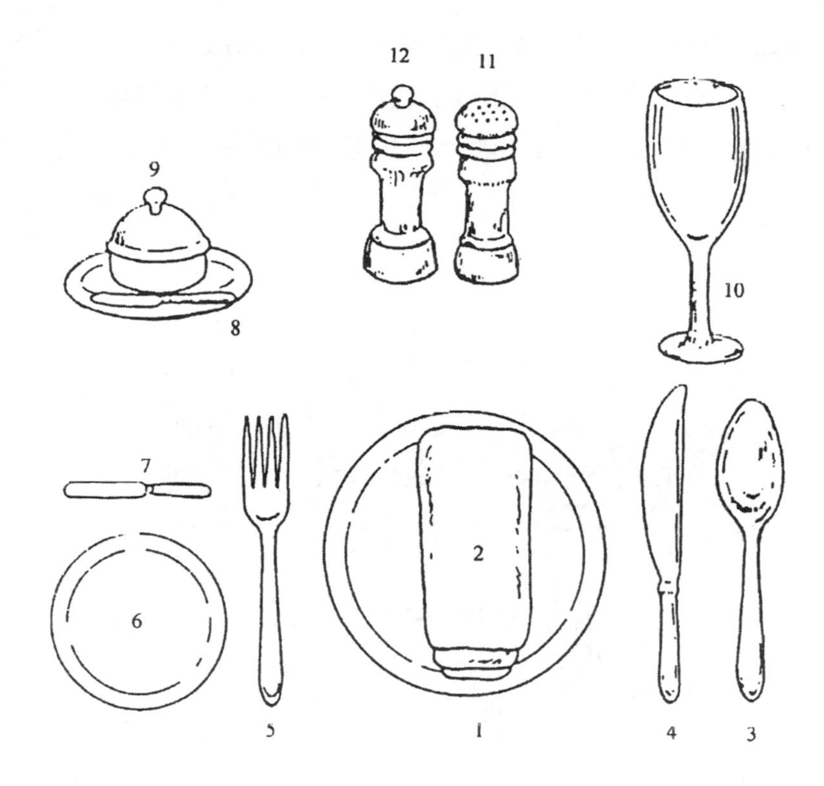

buffet（lunch & dinner） 自助餐（午晚餐）

1.service plate 餐盤	2.napkin 餐巾
3.soup spoon 湯匙	4.meat knife 牛排刀
5.meat fork 叉子	6.bread plate 麵包盤
7.butter spreader 奶油刀	8.butter knife 奶油刀
9.butter cooler 奶油罐	10.goblet 水杯
11.salt shaker 鹽瓶	12.pepper mill 胡椒磨

圖9-6 午晚餐餐具擺設

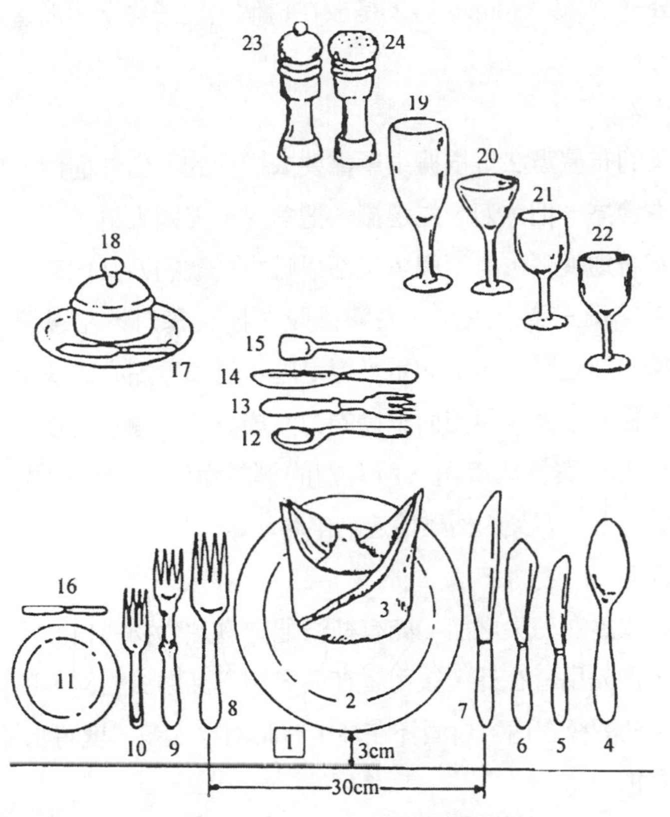

full course setting 全餐餐具擺設

1.name card　姓名卡
2.service plate　餐盤
3.napkin　餐巾
4.soup spoon　湯匙
5.hors d'oeuvre knife　餐前小吃用刀
6.fish knife　魚刀
7.meat knife　牛排刀
8.meat fork　牛排叉
9.fish fork　叉子（魚用）
10.hors d'oeuvre fork　餐前小吃用叉
11.bread plate　麵包盤
12.coffee spoon　咖啡用匙
13.fruit fork　水果叉
14.fruit knife　水果刀
15.ice cream spoon　湯匙（吃冰淇淋用）
16.butter spreader　奶油刀
17.butter knife　奶油刀
18.butter cooler　奶油罐
19.goblet　水杯
20.champagne glass　香檳酒杯
21.wine glass（Red）酒杯（紅酒）
22.wine glass（white）　酒杯（白酒）
23.pepper mill　胡椒磨
24.salt shaker　鹽瓶

圖9-7　全餐餐具擺設

（appetizer）或湯（soup）等，是放在這個大盤子之上，而這道菜用完後就將它收去。

（二）刀叉

刀叉的布置辦法是根據菜單需要去排列的，由外而內。如第二道是魚，右邊擺一把魚刀，左邊擺一把魚叉，美國人爲了簡化，非正式的宴會和普通晚餐，魚刀與魚叉都以較小一號的刀叉代替，不少國家同業仿效。第三道是主菜，右邊擺設一把大餐刀，左邊擺一把大餐叉，最後一道是點心，用的是叉還是匙，看哪種點心去決定，一般都放置在大盤的前面，與前面說過的刀叉成直角。麵包盤在左邊，上放一把奶油刀，與叉成直角。所有刀的擺設辦法，刀口向左，叉尖向上。湯匙向上，刀叉的柄離檯邊約半吋。

（三）水杯

水杯放置在刀尖之前。如有紅酒配肉禽類食物或白酒配魚蝦類食物的杯子，先用者在外，後用者在內，與刀叉辦法相同，所以刀尖前的杯子，紅酒杯在內，白酒杯在外，有時酒杯太多，就將水杯取消。

（四）餐巾

餐巾摺成所需的式樣放置在大盆子之上，摺的樣子很多，各人有各人的喜愛，有些摺成某種樣子，放置在水杯裡。

（五）鮮花

如有鮮花，放置在桌子的中央或空位置。長桌子的鮮花，一定放置在檯上正中央當無疑問。

（六）胡椒粉、鹽瓶子

胡椒粉和鹽瓶子，放置在鮮花之旁。

三、餐飲服務

營業時間開始，客人會陸續進來，一般餐廳均設有領檯或領班站在門口恭迎與領客人到適當的座位就座。有時遇到領檯或領班剛好走開，無人領位，但客人已久候，此時，餐廳服務員可權充一下領位工作，把客人引導到空位子上坐。向客人打招呼領位時，應稍帶微笑，同時詢問人數幾位，以決定檯子的大小。

早餐時應稱一聲「早」，我國很少有說午安等的習慣，故可改稱：「您好！」，但用英語時是午晚都有的（如good morning，good afternoon，good evening）。領到座位時，還應替女賓服務扶一下椅子。餐廳如無衣帽間的設置，則應協助女賓將其大衣等物，放在其旁的空位置椅子上，儘可能不要放在鄰桌的椅子上，以免遺失或鄰桌有其他客人要就座時，再造成一次不必要的騷擾。

客人用餐完畢離去時，除注意其已否結帳外，應提示他攜帶其衣物，並說聲「謝謝，請再來」等語，並面帶微笑。

（一）送上菜單與點菜

當客人坐下時，應先問客人要什麼飲品，這是推銷酒水和作好服務的第一步。等客人都點了飲品，再送上菜單讓客人點菜，當客人看菜單時，你可以送上飲品和倒水。不少客人，不要其他飲品，就只得倒給他冰水了。

送菜單給客人時，如一男一女或三四人者，先給女客，如人數較多，應由主人的右手邊，即由主客開始遞給菜單，逆時鐘方向逐一遞上。如主人代點菜，也得等客人自動將菜單交還給你時予收回。太小的小孩，不必遞給菜單，除非其父母要求則例外。很多女賓不直接點菜，看完菜單將吃的菜向男的說，由男客代點。

茲就送上菜單與點菜之作業步驟，條列於下：

1.首先以親切的笑容及招呼來歡迎客人，如爲常客，切莫忘記稱呼他的姓。

2.送給客人的菜單須注意其是否乾淨及無破損。

3.如逢客人因趕時間而不能久候時，須迅速爲其點菜。

4.如果有主人在座，應首先爲他（她）點菜。如果主人想要爲他的客人點菜時，可由主人之左手邊第一人開始。如果不是的話，則可不按次序，由先準備好的客人先點菜，依桌型按順時針方向列出客人之座位及各人特有的記號，如紅領帶、疤痕等等。

5.如於早餐時，首先請問客人是否餐前要咖啡或餐後要咖啡（一般而言，北美人士較喜餐前咖啡，而歐洲人士則相反）。

6.客人點菜時，需要注意聽，並且於客人點完菜之後，再重複一遍，以免發生不必要的錯誤。當書寫於點菜單時，勿寫得太潦草，以免廚房的廚師誤讀。

7.爲了使客人有一愉快的用餐，有時適當的建議是有必要的。

（1）飯前之雞尾酒，如 “Would you like a Manhattan or Martini?”。當客人點完雞尾酒及被送上之後，再將菜單送給客人。

（2）當客人點完菜之後，可建議客人用餐時的葡萄酒。

（3）對點” A La Carte” 的客人，建議開胃品或湯。

（4）當天的「特餐」(daily special)。

8.對於節食者，可建議一些低卡路里的食物。

（1）以新鮮水果代替甜點或糕餅。

（2）以清湯代替奶油濃湯。

（3）以蔬菜或沙拉代替馬鈴薯。

9.旅館或地區的招牌菜。

10.對於趕時間的客人，可建議一些廚房已準備好或較易準備之食物，如三明治等。

11.點A La Carte的客人，可建議飯後甜點。

12.爲了提升工作效率，讓客人更滿意，有些必要的問題，須請問客人，如：

（1）煮蛋（boiled egg）需要幾分鐘？

（2）牛排（steak）幾分熟？

（3）飲料於用餐中或餐後飲用？

（4）茶要加牛奶（cream）或檸檬？

（5）要什麼樣的沙拉醬（dressing）？

13.爲了要節省客人及你的時間，對一些剛到而未點菜的客人需要特別加以注意，當菜單尙在客人的手上，極可能就是表示客人未作最後決定，此時如果你不忙，可過去作一些禮貌性的詢問或建議，或許可解決客人之一些難題，如果客人已將菜單放置於桌上那很明顯的表示客人已在等你前往服務。

14.每道菜所需花費的時間，應該知道，以便讓客人知道所需等候的時間，且可幫助你控制出菜的速度。

15.爲了使你的工作更有效率，記住儘可能不要空手回廚房。要回廚房時，順手帶回髒盤子或餐具，以免來回奔走，浪費時間。

16.注意事項

（1）不點菜時，要注意哪一位客人吃的是什麼，把他的位置記錄一下，否則等菜煮好後送上時，就會張冠李戴，有時弄得啼笑皆非，誰是誰的東西，連客人也會弄糊塗。記錄的辦法很多，服務員常常會有自己的一套。你可以將客人暗中編一個號，由主至客，由左至右或相反算起，看哪一種會對你比較習慣；有人索性用一張單子畫成圖，應付人多的一桌。

（2）還有一些可以幫助你記憶，誰點了什麼的辦法。點了牛排的人，你就要將他位置上的餐刀換上有鋸齒型的牛排刀，將餐刀收去。要cocktail而不喝湯的人，將湯匙收去而換上一把小型叉子。吃魚作爲主菜的，也可將他的餐刀取去，只留下一把魚刀。當然，也有用大刀的。

A.吃義大利麵、洋蔥湯等的客人，可先將起司粉放在他前面。牛排醬等也一樣。

B.菜點好之後，就要派麵包和奶油，派麵包時，將麵包籃子送到客人的左邊，請客人選。

（3）如客人用手去指一下，並不說多少，譬如全麥麵包（whole oatmeal bread，通稱爲brown bread），你只要用服務匙與叉，夾給他兩片放在麵包盆子上即可，除非顧客說要多些。其他則視狀況而定。

（4）上菜時，先上女賓的。如果是大的派對，人多的話，則可由主人的右手起，逆時鐘方式上菜。可以不分男女。

註：Door knob menu指客房餐飲菜單。

（二）餐桌服務

餐桌服務（table service）係指客人坐下就可以在桌上享用所需的餐飲，所有的餐具、食物及各項服務，均由服務人員準備與提供。餐飲之桌上服務，依其服務方式，最常見的有下列七種：

1.美式服務（American service）

（1）美式服務是所有服務方式內最簡單的形式。它常被使用於要求快速與有效服務的餐廳。該項服務主要係將食物在廚房內烹飪完畢並準備好且放在盤上，然後在客人用餐前直接端出。這種服務是快速的，一個服務生即可服務很多客人。一般的規則是所有的食物從左邊送上，飲料從右邊送上，且從客人的左邊清理盤子。（當客人坐在角落或雅座時，則以最方便的方向服侍食物及飲料）。

（2）客人要使用的所有餐具均已事先放在桌上，而且用餐中即使不使用它，也應該保留在桌上。已用過的餐具是隨著每一道菜用過後被拿走。美式服務所涉及的服務程序與專門技術甚少。

2.法式服務（French service）

（1）法式服務係指食物的加熱、配菜及服務，均由服務人員從餐桌旁的小桌子，將現作好的食物分放到客人的盤上。它是一種高雅且高格調的服務方式。比美式服務要求更多的技能和專門技術。法式服務源於20世紀初期豪華旅館系列創始人Cesar Ritz之後，在Ritz旅館內的服務。

（2）每個餐桌的服務人員是由二個服務生所組成，稱爲正服務生和副服務生，他們要互相合作。正服務生通常是負責點菜與根據客人的意見完成食物的準備工作。副服務生的主要職責是從正服務生手中拿點菜單送到廚房，從廚房挑選所需的食物且帶到餐桌旁的桌上，而由正服務生作完菜後，分送食物給客人。

（3）在法式服務中，每個東西都從右邊服務，只有奶油與麵包盤、沙拉盤和其他額外的碟子例外，應該從左邊服務。它是一種悠然的、古典的服務形式，客人可以悠閒的享受餐點。

3.俄式服務（Russia service）

（1）俄式服務起源於俄國，這名字意味拿破崙戰爭期間的歐洲及它給人的第一印象。因為它不如法式服務那麼複雜，但相同具有高度的高雅氣息，故成為一種廣受歡迎且流行的方式，被使用於許多高格調的餐廳。

（2）若採用俄式服務，食物是在廚房內完成準備好且事先切好，然後由主廚裝在銀色大盤內，這些大盤由服務生帶到用餐的地方，且直接把它們送給客人。餐桌旁有一小桌，被用於放大盤和將用於盛放食物的熱盤。餐盤是從用餐者的右邊放置，而後食物是由服務生從左邊個別送給每個客人。

（3）俄式服務有一個超過法式服務（需要二個服務生的益處）之處，即由一位服務生即可完所有的工作。俄式服務是一種快速的服務，但要求銀器服務設備和服務人員的一些專門技術。

（4）每種服務形式有它的優點和缺點，在決定使用何種形式時，必須考慮我們餐廳所供應的食物、菜單、設備、人力、氣氛及我們的客人水準，而作最後決定。

4.英國式服務（English service）：服務員替客人分派菜餚到餐盤上，這是歐洲高級餐廳最流行的服務方式，在美國亦被稱為「俄國式」。

5.旁桌式服務（Gueridon service）：服務員先將大銀盤和乾淨的

餐盤，放置在預先擺在客人餐桌旁的補助桌子，服務員在旁桌上分菜到餐盤上，然後再端盛好菜的餐盤上桌。在歐洲頗流行，尤其是瑞士的旅館學校就特別推崇這種服務方式。

6.中國式服務（Chinese service）：所有菜盤皆同時出菜放在餐桌正中央，由客人自行分菜，歐洲人稱爲之「菜盤上桌式」。

7.自助餐式服務（buffet service）：客人就座後隨時前往自助餐檯選取食物，採自助式。

（三）結帳服務

1.如何向客人遞送帳單

（1）當上最後一道菜時，即應順便問客人：最否還需要什麼。如果沒有，則到出納處拿取客人的帳單，然後放在客人的右方桌上（注意面應向下）。

（2）如果是一群客人且已知誰是主人，則將帳單置於主人之右側桌上。如果不知，則將此帳單置於桌子中間靠邊部位。

（3）當一對男女客人在一起用餐時，除非客人事先言明分開付帳，否則將帳單交給男客。

2.付款方式

（1）如果住客要簽帳時，則須取得客人之房號及姓名。如是非住客則須視其簽帳卡或信用卡。

（2）如果客人是付現，由出納處拿回所找的零錢，除計算一遍外，並將此數目記於帳單之上，讓客人能一目瞭然。

（3）將所收到現金儘速交給出納，並將所找的零錢置於盤內交給客人。

3.注意事項

（1）不可因客人的小費多少，而對客人批評。小費是客人對我們的服務好壞的一種獎賞。如果客人不給小費或給得較少，應自我檢討我們的服務是否有待改善之處，故小費不論多少，均須心存感謝之意。

（2）最後須感謝客人用餐，並以恭敬的言詞向客人表示謝意，如"Hope you enjoyed you dinner"。

（3）在客人付完帳，離開餐廳之前，應順便注意客人可能之遺留物，如手套、小包裹或錢等。

（四）餐桌之清潔

餐桌如沒有適當的整理、清潔，將會使整個用餐氣氛變得很不愉快，故當客人用完主菜之後，所有在桌上的盤子、碟子、佐料瓶等須立即全部移走，且桌上必須擦拭，保證沒有渣屑存在。此時桌上只留有水杯、咖啡杯、糖盅及牛奶盅及菸灰缸。須注意水杯、咖啡杯的添滿，及菸灰缸的更換。

在移走盤子時，有許多規則需要注意：

1.一般是由右邊撤下餐具，但你的直覺將會告訴你，超越客人的正前方（由右邊移走麵包盤或奶油碟），將是件不簡單的事（如果麵包盤及奶油碟是在客人左側）。此時，可從客人右側移走餐盤，同時移走在你右側的客人的一些小盤碟。

2.盤碟撤下之後，再移走桌上遺留的佐料瓶及其他尚未移走之物。

3.緊接著，清除桌上的殘渣，但須注意不要撤走咖啡杯及水杯，除非客人已離開了。

4.撤下盤碟時，須注意不要堆置得太高，否則很容易造成意外

（記住！保持餐廳寧靜的氣氛）。

5.不要將菸灰缸內的菸蒂及渣物倒置在你的服務盤內，再將該菸灰缸讓客人繼續使用。而應重新更換每一個已用過的菸灰缸。

6.在清除及擦拭桌上殘渣時，可使用濕抹布，須注意不可將殘渣掉落到客人的衣服上，或潑到地板上，此時可使用一個小盤子來接這些殘渣。

（五）餐廳物品管理須知

餐具是餐廳服務客人所必備的工具，必須愛惜，尤其是客人對於餐廳物品都有敏銳的觀察力，必須善加維護，避免破損，以免公司蒙受損失。

1.使用布巾類應注意事項

（1）桌巾：乾淨平整，不得使用破損的桌巾。客人使用後的桌巾，應該檢查是否髒污，如有髒污應立即更換。

（2）餐巾：餐巾是供客人擦嘴用的，所以要特別乾淨。同時，要折疊整齊、美觀。

（3）其他：服務用臂巾、廚房用布巾、擦拭器皿用布巾等，應妥為運用，不得轉作其他用途，並保持清潔。

2.使用食器應注意事項

（1）碗筷：瓷碗容易生疵，應特別注意；筷子前端易於磨損及沾上食物，要小心擦洗。

（2）匙類：分湯用、甜點用、咖啡杯用等數種，特別注意是否有瑕疵及髒污。這一點最容易受到顧客的批評。

（3）盤類：色樣有損或有污點者，不可再使用。端送時不拿邊緣，應於下方托起；管理時分門別類，不可疊放太高。

（4）刀叉類：刀叉的種類，因使用的不同而分數種。除了注意清洗之外，牛排用的刀子避免與其他刀子放置在一起，以免相碰生疵。

3.使用玻璃器皿應注意事項

（1）玻璃杯是最容易損壞的器皿，應特別注意。

（2）玻璃杯也是最易弄污的，因此應經常檢查，同時拿杯子時，最好拿著杯子下方，避免印上指紋。

（3）嚴格管理細心擦拭，以防過度耗損。

4.其他應注意事項：餐廳的其他器具，如餐車、桌椅等，須保養清潔並妥善使用。

四、客房餐飲作業程序

客房餐飲服務係指旅客依旅館業者提供於客房內所使用之餐點，或其他相關服務而言。如某客房住客聯絡櫃檯，告知欲二客套餐及一瓶香檳酒，櫃檯服務人員立即通知餐飲部門，依該客人需求準備，並送至指定之客房，進而將餐費入帳。以上一連串的服務過程即為客房餐飲作業，茲將餐飲作業程序扼要說明如后。

（一）接受訂餐

1.電話鈴響，拿起電話第一句就是“Good morning, room service. May I help you!”

2.接受點餐後，重複一遍客人所點的東西以免發生錯誤，放下電話前說聲「謝謝您」。

3.點菜單分三聯，在填好項目後，第一聯交廚房，第二聯送出納，第三聯存底。

（二）安排餐點

1.依所點餐之項目，排置用餐之餐具及所需之調味品在餐車上。

2.等廚師出菜完畢，核對好有無遺漏，蓋上餐蓋，以保持衛生及溫度。

（三）送餐服務

1.到達樓層後，先向樓層服務員告知所送的房號。

2.將餐車推至所送之房號門前，首先敲門叫出“Room Service”。

3.客人開門後，先向客人問安，將餐車推入，若所叫餐點很多，可將餐車留在房內；若僅爲簡單的餐點或飲料，則可將所點之東西放在茶几上，然後拿出發票請客人過目後簽帳或付現，而後告知客人，用餐完畢請打電話下來，我們會將殘餘收拾乾淨。離開前必不忘記說「謝謝」（自進入客房至走出客房，房門絕對不可關閉）。

4.若偶有錯誤，應向客人道歉，如有理由可委婉向客人說明，客人若不接受絕不可和客人起衝突；如自己解決不了，可請領班或主任出面解決，若主任不在時，可告知夜間經理（儘可能不要有這種事發生）。

（四）登帳作業

1.送餐完畢，回到崗位將第三聯、第一聯與發票訂好。客人若付現，在發票備註欄上畫上「＄」的符號，妥善收好，待與下一班人員交班前，交與咖啡廳入帳。如客人簽字時，應將金額寫在顧客簽帳單上（一式二聯），並標明房號、日期，連同發票第三聯一併送櫃檯出納，請其簽字經電腦入帳後，第一聯留給櫃檯出納，第二聯收回存底，而完成客房餐飲之作業程序。

2.若填寫發票或點菜單錯誤，務必請領班以上主管簽字作廢，否則不予認帳。原則上發票與點菜單的填寫不允許有錯誤發生。

3.回到客房餐飲室後，將所有送上樓上的餐具、佐料逐一登記在日報表上以備查有無缺少或遺失，當班服務員須在表上簽字。

（五）交班作業

1.早班服務員上班時間爲7:00～15:30，早班下班時，必須等咖啡廳領班來接客房餐飲工作代班後，將帳額交接清楚，現金當面點清後才可離開。（上下班時間各飯店視需要可自行調整）

2.咖啡廳領班代班時間爲7:00～23:00，由咖啡廳當班領班負責。

註：在餐廳用餐前，餐飲服務人員爲了節省客人點菜的時間，通常以一套簡寫字體來代表各式食物如下：

1.OE（二面熟的蛋）（over easy eggs）

2.SSU（單面熟的蛋）（sunny-side up eggs）

3.HF（炒熟的蛋）（hard fried eggs）

4.HBl（煮熟的蛋）（hard-boiled eggs）

5.Sboil（煮的蛋，但非全熟）（soft-boiled eggs）

6.SC（炒蛋）（scramble eggs）

7.PO（水波蛋）（poached eggs）

8.Fr（法式調味汁，作沙拉用）（French dressing）

9.It（意式調味汁，作沙拉用）（Italian dressing）

10.R（二分熟）（rare steak）

11.MR（三分熟）（medium rare steak）

12.M（五分熟）（medium steak）

13.MW（八分熟）（medium well steak）

14.W（全熟）（well done steak）

15.HBr（馬鈴薯炒肉成金黃色）（hash brown）

16.Mpot（馬鈴薯泥）（mashed potato）

17.Bpot（烤馬鈴薯）（baked potato）

18.Stk（牛排）（steak）

19.NY（紐約牛排）（New York strip steak）

20.Bk（烘）（baked）

21.M（搗碎成糊狀）（mashed）

22.Veg（蔬菜）（vegetable）

23.Soup（湯）（soup）

24.Br（烤）（broiled）

25.Bo（烹煮）（boiled）

第二單元　名詞解釋

1.美式服務：食物係在廚房內即烹調完成，直接端上桌，分置於客人盤中。

2.法式服務：食物的加熱、配菜及服務（現場烹調），均由服務人員從餐桌旁的小桌子調理好，再將食物分放在客人的盤上。

3.餐桌服務（table service）：指客人坐下之後即可享用所需的餐飲，所有的餐具、食物及各項服務均由服務人員準備與提供。

4.客房餐飲菜單（door knob service）：提供旅客於客房內的點菜單。

5.點菜（taking order）：客人依餐廳所提供之菜單點選喜歡吃的菜，再由服務人員記錄下來交由廚師烹飪。

6.特餐（daily special）：爲慶祝或某些節日製作的套餐。

第三單元　相關試題

一、單選題

(　) 1.door knob menu是指（1）中式餐廳菜單（2）客房餐飲菜單（3）西式餐廳菜單（4）日本料理菜單。

(　) 2.旅客依旅館業者提供於客房內使用之餐點，或其他相關服務稱爲（1）客房餐飲服務（2）桌邊服務（3）餐桌服務（4）桌邊服務。

(　) 3.法式服務起源於（1）19世紀初期（2）19世紀末期（3）20世紀初期（4）20世紀末期。

(　) 4.餐桌座位前先放置一個較大的盤子稱爲（1）service charge（2）bread plate（3）table service（4）service plate。

(　) 5.餐廳的銷售收入中以小額交易較多，故以收取（1）支票（2）簽帳（3）現金（4）賒欠　居多。

二、多重選擇題

(　) 1.bruch爲哪兩個字的拼字（1）bread（2）breakfast（3）lunch（4）dinner。

(　) 2.旅館內附設餐廳之用餐人數受到哪些限制（1）餐廳大小（2）菜單種類（3）桌椅數量（4）設備多寡。

(　) 3.依照專業性用餐習慣，dinner是指（1）supper（2）light lunch

（3）afternoon tea（4）heavy dinner。

（　）4.法式餐飲服務包含（1）加熱（2）配菜（3）服務（4）服務生將食物分到客人餐盤之上。

（　）5.飲務組是負責旅館內各種飲料的（1）管理（2）銷售（3）製造（4）儲藏。

三、簡答題

1.通常餐廳應具備哪三項條件？

2.旅館業最常採用的餐飲組織結構有哪三種？

3.飯店的五大部門爲何？

4.餐飲之桌上服務，依其服務方式，最常見的有哪七種？

5.何謂「餐桌服務」（table service）？

四、申論題

1.試扼要說明餐廳的特性？

2.試扼要說明餐飲作業程序？

3.試述旅館內附設的餐廳種類，如以服務型態區分，可分爲哪幾種？

4.附設於旅館內的餐廳種類，如以供餐時間區分，可分爲哪幾種？

5.試扼要說明旅館業最常採用的餐飲組織結構？

第四單元　試題解析

一、單選題

1.（2）2.（1）3.（3）4.（4）5.（3）

二、多重選擇題

1.（2.3）2.（1.3）3.（2.4）4.（1.2.3.4）5.（1.2.4）

三、簡答題

1.答：

（1）在一定的場所設有招待顧客之客廳及供應餐飲的設備。

（2）供應餐飲與提供相關服務。

（3）以營利爲目的之企業。

2.答：簡單型，功能型，產品型。

3.答：客房部，餐飲部，業務部，管理部，財務部。

4.答：美式服務，法式服務，俄式服務，英國式服務，旁桌式服務，中國式服務，自助式服務。

5.答：餐桌服務是指客人坐下就可以在桌上享用所需的餐飲，所有的餐具、食物均由服務人員準備與提供。

四、申論題

1.答：

（1）個別訂製生產：旅館內附設之餐廳所銷售的餐菜是顧客進入餐廳後，由顧客依菜單個別點菜，然後作菜爲成品。與一般商店所銷售的商品，依照規格或標準，大量生產的現成品略有不同。

A.生產過程時間很短：經營餐廳從購進原料、生產、銷售、收款等連續過程，都在同一地點完成，且其生產過程的時間很短。

B.銷售量預估困難：餐廳是顧客上門才算有生意，顧客的人數及其所要消費的餐食很難預估，而且產品原料的種類多，多種原料作成一種成品，其原料用量又不能劃一，尤其調味原料的計算更加困難。

C.成品容易變質、腐爛：經過烹飪的產品過了幾小時就會變味、變質，甚至腐爛不能食用。熱的餐食變冷，或冷的餐食冷度不夠，即失去了成品價值。所以成品不能有庫存，生產過剩就是損失。

（2）銷售上的特點

A.銷售量受場所大小之限制：旅館內附設餐廳之用餐人數，受餐廳大小、桌椅數量之限制。客滿了就無法再提高銷售額。

B.銷售量受時間上的限制：一般人一日三餐，其用餐時間大致相同，用餐時間一到，餐廳裡擠滿了顧客，時間一過即空無一人。

C.餐廳設備要豪華，有高尙的氣氛供人享受：一般人只要對商品滿意，店內的設備都不太注意，在旅館附設之餐廳用餐的顧客，除了要求可口的餐食及親切的服務外，大都希望在設備豪華的餐廳，有舒服的享受。

D.銷售收現金爲原則，資金周轉快：餐廳的銷售收入中以小額交易較多，以收現爲原則，因爲資金周轉快，用現金買進的原料款，當天或過一兩天就可收回現金。

E.毛利多：餐廳收入減去原料成本，稱爲餐飲銷售毛利。酒類飲料約有七成，西餐類約六到六成半，中菜類有五、六成的毛利，只要其他費用能節省，且經營得法，盈餘的機會很大。

2.答：

（1）接受訂餐

A.電話鈴響，拿起電話第一句就是“Good morning, room service. May I help you!”

B.接受點餐後，重複一遍客人所點的東西以免發生錯誤，放下電話前說聲「謝謝您」。

C.點菜單分三聯，在塡好項目後，第一聯交廚房，第二聯送出納，第三聯存底。

（2）安排餐點

A.依所點餐之項目，排置用餐之餐具及所需之調味品在餐車上。

B.等廚師出菜完畢，核對好有無遺漏，蓋上餐蓋，以保持衛生及溫度。

（3）送餐服務

A.到達樓層後，先向樓層服務員告知所送的房號。

B.將餐車推至所送之房號門前，首先敲門叫出“Room Service”。

C.客人開門後，先向客人問安，將餐車推入，若所叫餐點很多，可將餐車留在房內；若僅爲簡單的餐點或飲料，則可將所點之東西放在茶几上，然後拿出發票請客人過目後簽帳或付現，而後告知客人，用餐完畢請打電話下來，我們會將殘餘收拾乾淨。離開前必不忘記說「謝謝」(自進入客房至走出客房，房門絕對不可關閉)。

D.若偶有錯誤，應向客人道歉，如有理由可委婉向客人說明，客人若不接受絕不可和客人起衝突；如自己解決不了，可請領班或主任出面解決，若主任不在時，可告知夜間經理（儘可能不要有這種事發生)。

3.答：

（1）由服務人員服務者：食物及飲料由服務人員送到顧客桌上。

（2）自行服務者：食物及飲料由顧客自行拿取，而沒有服務人員代爲服務。

4.答：

（1）breakfast：早餐可分爲美式（American breakfast）與歐式（Continental breakfast）兩種，這兩種是以加或不加蛋來區分。

A.美式早餐：果汁（orange juice）

蛋類並附帶火腿或鹹肉（eggs with ham or bacon）

土司麵包（toast and bread）

咖啡或茶（coffee or tea）

B.歐式早餐：咖啡或牛奶（coffee or milk）

牛角型麵包（croissant）

果汁（fruit juice）

（2）brunch：爲breakfast與lunch的拼寫。是爲晚睡晚起的旅客所設。屬於早餐與午餐的兼用餐。

（3）lunch：指午餐。又可稱爲tiffin。

（4）afternoon tea：指下午茶而言，是在中餐與晚餐之間的點心餐。

（5）dinner：指正餐。依照世界性的用餐習慣，即light lunch，heavy dinner（輕便午餐，豐富正餐）。菜色多，用餐時間長。

（6）supper：指正式而重禮節的晚餐。目前在美國，可當宵夜稱之。

5.答：旅館業最常採用的組織結構是簡單型、功能型和產品型三種：

（1）簡單型結構：大部分小型的旅館業餐廳都會採簡單型結構，其特色是組織圖形非常扁平。決策權操在一人手裡，且作決策時，大都以口頭相傳。規模小的餐廳爲精簡人事，往往一人身兼數職，老闆就是管理者（經理），編制可能只有廚師、洗碗工和跑堂工，所以整個組織表的架構是扁平狀的。

（2）功能型結構：規模大的旅館餐飲部，可能會加設餐務部，負責器具的保管及清潔，以減少（各單位餐廳）重複購置餐具的浪費，其編制係依照工作內容和性質來劃分。

（3）產品型結構：餐飲業的組織通常可劃分爲兩大部分：外場與內場。內場負責廚房作業，而外場則是直接面對客人提供服務。其中內場的編制，在主廚（chef）及副主廚之下，是以產品線作爲組織結構的設計。產品型結構最大的優點是權責分明，成敗責任無法推諉；但是卻也常常造成協調不易和人員設備的重疊設置，造成成本上的浪費。

第五篇　行銷管理

本篇係介紹旅館業者如何運用行銷觀念與技巧，將旅館商品與提供的服務，廣為客户接受並親身享受。其探討重點包括旅館行銷計畫之擬定與運用、旅館業的市場供需，及如何進行旅館行銷推廣與市場調查作業。

第十章　行銷作業

第一單元　重點整理

旅館行銷計畫擬定與運用

旅館業市場供需

旅館行銷推廣與市場調查

第二單元　名詞解釋

第三單元　相關試題

第四單元　試題解析

第一單元　重點整理

旅館由於所在地點位置的不同，對於市場的區隔、旅客住宿的動機、市場需求的數量、市場的潛力等互異。旅館行銷主要的目的，在於創造市場的優勢與滿足顧客需求。在行銷掛帥的時代，旅館管理首重行銷經營策略，提供高品質的服務，及研究推出各種優惠專案，促使顧客的消費。

在今天以市場爲導向的時代，如果不瞭解市場必然會失敗。旅館目標市場的選擇是一種戰略性的決策，其他像產品、定價、通路、推廣等行銷組合決策，則屬於戰術性的決策，而戰略遠比戰術重要。在旅館行銷決策上，目標市場選擇錯誤，即使有再好的產品、訂價、通路、推廣等戰術，也扭轉不了大局。因此，最重要的是要瞭解本身的目標市場，也就是瞭解顧客需求與整個環境的關係。如何有效的運用市場環境，將產品與服務成功地導入目標市場，並開發動態的市場推廣活動，使旅館的商品獲得獨特的地位。

以下就旅館行銷計畫擬定與運用、旅館業市場供需、旅館行銷推廣與市場調查等部分，分別探討。

壹、旅館行銷計畫擬定與運用

旅館的經營與行銷，受到旅館的商品先天上諸多限制，在面臨不確定性環境變數增加的情況下，如何確保行銷計畫之有效性，研擬適當之行銷策略，提供一定滿意程度的服務保證，以提升整體競爭力，使旅館所提供的一切服務，得到顧客的認同。

一、旅館行銷組合的應用

旅館業之行銷組合係指旅館業者爲達成其行銷目的，而制定一系列有關的決策，其中包括產品（product）、價格（price）、通路（place）與促銷（promotion），此四項重要的決策，也是旅館發揮其行銷功能時的工具。

茲就旅館行銷組合運用應注意之事項，說明如下：

（一）產品

旅館業之產品概念，廣義的解釋，包括產品本身、品牌包裝及服務，客房本身僅是產品設計中的一項，旅館商品、包裝之設計包括旅館建築、各項設施，客房的大小、裝潢、家具、客房內部之相關設備、餐飲及會議設施等硬體設備、戶外景觀規劃、館內氣氛營造以及人員服務與訓練，特別是旅館的主題爲產品設計的核心；同時在行銷活動中，規劃建立潛在顧客對旅館產品認知亦不容忽視。

所謂旅館的主題，係指建立旅館的核心價值，旅館商品能爲顧客所接受，且易於辨識，讓顧客感受到不同之處。充分表現旅館的特色，與成功的產品差別化策略，可以建立產品獨特的價值，使其在競爭激烈的服務產業中，脫穎而出，將有助於日後的價格訂定與促銷推廣策略作業。

（二）價格

旅館業屬高營業槓桿的產業，利潤取決於市場供需之變化，而旅館業亦屬於競爭者容易進出的產業，更加深市場供需變化的程度，因此旅館業在價格制定上，首應考慮供需關係的確定。此外，旅館的經營成本及其損益平衡，亦是價格制定須考慮的重點，然而成功的價格政策應考量價格與產品品質的搭配時，所建立的獨特產品價值。

（三）通路

旅館商品具有不可移動的特性，由於通路爲旅館經營的行銷重點，因此在旅館興建之初即應對立地條件詳細評估調查，包括其周遭環境、商圈狀況、地理特性、顧客來源等因素，此項調查必須包括下列幾項因素：

1.人口資料：包括人口數量、職業別、年齡別、家庭人口、教育水準、區內人口異動之趨勢等。
2.交通資料：包括區內各種道路設施、大衆運輸工具之種類，及未來之發展計畫。
3.經濟活動資料：區內經濟活動之屬性爲決定旅館經營型態的重要因素之一。一般都市地區可分爲文教、住宅、商業、工業等區。
4.基地調查資料：包括旅館建築基地之大小、地形是否平坦、形狀是否方正及地質條件等因素，均會影響旅館未來之籌設與興建。

其他特殊地點，所需考慮之特殊性因素甚廣，其中地點爲決定旅館興衰的重要條件之一。此外，地點的特性，隨著區內各項產業發展、人口異動或法令變革，亦會導致地點特性的改變，因此在旅館興建後，須定期維護與保養，以上各項因素之變動，均應事先審愼評估其是否對旅館日後之經營管理產生負面之影響。

（四）促銷

由於旅館商品之無法移動及儲存，因此事前銷售之活動益顯其重要性。旅館之促銷活動種類非常多，包括平面廣告、廣電媒體的廣告、直接郵寄（DM）的宣傳資料、紀念品的贈送、公關（PR）活動之宣傳與推廣、旅館商品之展示、直接拜訪之銷售活動，以及區內聯合之整體推廣，由於區內觀光、會議及各項商務活動之頻繁，乃是創造區內旅館業者有效需求的先決條件，因此，業界的合作與其他產業之服務，為區內業者可以主動招徠客源之主要方法之一。

二、旅館業務行銷計畫

有關旅館業務行銷計畫分為現況分析，目標、策略與定位、年度與月份的目標及預測、市場區隔、計畫實施、預算，及評估等七個階段，茲分述如下：

（一）現況分析

1.產品與服務組合分析

（1）旅館本身的優點與缺點，包括地點、停車、建築結構與室內設計、餐食和飲料、客房與套房、會議室與宴會廳、公共區域、價格，及整體產品與服務的品質等。

（2）目前行銷的方法，包括廣告、公關、內部與外部業務促銷及個人銷售等。

2.市場分析：確認過去和現在的狀況，包括客人的地理分布，及客人的身分、心理、行為簡介等。

3.同業競爭分析

（1）競爭對手的清單，包括客房總數、年度或月份的住房率、客戶市場的區隔、價格結構、餐飲設施（F & B facility），及會議設施與公共區域等。

（2）評估競爭對手的優缺點，包括地點、停車、建築結構與室內設計、餐食和飲料、客房與套房、會議室與宴會廳、公共區域、價格，及整體產品與服務品質等。

（3）目前行銷的方法，包括廣告、公關、內部與外部業務促銷及個人銷售等。

（二）目標、策略與定位

1.行銷目標與策略。

2.定位策略與定位理念，牽涉到經營藝術和經營創意。

（三）年度與月份的目標及預測

1.住房率（occupancy）。

2.平均房價（average room rate）。

3.房間總收入。

4.餐飲總收入，包括各個餐廳及酒吧收入、團體食物及團體飲料等收入。

5.其他收入來源，包括會議室出租、休閒運動設施出租、零售收入及商店出租、電話收入及其他收入。

（四）市場區隔

1.客房和套房

（1）出差／路過。

（2）團體住房

A.協會／公會／商會。

B.發表會／各式會議。

C.公司／行號／企業。

D.保險／直銷。

E.獎勵旅遊（incentive tour）。

F.政府單位。

G.員工旅遊／國民旅遊（domestic tour）。

H.散客／休息。

I.學校與教育單位。

J.運動比賽。

K.其他。

2.食物

（1）宴會／外燴。

（2）販售食物的餐廳或販賣機。

3.飲料

（1）宴會／外燴。

（2）販售飲料的餐廳或販賣機。

4.其他收入來源

（1）會議室出租。

（2）休閒運動設施出租。

（3）零售收入及商店出租。

（4）電話收入。

（5）其他。

（五）計畫實施

1.對每一個目標市場建立每月的業務行動計畫，並以截止日期與專人負責推動來交付工作。

2.詳細列出主力客戶名單，並且找出爭取更多生意的方法。運用「80%－20%黃金律」，來協助確認誰是主力顧客，以便對症下藥。

3.建立旅館年度及人員配置基準計畫表、業務推廣預算明細表、業務推廣工作計畫及經費預算表，及財務收支預測表。

4.建立客房收入及市場組合報表、餐飲月收入報表。

5.建立每月的廣告計畫。

6.建立每月的內部及外部促銷計畫。

7.建立每月的公關計畫。

（六）預算

建立完整的月預算及年預算。

（七）評估

1.嚴密監控市場變化，適時調整行動計畫。

2.以問卷瞭解顧客滿意度。

3.追蹤行銷計畫績效並予評估。

4.拓展其他行銷相關計畫。

三、旅館市場行銷計畫的運用

由於旅館市場非常競爭，所以不論大中小型飯店之業務部門，對於行銷策略之擬訂，以及如將行銷計畫推展出來，視爲最重要的課題。

（一）廣告

廣告之目的，在於直接的或是間接的促進商品銷售。旅館內贈用的牙刷、火柴、茶包以及其他零星用品，都是對旅客的廣告。由於廣告是旅館業務部門中之一項重要的工作，與旅館中各項業務都息息相關。推銷旅館的房間及餐飲服務時，應該在推銷想像力方面努力。因此在報紙或雜誌上刊載廣告時，尤應注意儘量包裝，並推銷旅館的服務構想。

通常旅館廣告費用和營業推廣方面的支出情形，大約是他們全年收入的3%。每一位旅館業務主管在計畫年度廣告活動時，會面臨三項基本的問題：

1.旅館一年要作多少廣告，要作多少時間。
2.廣告影響力對費用之比較。
3.向什麼地方作廣告。

當您計畫作旅館廣告時，宜注意下列幾點：

1.對於廣告所需要達成的效果，應該確立一個短程和長程的目標。
2.確立推銷對象（即誰是想要招攬的顧客）。
3.審查媒體，以便決定何種媒體可以獲得最佳推銷市場。
4.調查同業競爭對手，看他們正在作些什麼？
5.為什麼顧客喜歡或不喜歡你的服務，都要檢討其原因。

（二）行銷通路的運用

1.搭配銷售：旅館和航空公司合作，對於度假的旅客提供一切服務，費用合併計算，服務項目可以包括機票、旅館房間、餐飲及配合遊樂區的觀光活動等。旅行社也是旅館的重要營業來源，旅行社負責籌劃遊程、產品包裝及訂價、廣告宣傳、印製簡介等，便於消費大衆向旅行社購買旅遊產品。旅行社與航空公司訂位系統，除了開立機票，還可查詢旅館資料。通常旅館報價時，必須先瞭解該旅行社所執行的業務範圍，再行報價，避免通路上的惡性競爭。

2.直效行銷：包裝產品，選定顧客，製作DM（direct mail），採用「一對一」具名邀請方式，成功率非常高。各家旅館電腦系統宜採用具備多層行銷功能的套裝軟體，建立顧客檔案資料，作多功能性的運用。委託專業直效行銷公司，花費雖多，相對效果亦高，是未來旅館行銷的主流。以自己的關係企業，從不同的通路上取得客源，建立顧客檔案資料，推展自我品牌，是國內業者運用最爲廣泛，也是最成功的案例。會議營業亦是旅館業者積極爭取的一項生意，除了可以讓客房的生意興隆，也能帶動餐飲、宴會及旅館內的其他消費。

3.內部推銷：一位優秀的旅館業務主管，絕不會忽略任何可能的推銷，而最好的營業來源卻是住在旅館裡的顧客。旅館可以運用很多方式來作內部推銷，如電梯放置各種彩色畫報，以及公告服務牌，房間內應該備有早餐和用膳的菜單，或是館內的餐飲節目推廣活動之相關宣傳資料。

因此旅館市場行銷計畫，必須事先擬定並妥善運用各項業務行銷計畫，才能逐步達成旅館營運成長的目標。

（三）旅館行銷計畫的擬定

行銷計畫的擬定是有步驟地把產品銷售給顧客的一連串措施，其具體的步驟包括：

1.建立目標：目標之設立爲整個計畫中最困難的一部分，行銷目標乃受公司總目標策略規劃之導引。換言之，行銷之目標是公司整體目標之達成。一般而言，旅館行銷目標可以用四個具體標準來設立，茲說明如下：

（1）出租之客房數。

（2）客房出租型態之組合。

（3）個別部門之利益。

（4）每一區隔市場之平均房價水準。

爲制定合理目標，宜先就現有旅館業市場狀況予以分析：

（1）在競爭者市場中，住宿與餐飲之總需求量。

（2）預期住宿與餐飲需求量之變動，並指出預測其變動的理由。

（3）評估目前之市場占有率。

（4）預期住宿、餐飲市場之供給變動。

（5）評估出租對於競爭者之能力：本身旅館可以增加之市場占有率。

2.選擇適當之行銷策略：在經過客觀的分析後，市場行銷的目標已經確定，接下來所需要深思熟慮的是行銷策略的選定，行銷策略一經決定，將影響產品甚至決定顧客的型態。基本上，在旅館的行銷上有三種基本方案可供選擇：

（1）差異化。

（2）區隔化。

（3）差異化與區隔化之結合。

在差異化的行銷策略下，行銷計畫的活動方案集中在個別旅館，與其競爭者之間實質上差異的程度。成功的差異化策略必須建立在顧客的認同之上，其中主要的變數包括地點、價格與價值、房間設備大小。在區隔化的行銷策略下，行銷計畫的活動方案，則集中在某一特定的顧客階層，建立特定顧客對這一區隔化商品的認知及忠誠度。

3.擬定達成目標之行動方案：行動方案在行銷計畫中，乃指以個別單獨的步驟達成計畫的目標，而這些個別的活動必須受行銷策略之規範；其具體的項目包括在何時、由何人作何事，整個計畫包括了執行的事項、時段及各項活動之負責人，同時預估所需要的各項資源。

4.準備適當之行銷預算：在一般中小型旅館所盛行的行銷預算的編制，採用成本觀點來編製，易限制行銷活動的範圍，同時也否定行銷活動在創造營業量的積極性功能，因此，良好的行銷活動必須配合有效的預算編製方式，才能發揮其行銷效果，達成行銷目標。此處所建議的行銷預算的編制方式，宜採用零基預算的觀點，在妥善規劃之行銷計畫下，實編各項活動之預算，使預算得以和計畫相結合，達到其控制的功能，又不限制行銷功能之發揮。有計畫的步驟，係將行銷活動整體規劃，導引至目標的達成，以確保行銷活動的成功。

綜上所述，旅館業在市場行銷活動上，常面臨共同無法突破之困難，如消費者品牌之認知難以建立，或行銷經費的限制，使得個別旅館的宣傳推廣活動，或反廣告促銷活動無法充分發揮，或個別旅館之規模無法提供員工正規之教育訓練，導致個別旅館之品質無法提升，及其他中、小型旅館所面臨之經費短絀、人員不足、設備不足等相關資源缺乏的困境，甚至中、小型旅館在經營管理與市場行銷上無法突破，因此旅館在共同利益的結合下，宜採取某種程度的整合，以提高整體的競爭力。一般而言，旅館整合依其規模、經營條件之不同，大致上有下列兩種：

1.加盟連鎖：指個別旅館用加盟的方式進入一連鎖旅館系統，分享優勢品牌的利益及經營上的技術，並可享受共同行銷所節省之廣告費用。

2.旅館結盟：指利益相合之個別旅館相互合作，自組連鎖系統，惟此種形式之連鎖成功的關鍵在於個別旅館之同質性高，有共同的經營理念，其決策的方式亦較民主。

貳、旅館業市場供需

旅館業係屬資本與勞力密集的產業，市場需求易受外在環境因素影響，市場特性近乎「寡頭獨占競爭」的市場型態，因此，在營運上所採取的行銷策略，亦應將大環境各項因素與產業市場環境之影響，納入考量，並依市場供需情況，適時、適度採取因應措施，以紓解淡、旺季營業之差距。一般而言，旅館業有擔負外在經濟景氣的風險，短期內無法以市場供需手段採取因應對策。在短期內市場的供給不受市場需求影響，供給彈性在特定期間內接近於零。

茲就旅館業市場供需之變化，分述如后。

一、零彈性下的市場供需

依據經濟法則，在一定時期內，旅館市場供給與需求可維持到均衡點。但若旅館市場需求增加，則其市場價格上升，反之則下降；若旅館市場供給增加，則市場價格下降，反之則上升。其基本市場的供需與價格關係（如圖 10-1、圖 10-2）。

由於旅館業的短期供給彈性爲零，亦即短期內不論市場需求增加或減少而供給量不變，則供給曲線形成一條垂直線，此種市場的供給曲線，在需求減少時，造成市場價格大幅下滑，反之則大幅上升。新加坡目前的旅館現有之供需狀況接近前者（如圖 10-3）；而台灣目前旅館市場的供需狀況有如後者之趨勢（如圖 10-4）。

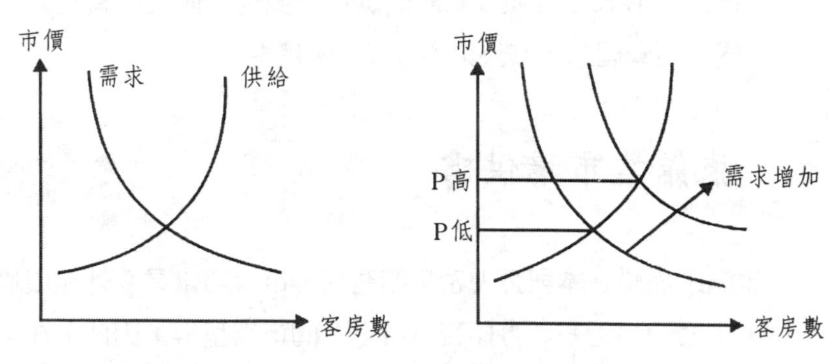

圖 10-1　旅館市場需求增加（減少）與市場價格上升（下降）

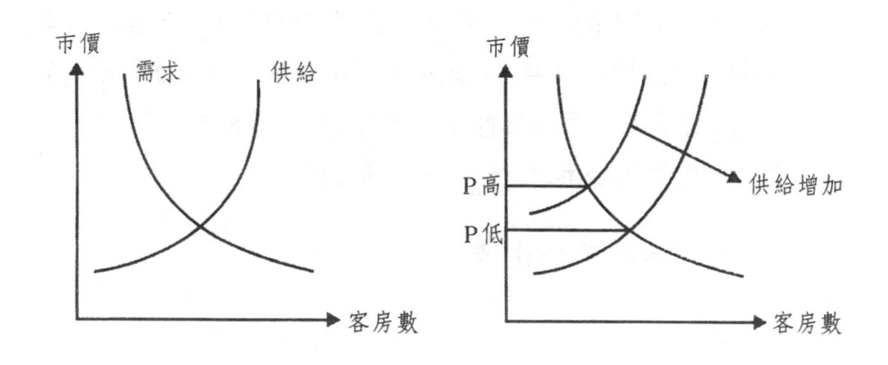

圖 10-2　旅館市場供給增加（減少）與市場價格下降（上升）

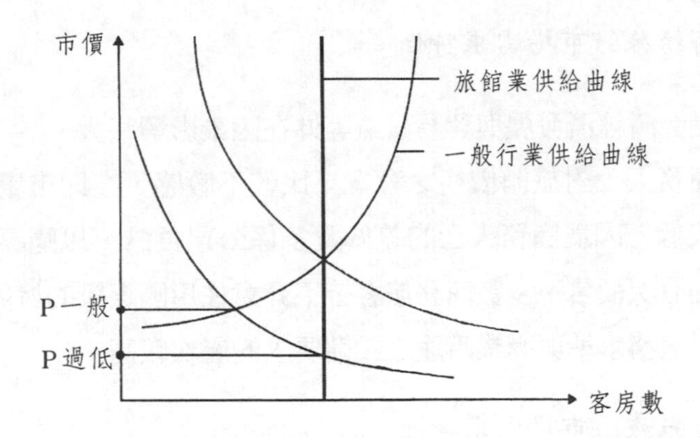

圖10-3　新加坡旅館市場供給過多，市場價格大幅滑落

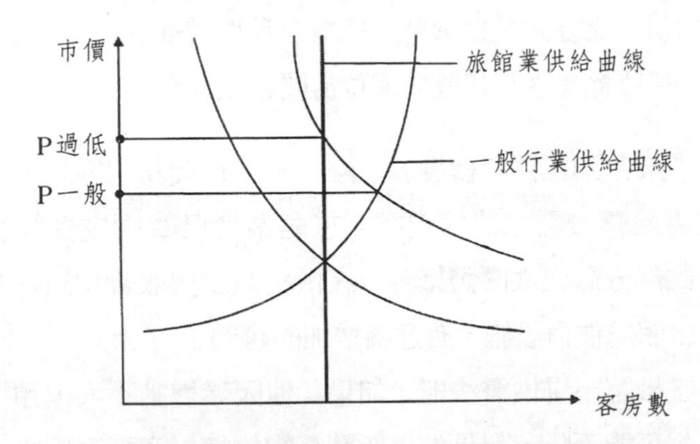

圖10-4　台灣旅行業市場需求強烈，造成市場價格過高

二、一般的市場供需

我國旅館市場的需求可概分爲商務市場需求與觀光旅遊市場需求兩類，需求彈性互不同。一般而言，商務的市場需求彈性較低，觀光旅遊的市場需求彈性較高。茲就商務旅館與觀光旅遊市場之需求特性，分述如下：

（一）商務旅館市場需求特性

1.受台灣經濟發展與貿易景氣等外在因素影響甚大。
2.商務人士對旅館價格之考慮，比較不敏感，亦即市場需求彈性較低。因爲商務人士的差旅費多係公司負擔，以國際貿易往來的層次而言，多數商務旅客皆不介意住用國際級的旅館。
3.對服務水準與商業用途之設備要求的層次較高。

（二）觀光旅遊市場需求特性

1.受台灣觀光資源開發與國際形象宣傳因素影響。
2.對房價之變動較爲敏感，即需求彈性較高。
3.一般團體旅客以接受中價位房間爲主。

近年來台灣經貿持續發展，歐、美、日商務旅客來華拓展業務日增，在供給落後需求的情況下，旅館業者已改採接受散客的經營策略，因此部分觀光之團體旅客，在供給減少與收費相對提高之下，選擇一般旅館爲住宿設施，有逐漸增加的趨勢。

根據旅館市場供需法則，如果其他因素變動不大，預期旅館市場的房價將可能下降。但是如果新開幕的旅館以商務客爲主，加上來華洽商的市場需求持續成長，土地設備成本提高，及市場自由競爭等因素下，則旅館市場價格的漲落，尚難預料。

三、如何提升旅館業績

旅館業爲一營利事業，營運績效對其而言，甚爲重要，且關係到旅館整體運作，包括人事開支、銷管費用等，因此，如何從旅館營運分析中改善獲利能力，爲業者應審愼研酌的重要之課題。茲從制度面及實務面分別探討提升旅館營業績效的方法如下：

（一）制度的訂定（制度面）

1.員工手冊：大綱——公司沿革、出勤規定、獎懲規定、人事規定。

2.人事組織及權責範圍的訂定。

3.各個單位預算／營運目標的訂定。

4.各個單位的標準作業程序。

5.訓練計畫及執行

（1）館內：如一般講座、專題講座、外語訓練等。

（2）館外：如自強活動、參觀、與國外旅館作交換訓練等。

6.定期及不定期會議的舉行，如業務會議、晨會或朝會、部門主管會議及臨時會議等。

7.考核辦法，如試用期滿考核、年中考核（表現、操行、出勤、受訓、獎懲）及年終考核等。

8.優點、缺點、辦法。

9.執行方式

（1）走動式管理。

（2）執行正確並落實。

（3）C. S. I. P.（continue service improvement procedures）：指透過訓練、個案研討會、顧客意見表建立，經常和客人面對面交談，作業務拜訪等，相互交流。

（二）業績如何提升（實務面）

1.廣告

（1）國內：如消息（新聞稿）、派報、傳真、廣播電台、付費廣告等。

（2）國外：如雜誌報紙、期刊等。

2.促銷

（1）餐飲：美食節、時段性活動、季節性活動、年節套餐等。

（2）客房：季節性折扣，與餐飲合辦之促銷活動。

（3）其他：專案活動，如會議專案、蜜月專案、考生專案等。

3.業務推廣

（1）推廣對象

A.一般公司。

B.政府機構單位。

C.旅行社：國外、國內。

D.航空公司：班機航員、住宿的合作協定。

E.外國駐華大使館、辦事處。

F.民間機構單位。

G.政黨黨部。

（2）方法手段

A.拜訪及文宣品送達。

B.來店參觀解說。

C.試住、試吃：信心的建立。

D.定期聯誼活動：秘書之夜、年節聚餐等。

（3）重視客人

A.由意見調查表瞭解作修正。

B.和客人交談瞭解作修正。

C.生日卡、季節問候卡。

D.親自書函、道歉。

（4）降低成本

A.餐飲：食物成本的變通性。

B.客房：維修成本的變通性。

（5）提高售價。

（6）年度業績提升：以物價指數作依據。

除了運用上述方式提升獲利能力外，還要隨時掌握旅館營運動態，如每日住房情形、餐飲收入、每日收入及旅館年收入盈虧之比較等基本數據。

參、旅館行銷推廣與市場調查

一、旅館行銷推廣

21世紀正值旅館業轉型的時期，不僅是政治制度、經濟結構、人類思想觀念以及社會制度等，都在不斷地變化中，因此旅館業未來發展的腳步，應隨著時代進步而作適度的調整。旅館業者在面臨科技發達、商場競爭激烈及國際情勢的紛亂等種種複雜情況下，不能僅憑直覺去判斷，而必須採取妥善的經營管理策略及市場行銷技術，以訂定滿足顧客需求的政策，作爲經營管理的最高目標。

所謂「行銷」與「銷售」之意義完全不同，推銷只是單純地將工廠的產品送到顧客手中即可。在旅館行銷活動中的產品供給，並非依照旅館能生產什麼產品就製造什麼產品，而應事先評估、瞭解市場環境及顧客需求以後，再有計畫地設計製造適合於顧客需要的產品，以滿足大衆需求。

旅館行銷是一種以顧客需要與欲求為導向的經營哲學，主要以旅館整體行銷來滿足顧客的需要，進而達成組織目標。旅館業在進行行銷業務推廣時，通常會考量的問題，不外乎：一、顧客希望購買的旅館商品應具備哪些功能？二、要滿足哪一層次之消費群，及如何滿足他們的需求？三、產品應如何設計，如何訂價？四、應提供何種保證與服務？五、如何拓展行銷通路？六、廣告、人員推銷、推廣及宣傳海報，應如何配合才能有效地銷售產品？

二、旅館市場調查

經營一家旅館最先該做的，就是要瞭解市場需求狀況如何，亦即市場調查。必須先瞭解有多少旅客會到某一都市或定點來？什麼樣的人，在什麼季節會來？其消費狀況如何？對旅館的需求如何？不能因為某一家旅館生意非常好就興建同樣的旅館。台灣目前有很多這種情形，旅館沒有自己的特色，讓人覺得進入某一家旅館時，有似曾相識的感覺。一般經營者對這種「獨特設計」觀念相當淡薄，他們覺得蓋旅館就像蓋房子一樣，只須找銷售廠商登廣告、看樣品屋、付頭期款、分期付款、交屋即可。

事實上，旅館業並非這麼簡單，不可能一位客人進入旅館後，付了錢就沒事了，他還必須洗澡、睡覺、洗衣服、打電話等，所以旅館需要一天二十四小時、一年三百六十五天的經營，亦不可能今天覺得不舒服，就不開業（打烊）；開小餐廳還可以，旅館絕對不可以，所以旅館業是一個很特殊的行業。

就旅館市場調查而言，它主要的客源是如何？是團體的型態？還是單獨旅行的商務客人？他們的消費能力如何？他們對旅館的需求如何？最後才去決定飯店該蓋成什麼樣子，絕對不能抄襲、模仿，而應該要去作市場分析之後，才能夠決定飯店的形式、規模多大？多少房間？裡面的設計是採什麼樣式，這些跟顧客需求都是相關的。

設計一家飯店時，要考慮它適合不適合這個城市，如適合紐約的飯店，適合東京的飯店，它可能不適合台北，所以盲目的抄襲別人，可能造成投資上的浪費。以台中為例，其客源可能主要為日本團體、東南亞團體及台灣本地客，他們對飯店的需求可能跟歐美客人差異比較大，如某些旅館本國客人常在意見書上表示，房間浴室內沒有牙膏、牙刷，歐美客人卻不用公共場所的牙膏、牙刷，即使是經過眞空包裝的牙膏、牙刷都不敢用，而用自己隨身攜帶的盥洗用具。像這樣的差異，在設計旅館時也是必須考慮的因素。

（一）市場分析

旅館的成功、失敗，完全看你的市場分析來決定，當你瞭解市場的客源後，再決定客房的大小（一般日本旅客對旅館房間尺寸的需求較低），找出市場區隔。因此在作市場調查時，如何蒐集資料？如何分析呢？如：

1.資料主要來源為交通部觀光局，可提供每年每月來華旅客的人數，當作初步參考資料。

2.實際的調查。

3.找同業，瞭解商情。

4.委託專門作市場調查的公司，如旅館顧問公司可協助調查每家飯店的設備、設施、員工編制、住房率、房租價格、客人的國籍等資料，讓業者作爲參考。

5.可藉由各種宴會瞭解客人對該飯店的各項服務，有何建議意見。

市場調查要不斷的進行，因爲你的客源可能因爲新競爭者的加入，或整個社會的經濟改變而改變。

早期台灣旅館的外國客人都是一些買主（buyer），但現在因爲台灣經濟轉型，大部分的客人爲銷售商（seller）、賣車者、技術人員、投資公司、銀行、保險公司，這些人不斷來台，作移民投資講習會、期貨買賣、賣電腦設備等等，爲因應這些改變，旅館對於經營方針必須要作較彈性的、機動性的調整，以符合上述市場分析之原則。

（二）平時如何推銷飯店

旅館業平時在推銷飯店時，通常會採用的方法，有下列幾種：

1.客人口碑：一般客人較相信客人間的訊息，所以飯店應加強利用客人口碑的流傳。

2.廣告：電視廣告、旅遊雜誌廣告、看板，雖然這種效果有限，不過必須要作，因爲透過廣告宣傳不斷提醒消費者，旅館的存在及推出的不同的產品。

3.參加特別組織：有的客人會認定品牌，不論到任何國家一定會先找品牌不錯，或在當地有關聯的旅館（連鎖旅館），因此參加此種組織，可促進商機。

4.加入航空公司訂位系統：很多旅行社在作機票訂位時，會順便替他的客人作旅館訂位的服務。

5.在重要的市場（都市）設立一個業務處（或地區性辦事處），專門從事業務促銷之工作。

6.參加旅展，進行促銷活動。

7.到國外旅行時，親自拜訪自己重要的客戶。

（三）新競爭者加入市場之應變措施

加強自己旅館的特色，得到客人的贊賞。如以亞都麗緻酒店為例，其特殊地方為「它規模不大，只有二百間房間」，就是因為它規模不大，飯店服務生容易記得客人的名字及房號，這些都會讓客人覺得有親切感。為加強顧客服務，旅館業者宜考量下列各項問題：

1.把握住原有客人、把握住好的員工：保住原有客人的方法，就是更加強服務品質，絕不要讓客人有藉口離開飯店，所以必須接受客人的抱怨、客人的建議。在把握住好的員工方面必須注意到員工的訓練、員工的福利、員工的待遇、員工的發展。尤其在應變中，把握住好的員工才是最重要的藝術。

2.開拓新客源：飯店要不斷的作市場調查，配合內部訓練、設施的改變。除此之外，宜聯合同等級的旅館，或新加入者一起去開拓新客源，以增加旅館盈收。

3.採取個性化的戰略：由自己旅館的環境、立地、建築、設備、餐飲、價格、服務及其他條件等方面，去建立本身的特色與個性。

4.重視無形價值（invisible value）的提供：如知名度、等級、氣氛、信譽、格調以及印象等等。

5.加強對旅行社、航空公司的對策：採取聯合推廣業務的策略。

6.內部的管理應該考慮本身的規模及體質，簡化組織，加強員工訓練與管理，作業電腦化，並研究如何節省開支，控制成本。

7.外部環境的變化，應特別留意：如能源危機等。

（四）旅館行銷重點

旅館行銷除了推銷客房、餐飲產品與服務外，尚需著重整體包裝及附加價值的提升。

客房應保持整潔、方便、衛生、安全；餐飲則應掌握市場需求，適度調整行銷方向，如顧客崇高養生、健康飲食習慣，菜餚講究色、香、味與型的變化，會議比例上升，價值觀改變，外食人口增加，及休閒設施的包裝組合等因素，均會直接影響到旅館行銷之效用；其中最重要的還是「服務」，因爲產品再好，設備再新，如果服務不佳，仍是美中不足。

第二單元　名詞解釋

1.旅館行銷：指旅館業爲爭取更多客人所作的業務宣傳推廣工作。

2.住房率（occupancy）：表示一家旅館的住宿情況，依住宿人數與客房總數相互比較而得。

第三單元　相關試題

一、單選題

(　) 1.經營一家旅館最先該做的就是要（1）如何賺錢（2）滿足顧客需求（3）進行市場調查（4）不斷投資。

(　) 2.若旅館市場供給增加，則市場價格會（1）上升（2）不變（3）下降（4）等於零。

(　) 3.單純地將產品送到顧客手中稱為（1）行銷（2）推銷（3）傾銷（4）銷售。

(　) 4.通常旅館廣告費用和營業推廣方面的支出比例，大約是旅館全年收入的（1）3%（2）5%（3）10%（4）12%。

(　) 5.旅館業在價格制定上首應考慮（1）物價水準（2）供需關係（3）生活品質（4）經濟景氣　之確定。

二、多重選擇題

(　) 1.旅館整合依其規模及經營條件之不同，大致上可分為（1）加盟連鎖（2）委託經營管理（3）聯合推廣（4）旅館聯盟。

(　) 2.下列何者屬於無形價值（1）知名度（2）氣氛（3）信譽（4）印象。

(　) 3.旅館興建之初即應對立地條件作詳細評估調查，此項調查必須包括之因素有（1）人口資料（2）交通資料（3）經濟活動資料（4）基地調查資料。

（　）4.旅館業的產品概念，廣義的解釋包括（1）產品本身（2）品牌包裝（3）服務（4）行銷通路。

（　）5.旅館行銷決策最重要的是要瞭解（1）旅館氣氛營造（2）本身的目標市場（3）各項設施（4）顧客需求與整個環境的關係。

三、簡答題

1.旅館行銷上可供選擇的三種基本方案爲何？

2.旅館業務行銷計畫可分爲哪七個階段？

3.每一位旅館業務主管在計畫年度廣告活動時，會面臨的三項基本問題爲何？

4.旅館行銷目標可以用哪四個具體標準來設立？

5.何謂「旅館行銷」？

四、申論題

1.試述旅館業在推銷飯店時，通常會採用的方法？

2.旅館在進行行銷業務推廣時，通常會考量的問題爲何？

3.試扼要說明商務旅館市場與觀光旅遊市場之需求特性？

4.試述提升旅館營業績效的方法？

5.試扼要說明旅館行銷組合運用應注意之事項？

第四單元　試題解析

一、單選題

1.（3）2.（3）3.（4）4.（1）5.（2）

二、多重選擇題

1.（1.4）2.（1.2.3.4）3.（1.2.3.4）4.（1.2.3）5.（2.4）

三、簡答題

1.答：差異化，區隔化，差異化與區隔化之結合。

2.答：現況分析，目標、策略與定位，年度與月份的目標及預測，市場區隔，計畫實施，預算，評估。

3.答：旅館一年要作多少廣告、要作多少時間，廣告影響力對費用之比較，向什麼地方作廣告。

4.答：出租之客房數，客房出租型態之組合，個別部門之利益，每一區隔市場之平均房價水準。

5.答：旅館行銷是一種以顧客需要與欲求爲導向的經營哲學，主要以旅館整體行銷來滿足顧客的需要，進而達成組織目標。

四、申論題

1.答：旅館業在進行推銷飯店時，通常會採用的方法，有下列幾種：

（1）客人口碑：一般客人較相信客人間的訊息，所以飯店應加強利用客人口碑的流傳。

（2）廣告：電視廣告、旅遊雜誌廣告、看板，雖然這種效果有限，不過必須要作，因爲透過廣告宣傳不斷提醒消費者，旅館的存在及推出的不同的產品。

（3）參加特別組織：有的客人會認定品牌，不論到任何國家一定會先找品牌不錯，或在當地有關聯的旅館（連鎖旅館），因此參加此種組織，可促進商機。

（4）加入航空公司訂位系統：很多旅行社在作機票訂位時，會順便替他的客人作旅館訂位的服務。

（5）在重要的市場（都市）設立一個業務處（或地區性辦事處），專門從事業務促銷之工作。

（6）參加旅展，進行促銷活動。

（7）到國外旅行時，親自拜訪自己重要的客戶。

2.答：旅館業在進行行銷業務推廣時，通常會考量的問題，不外乎：

（1）顧客希望購買的旅館商品應具備哪些功能？

（2）要滿足哪一層次之消費群，及如何滿足他們的需求？

（3）產品應如何設計，如何訂價？

（4）應提供何種保證與服務？

（5）如何拓展行銷通路？

（6）廣告、人員推銷、推廣及宣傳海報，應如何配合才能有效地銷售產品？

3.答：

（1）商務旅館市場需求特性

A.受台灣經濟發展與貿易景氣等外在因素影響甚大。

B.商務人士對旅館價格之考慮，比較不敏感，亦即市場需求彈性較低。因為商務人士的差旅費多係公司負擔，以國際貿易往來的層次而言，多數商務旅客皆不介意住用國際級的旅館。

C.對服務水準與商業用途之設備要求的層次較高。

（2）觀光旅遊市場需求特性

A.受台灣觀光資源開發與國際形象宣傳因素影響。

B.對房價之變動較為敏感，即需求彈性較高。

C.一般團體旅客以接受中價位房間為主。

4.答：提升旅館營業績效的方法如下：

（1）制度的訂定（制度面）

A.員工手冊：大綱——公司沿革、出勤規定、獎懲規定、人事規定。

B.人事組織及權責範圍的訂定。

C.各個單位預算／營運目標的訂定。

D.各個單位的標準作業程序。

E.訓練計畫及執行

（A）館內：如一般講座、專題講座、外語訓練等。

（B）館外：如自強活動、參觀、與國外旅館作交換訓練等。

F.定期及不定期會議的舉行，如業務會議、晨會或朝會、部門主管會議及臨時會議等。

G.考核辦法，如試用期滿考核、年中考核（表現、操行、出勤、受訓、獎懲）及年終考核等。

H.優點、缺點、辦法。

I.執行方式

（A）走動式的管理。

（B）執行正確並落實。

（C）C. S. I. P.（continue service improvement procedures）：指透過訓練、個案研討會、顧客意見表建立、經常和客人面對面交談、業務拜訪等。

5.答：旅館行銷組合運用應注意之事項，如下：

（1）產品：旅館業之產品概念，廣義的解釋，包括產品本身、品牌包裝及服務，客房本身僅是產品設計中的一項，旅館商品、包裝之設計包括旅館建築、各項設施，客房的大小、裝潢、家具、客房內部之相關設備、餐飲及會議設施等硬體設備、戶外景觀規劃、館內氣氛營造以及人員服務與訓練，特別是旅館的主題爲產品設計的核心；同時在行銷活動中，規劃建立潛在顧客對旅館產品認知亦不容忽視。所謂旅館的主題，係指建立旅館的核心價值，旅館商品能爲顧客所接受，且易於辨識，讓顧客感受到不同之處。充分表現旅館的特色，與成功的產品差別化策略，可以建立產品獨特的價值，使其在競爭激烈的服務產業中，脫穎而出，將有助於日後的價格訂定與促銷推廣策略作業。

（2）價格：旅館業屬高營業槓桿的產業，利潤取決於市場供需之變化，而旅館業亦屬於競爭者容易進出的產業，更加深市場供需變化的程度，因此旅館業在價格制定上，首應考慮供需關係的確定。此外，旅館的經營成本及其損益平衡，亦是價格制定須考慮的重點，然而成功的價格政策應考量價格與產品品質的搭配時，所建立的獨特產品價值。

（3）通路：旅館商品具有不可移動的特性，因此通路爲旅館經營的行銷重點，因此在旅館興建之初即應對立地條件詳細評估調查，包括其周遭環境、商圈狀況、地理特性、顧客來源等因素，此項調查必須包括下列幾項因素：

A.人口資料：包括人口數量、職業別、年齡別、家庭人口、教育水準、區內人口異動之趨勢等。

B.交通資料：包括區內各種道路設施、大衆運輸工具之種類，及未來之發展計畫。

C.經濟活動資料：區內經濟活動之屬性爲決定旅館經營型態的重要因素之一。一般都市地區可分爲文教、住宅、商業、工業等區。

D.基地調查資料：包括旅館建築基地之大小、地形是否平坦、形狀是否方正及地質條件等因素，均會影響旅館未來之籌設與興建。

其他特殊地點，所需考慮之特殊性因素甚廣，其中地點爲決定旅館興衰的重要條件之一。此外，地點的特性，隨著區內各項產業發展、人口異動或法令變革，亦會導致地點特性的改變，因此在旅館興建後，須定期維護與保養，以上各項因素之變動，均應事先審愼評估其是否對旅館日後之經營管理產生負面之影響。

(4) 促銷：由於旅館商品之無法移動及儲存，因此事前銷售之活動益顯其重要性。旅館之促銷活動種類非常多，包括平面廣告、廣電媒體的廣告、直接郵寄（DM）的宣傳資料、紀念品的贈送、公關（PR）活動之宣傳與推廣、旅館商品之展示、直接拜訪之銷售活動，以及區內聯合之整體推廣，由於區內觀光、會議及各項商務活動之頻繁，乃是創造區內旅館業者有效需求的先決條件，因此，業界的合作與其他產業之服務，爲區內業者可以主動招徠客源之主要方法之一。

第六篇　行政管理

旅館業之管理業務，除了營業部門（客房、餐飲）之外，還包括相關行政單位之配合業務，其所扮演的角色為後勤支援的工作，包括人力運用、會計作業及安全維護等項目，亦具舉足輕重的地位。因此，本篇針對旅館業行政管理中較為重要之人事管理、服務管理、會計管理及工務與安全管理等四部分，分別探討之。

第十一章 人事管理

第一單元　重點整理

人事管理（personnel management），又稱爲人力資源管理（human resource management），負責全館各部門主管、幹部及基層員工的僱用。目前我國各旅館人事部門的名稱甚多，如人力資源部、人事訓練部、人事部（室、組）等，完全視旅館規模大小、經營特性、營業項目及人員配置，來決定部門名稱或設置與否，亦有人事部門歸併於管理部門者。

人事管理強調的重點是人力資源的利用與開發，人與人及人與組織間關係之維繫，以及人與事間之協調配合。

由於人事管理包含範圍甚廣，僅就旅館之人力規劃與配置，及領導統御的概念，說明如后。

壹、人力規劃與配置

服務業一向是最重視員工的行業，其中又以旅館業爲最。「人」是服務業最大的資產，不論是外部顧客或內部顧客，都是我們重視與珍惜的，如果沒有優秀的員工，想要在行業中揚名立萬是相當困難的，而員工的素質，連帶會影響前來消費的顧客水準，及成功幹部的素質。因此，如何在芸芸衆生中，找到最適合企業需要的人力資源？如何將人力的需求訊息，正確傳達到鎖定的目標對象？如何在有限的人力資源市場，甄選適當的員工？如何配合不同員工的個別需要，靈活運用安排班表？就成爲旅館幹部不可或缺的技巧之一。

一、人力規劃

許多人都有一個共同的疑惑，只要走上街頭就可以看到大量的人潮，擁擠的人群中難道都沒有我需要的人嗎？這麼多的人都跑到哪裡去了？雖然許多的調查資料顯示出服務業成長快速，年輕人投入服務業的比例大幅度的提高，可是爲什麼每次登報的徵人啓事效果都不佳，門可羅雀的景象令人心寒。過去在大量應徵者中，精挑細選下，仍然可以找到一些不錯的人選？報紙眞的有這麼大的發行量嗎？似乎要找到合適的人選去遞補空缺是愈來愈難了，如果僅由旅館人力資源部門去負責人力規劃的工作，是很難成功的找到最佳的員工，因此人才的開發已變成是旅館內每個人的共同責任。

旅館人力規劃大致可分爲兩大部分：招募員工及甄選員工。

（一）招募員工

旅館招募員工的步驟有三項：

1.找出應徵職位應具備的工作技巧、個人特質、相關經驗或專業知識。

（1）訂定明確的職務說明書。

（2）找出該職位應具備的人格特質。

（3）專業技巧及知識。

（4）相關工作的經驗或年資。

2.找出具有上列工作技巧、個人特質、相關經驗或專業知識及發展潛力的員工。

（1）公司內部員工的徵才。

（2）利用大衆傳播媒體對外徵才。

3.找出可以讓上述人員得知有此工作機會的管道或媒體。

（1）報紙徵才廣告。

（2）《就業情報》等相關雜誌。

（3）夾報。

（4）校園徵才。

（5）建教合作（國內、外相關科系學生）。

（6）自行張貼徵才廣告（社區活動中心……）。

（7）車廂廣告．

（8）殘障協會。

（9）青輔會。

（10）職訓局。

（11）救總。

（12）專業訓練機構。

（13）員工推薦。

（14）主動前往結束營業之公司徵才。

（15）電視廣告。

（16）徵才傳單。

無論採用何種方式，第一步要作的是先確定您所要徵募人才的基本條件（如教育背景、性別、相關工作經驗、年齡、工作內容及工作時間等），然後找出他們最常出入的場所、區域，或接觸最頻繁的大衆傳播媒體爲何？如果你仔細的觀察，有時你會發現其實這些人就經常出現在你的周遭，只是因爲您選擇的傳播媒體，並不是這些目標人選會接觸的媒體，徒然浪費了大量的廣告費用。因此，先瞭解目標對象的習性再對症下藥，才是正確解決旅館人力荒的第一步。

（二）甄選員工

一般公司均會讓缺員單位的主管直接參與員工的甄選工作，但大部分的幹部都在未接受過面談技巧的訓練之前，即面對甄選的考驗，從一次又一次的錯誤及挫折經驗中痛苦成長，這對前來應徵及主試者雙方都是不公平的。事實上，如果有良好的面談技巧，不僅能僱用到高品質的員工，同時也可以降低員工的流動率及教育訓練的時間。

旅館甄選員工的步驟有五項：

1.詳閱應徵者信函並與推薦人查對應徵者之資料。
2.讀取應徵信函時請查對相關資訊以便決定應徵者是否具有與工作相關之技能、個人特質以及經驗或知識。
3.如果與推薦人查對，請直接和應徵者的前任上司談話，但切記前任雇主有權防止機密檔案外洩。
4.與應徵者面談。
5.聘僱最合適之人選。

（三）面試（interview）作業

通常辦理一次正式的面試，如果以面試的時間來區隔可分為：面談前準備、面談進行及面談後評估等三部分。

1.面談前準備：面談前準備工作，包括：

（1）詳閱應徵者是否與公司要求之標準，有太大的差距。

A.應徵者是否具備必備的經驗或訓練。

B.希望待遇是否與公司有太大的差距。

C.接受教育或僱用期間曾經中斷。

D.是否經常找工作。

E.學歷期間是否有衝突或不完整。

F.是否遺漏任何重要項目。

（2）瞭解公司及應徵職位。

A.該職位的工作說明。

B.瞭解任用流程。

C.該職位的發展及前景。

E.公司的重大策略。

F.薪資福利制度。

G.發展沿革。

H.相關的產品。

（3）甄選標準及面談中要問的問題（多問一些能讓應徵者加以敘述的問題）。

（4）預估安排面談的時間。

（5）準備面談場地。

2.面談進行：面談進行之內容，包括：

（1）開場白。

（2）勿問不適宜的問題（只問與應徵工作直接關聯的問題）。

（3）追蹤問題。

（4）作筆記。

（5）掌握進度。

（6）結束面談。

3.面談後評估：面談後的評估內容，包括：

（1）經歷查核。

（2）各甄選標準間相對的重要性。

（3）應徵者的可塑性。

（4）瞭解人力市場的情形。

（5）衡量內部現有員工的情形。

4.面談技巧：面談技巧的重點，包括：

（1）時間控制。

（2）蒐集相關資訊。

（3）追根究底。

二、人力配置

人力配置需要事先妥善計畫，每一天每一位員工所需負責的工作。小心安排工作時間，並且要提前幾天完成此一表格。當幹部能有效率地使用人力配置技巧，就能協助其所屬機構的預算不致超支，並爲員工提供一個更有組織的工作場所，使顧客滿意度提高。

要注意的是，隨旅館規模、編制之不同，幹部能有效率的使用人力配置也有不同。即使現在參與的程度很低，有一天也會因職務所需，而必須學習瞭解如何去分配人力。

在進行旅館人力配置作業時，通常應考慮的因素如下：

（一）情報預測

一般預測是以一個月、十天、三天爲預估基礎，你可用一個月的預估值來排員工班表，再利用十天及三天的預估值，作爲修訂班表的參考。

在作情報預測時，可以依下列可能發生的狀況，作爲排班預測時的參考：

1.季節性變化人潮（如特殊節慶、寒暑假期、球季、考季等）。

2.藝文活動期間。

3.選舉。

4.交通黑暗期。

5.建築工程進行期。

6.促銷活動（如美食節、展覽活動等）。

（二）人力編制手冊

在人力編制手冊中，應該依公司服務品質要求的標準去執行；換言之，當一個受過訓練的員工，每周在正確的作事方法下，達到的工作預期成果，並利用數據化的統計分析，作爲單位主管在安排人力時的參考依據。

1.這份手冊是依據餐廳的上菜量或桌數、客房部門的客房清潔間數爲基礎，換算成所需的總工作時數，及每一名員工需工作的小時數。

2.在作人力配置時應注意，工作時數與生意量的增加比例，不一定是平行遞增的。如何安排適量的人力，以有效控制人事成本，是每位身爲主管者，應該精通的基本技巧之一，因爲這正是個人管理能力的表徵，不但爲你的部門節省昂貴的人事費用，也爲旅館創造更高的利潤。

（三）專職員工與臨時員工

每一個服務業都會僱用專職員工（full time）和臨時員工（part time），在安排班表時，兩者都須列入考慮，固定員工不論是淡、旺季都須服勤工作，亦即不論顧客人數是多或少，服務人員均須列位以待。

1.如果業務量超過某一標準時，就需要額外的人力來支援，這也就是一般所稱之「臨時人員」；其比例是隨著業務量的大小而增減，如用餐人數及住宿人數愈多，則需求量愈大。

2.在營業淡季時，通常是由固定職務的專職員工擔任。此時也可機動安排正式員工休假，或實施教育訓練課程，而由臨時員工擔任固定職務的工作。額外的工作量，除了可以僱用臨時人員擔任之外，也可以視情況要求相關員工協助，如清洗碗盤的工作，可以要求廚師助理予以協助。

（四）工作時間表

依據到客的尖、離峰時段，將人力作彈性的調整，先將每一個職務一天內所需工作的總時數列出來，配合營業單位的營業起訖時間，將員工的上下班時間交錯安排，亦即切勿將員工的上下班時間安排完全一致。

1.爲了因應目前新新人類自我意識的高漲，他們對工作時段的需求更多元化，有些希望當夜貓子，天黑了才開始上班，也有些人喜歡大清早的工作時段，有人喜歡一天只上三小時的班，也有願意一天上八小時的班，如果能將上下班時間作有變化及彈性的配合，對人力的配置將有助益。

2.人力資源的多國籍化，二度就業人口的再投入，都是我們應該及早先規劃的重要課題，要想在旅館業中更出類拔萃，就必須在人力規劃上，更有創意的去開源與節流。

綜上所述，旅館業的人力規劃與配置，各依人事管理作業上之要求程度，略有差異。如依其差異程度區分，具有下列三種特性：

1.專業性：指具有特殊專長的員工，包括接待員、訂房員、餐飲服務員、會計與財務人員等。

2.技術性：指具有專業技術的員工，包括工程保養人員、餐飲烹調人員、司機等。

3.非技術性：指較不需要專業知識的工作人員，如清潔工、做床工、洗衣工、洗碗工、雜工及一般事務性辦事員等。

貳、領導統御的概念

「領導統御」在過去的旅館管理中是常被引用的一個名詞，而且我們也常聽到有人說：「某人眞是天生的領導人物！」難道只有這些天生具備較他人強烈的領導傾向或能力的人，才是最適合扮演領導者角色的人嗎？或許這些人比一般人多具備了一些先天的特質，但實際上，任何一個有心發展自己領導特質的人，都可以透過教育訓練的課程，學習到領導的方法及技巧，進而成為一個成功的旅館管理者。

一、領導風格

目前在旅館業之中，已逐漸由人的管理（managing people）或員工工作績效管理（performance management），取代了以往所謂的「領導統御」課程，但仍然強調身為一個管理幹部（領導者）應扮演的角色，及其他應注意的管理技巧，唯一的差別只是比以往更「人性化」而已。

當一個人從基層單獨的個體成員，晉升到需要為其他人的表現負責時，他就變成了一位基層的管理幹部。對旅館員工來說，他是管理階層的代表，對管理階層而言，他又是員工的代表；同時他也可能是其他幹部的工作榜樣。在脫離了基層員工的工作崗位之後，許多人均是一則以喜，一則以憂，喜的是在社會經驗及工作生涯的成長中更上了一層樓，憂的則是人的管理工作更爲複雜。

許多的旅館低階管理幹部，在剛進入旅館工作的時候，都滿懷著熱忱與信心，可是經過一段時間的歷練之後，總覺得自己必須應付四面八方的各種要求，尤其是經常要面對上級主管的責難與諸多挑剔，對下則又要應付部屬的各種挑戰及處理各項疑難雜症。要在衆多的內、外部顧客中應對自如，實非易事，因此，挫折感逐漸取代了原先的熱忱與信心。旅館業者在此時，如果未適時予以協助其員工，作好公司內的生涯規劃，並給予適當的教育訓練，這些具有發展潛力的人才，將會迅速的流失到同業競爭者的陣營之中，或轉入其他的行業，而造成旅館業人力極大的損失。

領導風格有各式各樣，且各具獨特之處。通常旅館的管理幹部會運用幾種基本的領導風格（見表11-1）。

每一種領導風格都會形成不同的工作士氣，而在不同的情況下，每一個風格都有可能是最佳選擇，必須因地制宜。影響旅館管理者領導風格之因素有三：

（一）在個人方面

會因爲個人的個性、知識、價值觀、道德觀、經驗，以及個人的思考判斷方式而有相關程度的影響。

（二）在員工方面

每個員工都各有其性格與背景，會被不同的主、客觀因素所影響。

表11-1　旅館管理幹部常用的基本領導風格

權威式領導（照我的方法去作）	權威的領導者向來是自作主張，不會詢問員工的意見，他們通常會自己先作決定，然後下命令，而員工只要照著去作便是。
官僚式領導（一切按規定來）	官僚作風的管理幹部一切行事全照規矩來，任何步驟都按部就班地傳達給員工，你只要按照既定的執行步驟去作即可。
放任式領導（各自發揮己長）	此型的管理幹部對員工僅給予大方向的指示，並儘量不干預他們的行事，在這種領導風格中，員工自己訂立目標，決定工作方式，自主地解決問題。
民主式領導（大家舉手表決）	民主式領導需要全體人員的參與，民主的領袖有如一位教練，試圖建立團隊精神。他有最後的決定權，不過其他工作人員也可以充分的發表個人的意見，經過充分的討論，找出最有效率的方法。

（三）在組織方面

整體組織的傳統文化及企業的經營哲學，會對所有的管理幹部的領導風格產生影響。

二、領導統御的技巧

領導統御屬於領導管理學問中的一項藝術。旅館業在實務運用中必須具備之領導統御技巧如下：

（一）處事態度

1.積極的工作心態——鐵釘的精神：作爲一個主管必須有主動積極的工作態度及精神，作爲員工的表率，見到不對的事時，不使事情惡化，能立即作處理及解決，就如看到一隻銹了的鐵釘在員工出入頻繁的地方，可能會傷到員工，自己就能主動的採取必要的行動將其消除。

2.遇到問題，不抱怨，多提案：身爲主管，要有正面負責的心態，不能遇到問題就抱怨、推卸責任、逃避問題，要面對問題，並且要對問題提出見解看法，建議上級解決的方法，老闆不喜歡只會抱怨、批評的主管，他希望的是一個會有建議，會提有效解決方案的主管。

3.主動協助其他部門，排除本位主義：記得我們都在同一艘船上，同舟共濟，故不可以分彼此，當其他部門需要幫忙時，不可袖手旁觀，要主動提出協助，要寬廣的思想，不可有狹窄的心胸，認爲其他部門的事，不關我們的事，不要去插手。

4.與他人意見不合時，記得別人也有權力，應以大體爲重：我們的主管、客人、員工或同仁持有不同意見時，不可只認爲自己的想法作法才是最好最正確的，因爲別人也有權力表達他們的意見，要聽聽他人的建議，凡事以大體爲重，不可一意孤行。

5.知人善用，用人不疑，疑人不用：在領導員工時不要有太多的猜疑心，要觀察，但非不信任的偵察，否則無法帶心。

6.戒口舌，作主管不亂說話，不亂罵員工：三思而後行，要說話時一定要愼思，不管對上對下，不可口不擇言，說話不負責任，也不可因爲自己的脾氣本來就是豪爽就可以先說了，若是有錯，事後再道歉就可以了。要記得當傷害造成時，所要花費的時間及精神去彌補是相當困難的。

7.己所不欲勿施於人；己所欲，施於人：自己不想要的事情或問題，就不要給同仁員工；自己想要的別人也一定會想要，那就一起同享吧！

8.注意形象：身爲主管，如爲人師表，要注意自己的言行、服裝儀容都是我們的員工學習模仿的對象，故不可……。

9.有創造力：工作一成不變，自己會覺得無聊，員工也會無趣，不要老是墨守成規，每天用同樣的方法作同樣的事，有時候可以換種方式；在作決策的時候，也不要用同樣的思考方式去想，可以用不同的方式（如逆向思考），或找不同的人參與，所得的結果常常是令人滿意的。

（二）做人原則

1.上進、多聽、多看、多學、多問，隨時充實自己：不進則退是大家都知道的道理，餐旅業是一個融合高科技及許多藝術的結晶品，身為一個餐旅業者要隨時保持學習的心態，吸取新知，否則無法跟上時代，會被淘汰或被客人笑無知，被同仁員工看不起，並且要吸收的知識，不只是自己的專業領域，而是要能跟得上潮流，及社會流行的轉變。

2.謙虛、不吝嗇：當主管不可驕傲，記得員工才是讓我們成功的一群，故平常待人處事要謙虛、不炫耀，要知道如何分享，能夠如此必能得到同仁及屬下的肯定及敬佩。

3.守信、實踐諾言：作一個實踐諾言、守信的主管，言出必行，才能建立起在員工心目中的權威。

4.以身作則，遵守規定：許多的主管是破壞公司的人，認為自己是特權，可以隨意的不遵守規定，反正也沒有專人處置。要記得員工不是傻瓜，我們的一舉一動都在他們的眼裡，要讓員工服氣，就要讓他們看到我們都跟所有的員工一樣遵守公司的規定，如此才有辦法帶心。

5.不批評主管及公司：在工作時難免有不合理的政策或決定，我們絕不可以用批評上司或公司的方法去處理，應該盡力去溝通反應不合理的地方，而建議改進的方法，否則我們的屬下會因爲我們的反對或負面的反應，而對公司或上司有所懷疑，進一步的造成不信任或反對的情形。

6.知錯能改：人非聖賢，一定有可能犯錯，遇到自己犯錯時，不要推卸責任，知錯能改，勇於面對問題，才能有所改進。

（三）管理方式

1.走動式管理：管理者不宜整日待在辦公室內或固定的地方，一定要至外場巡視，實際瞭解員工的工作狀況，以便隨時掌握員工工作情緒反應，作適當之處理，並且可以讓客人看到主管現身而感到服務較佳。

2.員工參與，集思廣益：我們並非萬能的，遇到問題時要鼓勵員工參與，三個臭皮匠更勝過一個諸葛亮，因爲員工每天都面對客人，如果有員工的參與，則解決問題的方案一定比較能落實。

3.倒金字塔型的組織觀念：在執行工作任務時皆要靠基層的員工在第一線上去服務客人，身爲主管必須瞭解本身最主要的工作就是去協助員工，讓他們能盡心盡力的服務客人。記得員工是我們最珍貴的事業夥伴，有快樂的員工才會有快樂的客人。

4.以同理心待員工，員工的錯即是自己的錯：在處理員工事務時，要以同理心來對待員工，作決策時要先考慮員工的立場困難及我們給予他的人力、時間及設備等，所以當員工犯錯的時候，必須先檢討自己是否未能給予足夠的協助、教導、指引、時間等。要站在員工的身旁，將問題當作是員工與你的問題一起解決，而非一昧的指責員工的不是，並站在對立的立場。

5.與員工分享成果，多利用讚美鼓勵員工：記得有福同享，有難同當，當發生問題時，與員工共同承擔並解決問題，當有功有獎時，要記得與你的員工一起分享。人都喜歡被讚美，在輔導員工時，少責罵多讚美，效果會更好。

6.培訓員工增加工作樂趣：員工是我們最珍貴的事業夥伴，當你用老師或父母的心態去栽培我們的子弟時，看到他們一點一點的成長，是最令人快樂安慰的事。而且員工會永遠記得是誰教導他們的，雖然現在年輕一輩的新新人類的社會價值觀，不盡相同，但記得一日爲師終日爲父，只要他們能心存感激，在工作時一定能發揮出該有的效果。

7.具備專業條件：一個完整歷練的主管必須具備下列條件：

（1）專業知識：身爲一個部門或單位的主管，必須具備有該單位的專業知識，餐旅事業是一個不重學歷的行業，員工較尊崇一位具有專業素養的主管，故身爲主管必須對自己部門的專業領域有充分的瞭解，才能有權威的領導自己的員工。

（2）財務知識：身爲主管，除了專業知識之外，必須具備有財務方面的基本概念，因爲本身尙負有控制部門的預算、營收、成本之責任，不是只有把專業工作作好，而不管成本及營收的結果，因爲老闆要看到的是營運的成果。

（3）人事管理：旅館是由各項設備與人所組成的，我們每日工作都是與人相處，每日所處理的事都是與人有關的事務，所以平常要多與客人、老闆、同仁、屬下及廠商相處。故人與人的相處技巧就非常的重要，尤其是與員工相處之道，管理員工的方法，對人力的開發、轉導、訓練、培養，都是主管的工作，而非交給人事訓練部就沒事了。

(4) 行銷能力：在餐旅業中，每個人都是業務員，主管更是要充分表現出其行銷的能力，在推行公司政策，及在倡導公司的經營理念時，我們要向員工推銷、說服，當員工或我們有建議要向上面說明，要面對上級的質詢，主管也要有推銷自己主意的能力，面對客人推銷產品，更是必須具有行銷的能力。

人事管理的最主要精神，是在強調群策群力，以達整體之營運目標，運用管理知識及技能，爲員工創造良好的工作環境，激發部屬發揮潛力，達成組織總體生存及整體目標，提升員工福利與士氣，並兼顧員工之個人目標，協助員工個人的成長。

完善的旅館管理並非只是緊掐著員工的脖子不放，優秀的幹部應該知道如何在嚴厲與放任中拿捏得宜。一般而言，旅館管理是由計畫、組織、執行及控制四個功能所組成，其在管理者的日常實際工作中所占的比例，是依個人在組織中之職位高低，而有相當程度的差異。

在基層主管部分以執行功能占的比例最高，而職位愈往上發展，所負的責任愈重，因此花在計畫及控制的時間也逐漸擴增，而在執行功能的比例則愈來愈少。茲就人事管理在旅館管理上運用的四個功能說明如下：

1.計畫：最基本的管理功能就是計畫。它包括設立組織（部門或課、組、室）的目標，並決定採行何種步驟（工作流程及作業方式），以達到此目標。

2.組織：組織功能包括了將目標變成工作，然後將工作分派至不同的工作區域。重新設定組織之工作區域，妥善的運用各項資源，以期達到目標。

3.執行：執行功能是一種適當的人際關係運用，包括與員工的協調，告訴他們如何作，適當的影響他們，使其發揮最大的長處，以便讓工作能順利完成。此功能在管理功能中，是與人產生最多關係者。

4.控制：確定所有的計畫都循序進行並恰如其分地逐一實施。控制功能與評估員工達成目標之工作表現及其代價有相當的關係，如果督導人員發覺員工的工作表現，無法達成既定目標時，應採取適當的步驟，以改善這種不良的情況。

為了提高旅館全體員工的向上心和工作效率，除了應該考慮管理的方式之外，也應注意與員工的溝通方法。雖然用優厚的待遇和良好的工作環境可以吸引員工，但是適當的管理方式，將會更有效果。

三、激勵員工士氣

每一位身為旅館管理者的人，在面對員工生產力不斷下降時，最希望的都是能在最短的時間內，恢復原有的生產力，因此，有許多的主管開始運用威逼（設定更高的目標、加強員工績效的督導與考核、超時工作），結果是生產力的確有改善，甚至會瞬間的強力彈升，但換來的卻是員工的抱怨及員工離職率的增加；利誘（高績效獎金、團隊競賽優勝獎勵）、各項競賽，換來的是員工間及部門之間的隔閡及相互對立。

身為旅館管理者，無不希望在甄選新員工時，挑選的都是在工作上能主動積極、努力付出，面對顧客時都能親切有禮的人。因爲如果我們仔細的回顧一下自己在工作上的成長歷程，看看自己的過去，將不難發現每當我們進入一個新的工作崗位（不論是剛進入一家新的公司或是初任一個新的職位）初期，周遭的一切，對一個新人來說，都是那麼的新鮮、有趣，在這段期間，我們無不全力以赴，惟恐自己的努力不夠，更希望能藉著良好的表現，獲得主管的認同。面對顧客時，臉上帶著誠懇的微笑，無微不至的爲別人付出。那種強烈的自我原動力（self-motivation），讓我們不畏懼任何的困難險阻，全心的向前衝刺，就算偶有失敗挫折，也能快速的站起來。

員工的原動力最高昂的時候，莫過於開始工作的前幾天或前幾個星期，這個時候員工最在意工作的表現，是否能取悅上司，同時也不吝於賣力表現，這也是最適合管理人員利用策略，來保持這股熱力的時機，因此，激勵員工是一項必須持續不斷的工作。

（一）爲何要激勵員工

凡是受到適當激勵的員工，通常會發揮工作潛力，他們會更快樂地準時向工作崗位報到，同時對工作的忠誠度也高於未受到激勵的員工，因受到激勵的員工會視工作爲個人之事業。激勵員工的好處如下：

1.降低的人事流動率：因爲他們喜歡這種工作，所以會作得更久。
2.既省時又省錢：人事流動率降低，正意味著你和你的所屬機構可節省訓練新員工的成本與時間。
3.更高的生產力與工作表現：當你擁有一批老練的員工，而不是一批又一批的新手輪番上陣時，整個工作表現自然又快又好。

4.更低的缺席率：有原動力的員工會準時上班，所以你不必花太多時間去調度人手，也不必約束甚至開除一些經常缺席者。

5.減少問題：有原動力的員工會自行解決問題，毋需您督促。

6.愉快的工作環境：員工喜愛工作，並渴望工作，顧客自然也有賓至如歸的感受。

（二）激勵員工的秘訣

1.解釋員工職責上所必備的工作技能，並向他們仔細地敘述工作內容。

2.瞭解你的員工，並針對個人專長及個性適當地運用激勵技巧。

3.協助你的員工，讓他們渴望受到刺激。

4.在你和你的員工間，廣開溝通的管道。

5.無論何時，儘可能讓員工參與和本身有關的決策過程。

6.當員工完成工作時，請給予讚美。

7.當問題發生時，樂於承擔起責任。

8.充分的授權給員工，讓他們去完成工作任務。

9.尊重員工的能力，讓員工按他們所受的訓練去作，即使有時候你自己作會更快、更好。

10.激勵員工的方式甚多，宜視實際需要決定之，如：

（1）金錢：獎金、優待券、招待券……。

（2）獎賞：獎狀、獎品、升遷……。

（3）充實工作。

（4）參與決策、計畫。

（5）競爭（自我、個別、團體）：良性競爭使人力爭上游。

（6）懲罰（處分與恐懼）。

員工的自我原動力，通常來自於外在的刺激，與發自於內心的自覺，也就是身爲旅館管理者在日常工作之中應該隨時的給予員工正面的回饋，激勵員工。協助員工在工作之中尋找工作的樂趣，以及在工作之中尋找自我成長，與成就感的實現。

落實讚美式的回饋，多在員工身上給予正面的回饋，如果員工在工作上有錯誤，應該給予的是強調他的可取之處，以及可以改進的方向與方法。用讚美的方式來維持員工在工作上的自我原動力，自我原動力才是激發員工產生完成個人與職業目標的欲望，這是一種來自個人內在的力量，而非由主管鞭策而來。主管們能作而且應該作的，就是用讚美取代指責。

讚美乃是一項絕佳的激勵要素，當你由衷褒獎一名員工，你會得到下列的結果：

1.提高士氣：美言一句，令人心花怒放。

2.建立正確行爲模式：以讚美優良表現來取代責罵錯誤行爲。

3.鼓勵與肯定：無論貢獻是多麼微不足道，只要達成部門目標，就別吝於讚美。

每個人都希望受到讚賞，當你的員工感受到你對他們的重視，他們就會爲你全力以赴。

第二單元　名詞解釋

1.人事管理：指人事部門之管理業務，包括用人、獎懲、賞罰、福利等業務均屬人事管理之範疇。

2.走動式管理：指主管隨時到營業場所巡視，如發現營業人員服務或接待顧客方式需改進時，即適時給予指導；或利用集會時公開宣導。

3.專職人員（full time）：指正式職員，各依其部門，具有專屬的任務與職責。

4.臨時員工（part time）：指臨時受僱於某家公司，薪水大多以小時計算。

第三單元　相關試題

一、單選題

(　) 1.解決旅館人力荒的第一步爲先瞭解（1）市場狀況（2）目標對象的習性（3）廣發徵人啓事（4）印製宣傳單　再對症下藥。

(　) 2.工作時數與生意量的增加比例（1）成正比遞增（2）成倍數遞增（3）不一定平行遞增（4）成反比遞減。

(　) 3.如果旅館業務量超某一標準時，需要額外的人力支援，此額外的人力稱爲（1）正式人員（2）外勞（3）苦力（4）臨時人員。

(　) 4.管理幹部對員工僅給予大方向的指示，並儘量不干預他們的行爲，員工自己可以訂定目標，決定工作方式，自主地解決問題是屬於（1）放任式（2）權威式（3）官僚式（4）民主式　的領導。

(　) 5.旅館業最珍貴的事業夥伴爲（1）同業（2）員工（3）老闆（4）主管。

二、多重選擇題

(　) 1.旅館人力編制手冊是依據（1）餐廳上菜量或桌數（2）客房部門的客房清潔量（3）管理部門的人力（4）人事部門的員工人數。

(　) 2.旅館臨時人員的比例是隨著（1）業務量大小（2）用餐人數（3）廣告次數（4）住宿人數。

(　) 3.讚美是一項絕佳的激勵要素，當你由衷褒獎一名員工時，你會得到何種結果（1）報復（2）提高士氣（3）建立正確的行爲模式（4）鼓勵與肯定。

(　) 4.員工的自我原動力，通常來自於（1）人事流動率（2）外在的刺激（3）發自內心的自覺（4）瞭解個人的需求。

(　) 5.下列何者屬於激勵員工的方式（1）獎金（2）獎狀（3）升遷（4）參與決策。

三、簡答題

1.招募員工的方式有哪三項？

2.旅館人力規劃大致可分爲哪兩部分？

3.面談技巧的重點包括哪三項？

4.旅館的人力規劃與配置，如依其差異程度區分，具有哪三種特性？

5.影響旅館管理者領導風格的因素有哪三項？

四、申論題

1.試述激勵員工的秘訣？

2.試扼要說明人事管理在旅館業管理運用上的功能？

3.一個完整歷練的主管必須具備之條件爲何？

4.試申論旅館業在實務運用中必須具備之領導統御技巧？

5.試述徵選員工的步驟？

第四單元　試題解析

一、單選題

1.（2）2.（3）3.（4）4.（1）5.（2）

二、多重選擇題

1.（1.2）2.（1.2.3.4）3.（2.3.4）4.（2.3）5.（1.2.3.4）

三、簡答題

1.答：

（1）找出應徵職位應具備的工作技巧、個人特質、相關經驗或專業知識。

（2）找出具有特殊工作技巧、個人特質、相關經驗或專業知識及發展潛力的員工。

（3）找出可以讓上述人員得知有此工作機會的管道或媒體。

2.答：招募員工，甄選員工。

3.答：時間控制，蒐集相關資訊，追根究底。

4.答：專業性，技術性，非技術性。

5.答：

（1）個人方面：會因為個人的個性、知識、價值觀、道德觀、經驗，以及個人的思考判斷方式而有相關程度的影響。

（2）員工方面：每個員工都各有性格與背景，會被不同的主、客觀因素所影響。

（3）組織方面：整體組織的傳統文化及企業的經營哲學，會對所有的管理幹部的領導風格產生影響。

四、申論題

1.答：激勵員工的祕訣大致上有下列幾項：

（1）解釋員工職責上所必備的工作技能，並向他們仔細地敘述工作內容。

（2）瞭解你的員工，並針對個人專長及個性適當地運用激勵技巧。

（3）協助你的員工，讓他們渴望受到刺激。

（4）在你和你的員工間，廣開溝通的管道。

（5）無論何時，儘可能讓員工參與和本身有關的決策過程。

（6）當員工完成工作時，請給予讚美。

（7）當問題發生時，樂於承擔起責任。

（8）充分的授權給員工，讓他們去完成工作任務。

（9）尊重員工的能力，讓員工按他們所受的訓練去作，即使有時候你自己作會更快、更好。

（10）激勵員工的方式甚多，宜視實際需要決定之，如：

A.金錢：獎金、優待券、招待券……。

B.獎賞：獎狀、獎品、升遷……。

C.充實工作。

D.參與決策、計畫。

E.競爭（自我、個別、團體）：良性競爭使人力爭上游。

F.懲罰（處分與恐懼）。

2.答：

（1）計畫：最基本的管理功能就是計畫。它包括設立組織（部門或課、組、室）的目標，並決定採行何種步驟（工作流程及作業方式），以達到此目標。

（2）組織：組織功能包括了將目標變成工作，然後將工作分派至不同的工作區域。重新設定組織之工作區域，妥善的運用各項資源，以期達到目標。

（3）執行：執行功能是一種適當的人際關係運用，包括與員工的協調，告訴他們如何作，適當的影響他們，使其發揮最大的長處，以便讓工作能順利完成。此功能在管理功能中，是與人產生最多關係者。

（4）控制：確定所有的計畫都循序進行並恰如其分地逐一實施。控制功能與評估員工達成目標之工作表現及其代價有相當的關係，如果督導人員發覺員工的工作表現，無法達成既定目標時，應採取適當的步驟，以改善這種不良的情況。

3.答：一個完整歷練的主管必須具備下列條件：

（1）專業知識：身為一個部門或單位的主管，必須具備有該單位的專業知識，餐旅事業是一個不重學歷的行業，員工較尊崇一位具有專業素養的主管，故身為主管必須對自己部門的專業領域有充分的瞭解，才能有權威的領導自己的員工。

（2）財務知識：身為主管，除了專業知識之外，必須具備有財務方面的基本概念，因為本身尚負有控制部門的預算、營收、成本之責任，不是只有把專業工作作好，而不管成本及營收的結果，因為老闆要看到的是營運的成果。

(3) 人事管理：旅館是由各項設備與人所組成的，我們每日工作都是與人相處，每日所處理的事都是與人有關的事務，所以平常要多與客人、老闆、同仁、屬下及廠商相處。故人與人的相處技巧就非常的重要，尤其是與員工相處之道，管理員工的方法，對人力的開發、轉導、訓練、培養，都是主管的工作，而非交給人事訓練部就沒事了。

(4) 行銷能力：在餐旅業中，每個人都是業務員，主管更是要充分表現出其行銷的能力，在推行公司政策，及在倡導公司的經營理念時，我們要向員工推銷、說服，當員工或我們有建議要向上面說明，要面對上級的質詢，主管也要有推銷自己主意的能力，面對客人推銷產品，更是必須具有行銷的能力。

4.答：

(1) 處事態度

A.積極的工作心態──鐵釘的精神。

B.遇到問題，不抱怨，多提案。

C.主動協助其他部門，排除本位主義。

D.與他人意見不合時，記得別人也有權力，應以大體為重。

E.知人善用，用人不疑，疑人不用。

F.戒口舌，作主管不亂說話，不亂罵員工。

G.己所不欲勿施於人；己所欲，施於人。

H注意形象。

I.有創造力。

(2) 做人原則

A.上進、多聽、多看、多學、多問，隨時充實自己。

B.謙虛、不吝嗇。

C.守信、實踐諾言。

D.以身作則，遵守規定。

E.不批評主管及公司。

F.知錯能改。

（3）管理方式

A.走動式管理。

B.員工參與，集思廣益。

C.倒金字塔型的組織觀念。

D.以同理心待員工，員工的錯即是自己的錯。

E.與員工分享成果，多利用讚美鼓勵員工。

F.培訓員工增加工作樂趣。

G.具備專業條件。

5.答：旅館甄選員工的步驟有五項：

（1）詳閱應徵者信函並與推薦人查對應徵者之資料。

（2）讀取應徵信函時請查對相關資訊以便決定應徵者是否具有與工作相關之技能、個人特質以及經驗或知識。

（3）如果與推薦人查對，請直接和應徵者的前任上司談話，但切記前任雇主有權防止機密檔案外洩。

（4）與應徵者面談。

（5）聘僱最合適之人選。

第十二章　服務管理

第一單元　重點整理

服務理念

顧客關係的建立

第二單元　名詞解釋

第三單元　相關試題

第四單元　試題解析

第一單元　重點整理

壹、服務理念

服務是為肯定人、事、地、物的價值所作的特別努力，服務所給予的是一種經驗品質，是超物質的，如果沒有一點文化水準或生活品味，是無法瞭解服務的眞義。因為當一個國家經濟發展到想要追求更精緻的生活品質時，才有服務的產生。

當我們提供產品給顧客時，產品的價值，遠不如將產品呈現給顧客的方式。換言之，產品本身的價值，只占總價格的四分之一，而服務的價值卻三倍於產品。實際上，我們所給予顧客的是滿足感（satisfaction）、信賴感（reliability）及尊重感（appreciation），而我們自己也獲得成就感、榮譽感及使命感。

一、服務的涵義

服務乃是旅館的生命，也是無價的、無形的商品。旅館的建築，不論怎樣的壯觀堂皇，內部設備怎樣的富麗豪華，假使旅館員工對顧客的服務，不能令人有「賓至如歸」的感覺，就等於虛有其表，形同虛設。

「顧客至上」、「服務第一」，乃是商界通用的口號，但是沒有比旅館更需要這兩個口號。目前旅館同業競爭激烈，旅館的建築物愈來愈大，設備愈來愈新式，陳設布置愈來愈富麗豪華，不過業務成功之道，並不全在於有形的物質之上，而應著重在無形的服務方面，看誰能誠心盡意為顧客服務。服務顧客除了要先有上述的正確共識之外，本身必須具備愛人的美德，與為人服務的熱忱，並能充分發揮敬業的精神、專業的知識與技能。這樣，才能用我們的服務，「讓顧客滿意，而自己得意」。

（一）服務的內涵

綜合國內外學者專家意見，可歸納出服務的內涵，包括心理問題，及具體行動問題（並不是指眞正的行動，而是以輕鬆愉快的態度，表現出適當姿態的行為）。因此，凡是被用為銷售，或因配合商品銷售而連帶提供之各種活動（activities）、利益（benefits）或滿意，均可列入服務之範疇。

（二）服務的特性

服務以滿足顧客的需要為前提。雖然各學界對於服務之定義及組成的說法甚多，但整合其意見，服務可歸納出下列四項共同的特性：

1.無形性（intangibility）：服務的銷售是無形的，顧客在購買一項服務前，看不見、嚐不著、摸不到、聽不見，也嗅不出服務的內容與價值；因此，服務的購買，必須對服務提供人的信心為基礎。換言之，無形性質使得服務在與顧客溝通上，產生困難。

2.異質性（heterogeneity）：服務業的產出沒有一定的標準，會隨著情境與服務人員而異。同一項服務，常由於服務的提供者與服務時間的不同，而有許多不同的變化。具體言之，服務品質的異質性，可能因不同的服務人員而不同，甚至於即使是同一個服務人員提供的服務，也可能因爲不同的顧客、地點、時間而有所不同。所以，服務是高度可變的，其品質可能隨何人、何時、何地提供服務而有不同，由於服務是一種由人來執行的活動，生產過程中牽涉到人性因素，使得服務品質不容易維持一定的水準。

3.不可分性（無法分割性）（inseparability）：一般有形的產品是先生產再銷售，然後消費使用，而服務則爲先出售再生產或消費，而且生產與消費是同時進行的。正因爲服務的提供與消費是同時發生的，使得消費者必須介入生產的過程。這使得服務愈爲頻繁，因此互動關係影響服務品質水準甚鉅。

4.不可儲存性（易消滅性）（perishability）：服務無法儲存，沒有「存貨」，其價值乃在於及時的消費。一般有形產品可以生產若干的數量後予以庫存，或者消費者（住宿旅客）可以考慮本身的使用情形，在採購時多買一些，以備不時之需，然而服務卻與一般有形產品的性質完全不同，因爲服務是無法儲存的。因此，當需求有波動時，要使服務的供給與需求配合相當困難。消費者可能無法及時享受到服務，而使滿意程度降低。

由於服務具上述四種特性，使得服務需求的管理及規劃方面不無諸多困難。如當旅館需求熱絡時，旅館業的產能卻很難即時增加，結果導致了住宿旅客的喪失，或使住宿旅客的滿足感（滿意程度）降低；但在需求低落時期（即淡季或非尖峰需求時段），服務的作業設備和人力資源，又呈現未充分利用的現象，造成資源閒置的浪費及損失。

綜觀國內外對服務的看法，除了一些名詞上的不同外，均屬大同小異。

依上述服務的特性，可瞭解服務是以收費爲目的，而替他人完成某項事件。因此，服務的特質可歸納爲下列十項：

1.服務的製造係與服務的提供，同時發生的，不能提前生產或以存貨保存。
2.服務無法集中製造、屯積或倉儲。
3.服務這項「產品」無法展示，也不能在服務提供之前，以樣本送交顧客查看。
4.接受服務的人，大都未收到有形物體；服務的價值需視其個人之經驗而定。
5.服務的經驗不能轉售或移轉給第三者。
6.服務不當，亦無法「取消」。如果不能提供第二次服務時，賠償或表示抱歉是求取顧客諒解的惟一方法。
7.品質保證須在服務的製造之前完成，而不如製造業可以在生產之後，進行品質管制的工作。
8.服務的提供需要某種程度的人際互動。
9.服務的接受者對服務的預期，是影響其對服務結果滿意與否的一項重要因素。服務品質絕大部分是個人的主觀因素判斷。
10.服務提供過程中顧客必須接觸的服務點愈多，愈不可能對此服務感到滿意。

二、服務品質的指標

旅館係提供旅客住宿、餐飲、社交等設施場所之服務事業，因其投資金額龐大，資金回收期間較長，且受地域季節變化影響，再加上所提供的產品及服務，無法預先大量生產與儲存，造成旅館在營運上產生一些獨特的現象，如收益的自主性較低，成本控制較為困難等，為建立旅館完善經營體制，提升服務水準，業者宜就本身經營管理型態，及未來業務拓展方向，針對目前觀光市場動態，並參酌國際局勢變化，擬訂發展對策，以強化旅館業在觀光市場中之競爭能力，充分發揮旅館機能，逐步導引走向服務大衆化之路線，俾滿足旅客需求。

（一）提升服務品質的作法

旅館係以販賣「個人服務」為主的事業，就目前我國經濟發展趨勢觀之，由於人們消費能力及生活品質逐漸提高，對服務需求的品質亦日益講究，為期建立制度化的管理方式，並提供旅客完善的服務，朝向21世紀服務業現代化、多元化的目標邁進，旅館業者宜針對旅客及管理制度之定位問題，作適度調整，以確立高品質的服務，讓每位旅客都能享受到「賓至如歸」的服務，及熱忱的接待。

旅館既屬服務性事業，「服務品質」的優劣為爭取客源之主要關鍵之一，為提供旅客最佳的服務，惟有先加強從業人員訓練與專業技能，訂定一套完善的管理制度並放遠眼光，就旅館長期發展預為籌謀，以因應未來觀光市場之需求。

旅館業所提供的服務乃是「效能」而非「財貨」，亦即為無形的財貨，在計量上較為不易。其最大特徵乃是服務不能儲存，生產同時需要消費，換言之，需要發生時須當場供給消費。

就服務的產生而言，由於需求的變動極大，易產生設備容量方面的浪費，若為彌補此浪費部分的損失而將價格訂高，則會因服務的價格彈性相當高，導致需求的減少，故在旅館之服務規劃設計方面，宜格外慎重。

就管理的角度而言，「服務品質」可說是一種觀念，它對於公司的經營形象影響甚鉅，惟有在全體員工均講求服務作業品質的狀況下，才有可能製造出合乎品質要求的產品或服務，並確保公司的獲利能力，因此服務品質在一家公司經營管理過程中的重要性，不可言喻。

Heskett（1987）曾提出服務業服務品質的優劣，與五項變數有直接的關係，如下：

1.主、客觀服務條件的良好設計，能使員工工作（或服務）滿足感增加：可透過員工甄選、訓練、顧客事先的制約、裝潢布置、高效率的設備或其他因素，凸顯服務的獨特性。
2.管理部門應強調對顧客的服務，來引導員工，以提高服務人員的成就感。
3.好的主、客觀服務條件，能激勵員工的服務意願。
4.員工滿足程度高，就會導致顧客的滿意程度提高。
5.顧客的滿意程度高，公司的業務自然增加。

由以上所述，可得知「服務」與「品質」是唇齒相依的兩個理念，因此提供顧客完善的服務，係公司每個成員的責任，如果任何服務環節出了問題，不僅會使公司的形象受損，甚至會影響到顧客對公司產品的感覺。

爲強化從業人員對於服務時間運用的認識，服務業者宜以積極的態度研擬改善對策，並講求高水準、高品質之服務，開放服務性市場，加強國際化經營管理，以借重國外經營開發經驗，提升國內服務水準，合乎時代所需。尤其在爭取服務業市場之際，應針對每一項服務因素，及顧客不同的習性、不同的選擇方式，提供予相異的顧客，是故，旅館業決策之擬訂，應依據市場潛力、顧客偏好及競爭對象之強度而定。

鑒於服務業市場會受到經濟變動的直接影響，在提升服務品質之前，必須先掌握個別服務的標準時間，與貢獻利益的優先順序，以決定何種服務該增加，何種服務該減少，何者該終止，並採取必要的措施。其次，應提高「效率化」（efficiency）服務，瞭解何種服務最費工夫，在服務過程中什麼地方最費事，等待休息的時間與不合理的時間什麼地方最多，凡此各項變數，服務業者對於提升本身的服務品質而言，宜建立一種由「不同的觀念」來重新思考，檢討改進，以因應未來服務業市場多元化的需求。

（二）改善服務品質之具體措施

旅館除了講究硬體設施外，對於軟體的服務水準提升，乃是刻不容緩之事，尤其不斷提升服務品質，一直是服務業拓展行銷網路最佳的利器，旅館業亦不例外。

舉凡有規模、有體制的旅館，無不致力於提升一己之服務形象，業者爲招徠更多旅客，提高營運績效，莫不花費心思，加強內部管理工作。由於旅館係屬觀光事業中重要之一環，具有舉足輕重的地位，因此如何提升本身的服務品質，以滿足旅客需求、爲當前重要之課題。

基於「人」爲決定服務品質優劣之最大因素，有計畫實施員工培訓工作，訂定適宜的管理與輔導制度，爲當務之急。經彙整國內外品管學者，對於提升服務品質作法之論點，可歸納爲十五項：

1.保持良好主顧關係，隨時建立「顧客至上」之觀念。
2.訂定服務標準化制度，發揮衡量監督功能，並強化各部門間協調聯繫。

3.強化人力訓練，提高服務附加價值。

4.掌握服務供需問題。

5.建立服務自動化作業系統。

6.塑造追求形象之企業文化。

7.進行業者旅客意見雙向溝通管道。

8.健全完整的教育訓練體系。

9.透過品管圈活動，提案制度，激發員工創意。

10.培養員工不斷思考，改善其品質管理之意識，進而提供旅客更高品質的服務。

11.加強對服務人員的監督與考核。

12服務人員之挑選，以技術、教育與品質爲導向。

13塑造員工榮譽感與品質感。

14掌握服務人員之服務績效。

15.加強服務設計規劃作業。

至於在改善旅館服務品質之具體措施上，不外乎下列九大項：

1.教育訓練方面

（1）辦理在職訓練、專業技術訓練及定期訓練。

（2）加強基本教育（如清潔、整齊、衛生等），並推行微笑及禮貌運動。

（3）鼓勵並補助員工參加各種有助於提升服務績效之訓練課程。

（4）舉辦主管訓練活動。

（5）擬訂分程訓練課程。

（6）安排訓練課程內容（如語文、房務作業、中西餐飲服務、國際禮儀及餐桌禮節等）。

2.服務人員方面

（1）提升個人品味。

（2）灌輸服務品質觀念。

（3）培養員工親切感。

（4）重視品德教育。

（5）建立自動自發精神。

3.標準化服務作業（含操作）

（1）實施品管圈活動。

（2）提案制度。

（3）建立服務作業規範。

（4）訂定標準化服務作業程序守則。

（5）實施ISO（國際品質認證）制度。

4.人事管理方面

（1）實施輪調制度，暢通升遷管道。

（2）工作合理分配，降低員工流動率。

（3）主管應自我充實，並鼓勵指導部屬。

（4）重新檢討服務作業流程。

（5）加強人事人員專業能力。

5.獎勵制度方面

（1）表揚模範員工。

（2）訂定福利措施。

（3）舉辦服務競賽。

（4）提供績效獎金。

（5）鼓勵員工出國考察、觀摩。

6.旅客意見處理方面

（1）設立旅客意見箱。

（2）探詢旅客意見。

（3）旅客抱怨問題宜立即處理。

（4）加強旅客等候處理。

（5）針對旅客反映意見，提報主管會議中檢討，並隨著旅客反映作立即性改善工作。

7.售後服務方面

（1）提供長期住宿旅客特別的優惠待遇，如送飲料、水果或餐點等。

（2）寄贈生日卡或送蛋糕，並拍照留念。

8.特殊訓練方面

（1）鼓勵員工進行專業技能檢定工作，加強專業技能。

（2）實施交叉訓練（cross training）：即由各部門推派優秀員工至其他部門訓練，受訓員工於會議中研討，報告受訓心得，並據此提出改進意見，對於旅館提升服務人力素質，頗具成效。

9.其他

（1）提供更佳的餐飲服務。

（2）瞭解觀光市場及旅客實際需求。

（3）加強服務速度及各部門之協調與聯繫。

（4）召開工作研討會。

（5）尊重旅客之隱私性。

（6）注重消防安全及警衛人員訓練。

（7）維持房租價格，以招徠更多旅客。

（8）加強客房設備之整潔及衛生，如毛巾、吹風機等。

（三）服務品質改善策略

服務品質的提升爲新時代必然的企業策略之一。過去在服務品質尚未完全受到重視階段，從業人員執行服務品質活動，大多只有五分鐘熱度，易造成敷衍、跟著喊口號之陋習。爲徹底解決服務品質問題，旅館業者宜將服務品質問題，納入公司整體之核心，讓服務品質意識成爲旅館文化的一部分，這些需要旅館全體員工共同來推動，方克竟全功，是故，旅館高層主管應該以行動，表達他們追求卓越品質的決心，積極投入，如此對於旅館改善經營環境，不無裨益。

爲充分瞭解旅館提供服務的看法，業者必須廣泛調查並蒐集旅客意見，瞭解旅客的需求，進而探討在推行服務運動時，所遭遇之問題，逐步尋求改善之道。鑒於服務品質日趨重要之際，在提升旅館服務品質方面，業者可供採行之改善策略，可歸納爲下列十項：

1.採用垂直式或橫向式交叉訓練：讓所有員工都獲得職務上的充分訓練，並具有蒐集及解釋資料的能力，如接待工作、訂房作業等；同時，定期由各部門推選表現優秀員工至其他部門見習。

2.彈性調整服務能力較佳員工的薪資，給予適當的激勵：對於熟知大多數旅客姓名、習性的服務人員，業者應給予特別激勵，以提高員工工作效率。

3.建立獎勵辦法，提高競爭氣氛：獎賞辦法是一種正式的鼓勵與讚賞方式，這種辦法可以鼓舞並激勵員工士氣。

4.開闢升遷管道：旅館業者宜就表現優良的員工，提供晉升管道，使他們可以隨工作能力的提高，逐漸進入管理階層。

5.加強整合訓練：提供員工有自我成長的機會，適時予以鼓勵；其次，安排各種訓練內容，考慮員工及旅館業務之雙重需要；再者，研訂訓練課程並編排順序，以建立員工對公司的信心，避免產生訓練盲點。

6.重視旅客抱怨的處理：一項好的服務應兼顧妥善處理抱怨問題，並努力讓旅客在服務現場沒有任何怨言。並將旅客的抱怨當作學習的機會，藉以改善服務品質，提供旅客更滿意的服務，並加深旅客對旅館的印象。

7.妥善經營溝通方式：旅館業係屬於服務人員與旅客面對面接觸機會相當高的行業，服務人員的工作態度會直接影響到旅客對服務品質的滿意程度，由於服務旅客的工作較爲複雜，從業人員除了必須認識產品特性外，亦應設身處地爲旅客著想，充分瞭解旅客的心理，提供完善親切的服務。

8.解除各部門的藩籬：溝通是維繫各部門協調合作的橋樑，亦是強化服務品質水準的必要手段，惟有建立良好的協調溝通管道，才能讓旅客享受到滿意的服務。

9.實施員工關係計畫：良好的人事管理制度加上較低的員工離職率，才能保持服務水準。員工的管理首重知人善用，其次，用人宜帶其心，並適時實施激勵之措施，提供員工健全安定的工作環境，是故員工關係就等於顧客關係，兩者密不可分。

10.個人豐富化訓練（personal enrichment training）：這是屬於一種教導員工與管理人員，如何將自己的工作作得更好，也是一種最佳的旅客服務訓練。其訓練方式係先選出對旅客服務有正確觀念的新進員工，將其與已知道「公司作事方式」的資深員工配在一起，然後再以各種激勵的辦法加以誘導，其成效會比只教員工如何表現良好態度爲佳。

由於旅館業係屬服務業中資本密集、勞力集中的產業之一，對於一個國家拓展觀光事業而言，影響甚鉅。它不僅可促進觀光乘數效果，加速整體經濟循環，提供旅客住宿設施，賺取觀光外匯收入，及增加勞工就業機會；同時，人們在生活水準提高，國民所得增加，休閒時間增多，經濟穩定成長，社會日益繁榮等因素影響之下，旅館未來的發展勢必走向連鎖經營之途。

綜合上述提升服務品質作法與服務品質之相關改善策略，可得到下列具體改進之原則，如下：

1.提升服務品質績效，宜著重標準化作業程序：包括考慮服務產能與服務效率，建立完整服務品質實施計畫，區隔旅客特性，提供不同需求，研訂人事管理與訓練方案，塑造公司品質文化項目，以及健全內部體制等措施。

2.掌握旅客來源，宜通盤檢討現行制度：包括建立品質劃一的制度，瞭解不同旅客的不同心理與需求，減少差別待遇現象，以及發覺潛在旅客等措施。

3.強化人力培訓制度，宜依各部門實際需要分別辦理：包括實施交叉訓練，提供適當訓練教材與場所，配合員工專長定期給予專業訓練，製作完整服務流程，加強外語訓練以及舉辦在職訓練等措施。

4.提高客戶滿意程度，宜滿足旅客需求：包括妥善分配員工服務範圍，迅速立即處理抱怨問題，以及講求迅速確實的服務等措施。

5.建立潛在旅客的方式，宜加強售後服務：包括提供特別的優惠，隨季節，節慶準備特餐，寄贈生日卡或拍照留念，以及隨時予以問候等措施。

6.激勵員工士氣，提升工作效率，宜建立合理賞罰制度與升遷管道：包括表揚模範勞工，訂定員工福利辦法提供績效獎金，以及舉辦服務競賽等措施。

7.加強部門協調溝通，宜整合各部門意見：包括縱向、橫向聯繫，建立性質相近部門合作之默契，排除互立門戶現象，定期開會檢討合作事項與相互支援情形。

8.縮短旅客等候時間，宜建立旅館資訊系統：包括訂房、退房、訂餐、採購、財務處理、旅遊工商資料查詢等，均電腦連線作業等措施。

貳、顧客關係的建立

旅館業是一種綜合藝術的企業，一個包羅萬象的天地，城市中之城市，它也是旅行者家外之家，度假者的世外桃源，商旅談判的地點，國家的文化展覽櫥窗，國民外交的聯誼場所，以及地方社會的休閒交際活動中心。

旅館不論其規模大小，他們的共同目標是一致的，即為大衆提供衣、食、住、行、育、樂，以及附帶的各種服務。旅館是提供多目標商品，及服務機能的綜合活動場所，而期望顧客有賓至如歸的感受，及難忘的印象與回憶。可見經營旅館的最終目標是：「如何能夠在獲得合理的利潤下，去滿足顧客的需求。」簡言之，「使顧客滿意」是旅館業成功的最佳策略。

一、如何加強顧客關係

旅館業成功的本質繫於服務品質之好壞，已無庸置疑。服務品質之判定，可由顧客的滿意度研讀出，當顧客的心理無法被滿足時，抱怨就產生了。抱怨如沒有適時、適當的處理，再好的顧客也會琵琶別抱，永遠流失。因此，有效處理顧客問題，化危機爲轉機，就顯得格外重要。

（一）建立顧客關係的方式

1.設立顧客服務部門。
2.隨時記住顧客的姓名或職稱。
3.瞭解顧客的個性、興趣及嗜好。
4.定期拜訪顧客，聯絡感情。
5.研究開發創新相關的服務項目。
6.加強顧客服務循環。
7.重視顧客服務的教育與訓練活動。
8.良好的顧客關係就是「尊重」和「服務」顧客。
9.自己是代表整個旅館的形象，要經常與顧客處在輕鬆、幽默的氣氛中，讓顧客有個深刻的好印象。

（二）如何使顧客喜歡你

1.永遠保持眞誠的笑容，和愉快的心情。
2.記住顧客的姓名，誠心地對顧客表示關懷。
3.不要向顧客訴苦或辯論。
4.站在顧客的觀點與立場去設想。

5.處事應情理兼顧，才能獲得顧客的信賴。

6.解決問題應誠懇，才能消除顧客的不滿。

7.真誠地讚美顧客所同意，與讚美的事物。

（三）如何衡量顧客的滿意度

1.事先分析哪一種服務，才能使顧客滿意。

2.分析顧客的抱怨資料，改善造成不滿的原因。

3.設立免費抱怨專線電話。

4.由專業人員去觀察與評估。

5.根據問卷調查或意見調查表評估。

6.拜訪顧客，或舉辦顧問深度訪談。

7.調查顧客再度消費的資料。

8.大廳經理的報告及業務日記。

9.設立監視系統。

10.分析住房率。

11.分析餐廳的菜單。

12.檢查剩餘菜餚。

（四）業者服務的自我檢討

1.是否有向顧客說過而沒有作到的事？

2.曾經犯過哪些錯誤？

3.顧客的抱怨，是否及時處理或補救？

4.服務是否迅速？

5.服務態度是否親切？

6.溝通方式是否正確？

7.顧客對我們的服務評價？

8.是否瞭解顧客的需要？

9.顧客對我們的服務需求？

10.顧客的建議，有無改進？

11.要怎麼作才能令顧客感到滿意？

12.我們的服務特色在哪裡？

（五）顧客再光臨的誘因

1.信賴可靠。

2.重視信譽。

3.良好形象。

4.反應迅速。

5.服務效率。

總之，爲建立良好的顧客關係，追求品質服務，旅館業如果想從激烈的競爭中脫穎而出，就必須不斷地去充實服務內容，提升其品質與效率，去滿足顧客。因爲要贏得顧客並能長久保有他們的唯一秘訣，就是在於使他們「滿意」。

二、員工與顧客的關係

（一）員工對顧客的重要性

爲什麼旅館服務，對顧客是那麼的重要，其原因如下：

1.顧客所接觸的不是旅館業，而是作這行業的人。

2.顧客由你的服務中，得到對旅館業的第一個印象，因此你更需要給他們一個好的印象。

3.你的服務水準，建立了顧客對整個行業的期望與標準。

4.你的舉止、言行，能使顧客覺得他的光臨更有價值。

5.你是顧客獲得資訊和幫助的主要對象之一，因此要使顧客感覺到你願意提供任何資訊及幫助。

（二）旅客抱怨處理的原則

即使在最好的顧客關係流程中，有時候也會碰到不滿和壓力。一般而言，當期望目標與服務行爲不能等值，達到共同滿意的結局時，旅客的內心就會產生衝突。衝突會使人們發怒，變得不理智，所以抱怨處理的首要方法是瞭解顧客的心態，安撫其情緒，然後再就其問題的所在點著手解決。

嚴格來說，顧客對旅館之抱怨，可謂無微不至，無所不含。如以其抱怨內容之性質加以分析，大致上，可歸納爲以下三大類：

1.顧客對旅館服務品質之不滿

（1）櫃檯服務人員態度欠佳、缺少笑容。

（2）服務人員語文能力欠佳，無法溝通。

（3）櫃檯人員延誤留言條及顧客信件之傳遞，或錯送。

（4）訂房錯誤，以致顧客抵達時，旅館已無客房保留。

（5）櫃檯人員未能遵守先至先服務之原則，被顧客視爲歧視。

（6）櫃檯人員分派錯誤客房，而該客房已有客人進住。

（7）商務中心延誤或錯發顧客之電報傳眞。

（8）客房之清潔衛生，未達顧客要求之標準。

（9）旅館洗衣部門，將客人衣物洗壞或遺失。

（10）總機接錯房號，或延誤叫醒之時間。

（11）櫃檯出納人員錯收顧客費用。

（12）客房內有蟑螂或螞蟻。

2.顧客對旅館設備之不滿

（1）客房燈光配置不當，光線不足。

（2）客房內設備功能不能正常運作，如電燈不亮、音響、電視不能使用，電話不通。

（3）客房浴廁漏水或管道不通。水壓不足，冷熱水不穩定。

（4）客房隔音不良，易受干擾。

（5）客房冷暖氣功能不彰。

（6）客房內溼氣過重。

（7）客房內櫥櫃太小，抽屜太少，不敷使用。

（8）臥床太硬或太軟。

（9）客房地毯太舊或有破洞。

3.顧客對旅館各種規定之不滿

（1）要求顧客預付房租，或先刷信用卡。

（2）未告知到達班機之顧客，其客房只能保留至下午6時。

（3）不可在客房內使用熨斗。

（4）不接受私人支票付帳。

（5）優惠房價，不可於進住後追改。

（6）客房內只可加一張床。

（7）顧客不可攜帶寵物進入旅館。

（8）客房之升等（upgrade），並非適用於每一次。

（9）保險箱鑰匙遺失，須賠償旅館費用。

又如以顧客提出抱怨之時機而言，可分為以下三類：

1.顧客於抱怨事件發生之當時，提出申訴。

2.顧客於抱怨事件發生之後，提出申訴，但其仍住宿於旅館之內。

3.顧客於遷出旅館之時，填寫旅館準備之意見調查表，或於返家之後，以書信方式，向旅館提出申訴。

由於顧客提出抱怨的時機與方式有所不同，因此，旅館在處理時，亦應採取不同的原則與步驟。

1.處理抱怨的原則：通常易生抱怨的旅客都較情緒化、較苛求或易怒，甚至比較不講理。因此處理旅客抱怨時，不論事件大小，宜遵守以下原則：

（1）冷靜，切忌提高聲調。

（2）表現樂意幫助客人。

（3）表現瞭解客人。

（4）不要和客人爭吵或是告訴客人他錯了。

（5）避免由顧客抱怨之當事人出面處理。

（6）應由旅館較高階人員主動出面處理，而此人必須獲得充分授權，可以作出彌補及賠償之決定。

（7）避免在人多之處與抱怨之顧客晤談，以免陷入僵局。

顧客如以書信或其他方式向旅館提出訴怨，其處理之原則如下：

（1）應由總經理具名回覆，時間要愈快愈好，最好爲三日以內。

（2）回覆內容之語調，需平和，不宜太長。其重點如下：

A.對事情之發生表示歉意。

B.強調此一事件，只是單純偶發事件，並保證今後一定改進，絕不會再次發生。

C.說明旅館之彌補行動。

D.強調如果客人再次訂房，將由總經理親自照顧。

（3）應確實注意作到對顧客之承諾。

當然，要回覆顧客報怨之信件，需具備良好英文寫作能力（所有外國客人，均以英文來往），並閱讀且蒐集此類信件作爲參考。

2.處理抱怨的步驟：牢記處理的步驟，會幫助服務人員更得心應手地「化干戈爲玉帛」，切勿以逃避或推卸責任的心態，來拖延事件的處理，否則易招致客人更大的不滿和憤怒。一般而言，旅館業處理抱怨的步驟不外乎：

（1）向客人道歉，並表示同情。

（2）傾聽客人的理由，中間不可打斷。

（3）鼓勵客人說出原因。

（4）表現瞭解客人的感受，並同意他的說法。

（5）聽完客人的陳述後，找出問題癥結所在。

（6）向客人解釋如何處理。

（7）最後謝謝客人的建議。

（8）把問題記錄下來，以供往後參考。

（9）問題若無法解決，須馬上向上級報告，並討論如何解決。

（10）對顧客抱怨之內容，作出適當之反應，切忌反駁顧客之申訴。

（11）立即採取彌補之行動，不可推諉搪塞。

（12）密切注意後續行動，即確實作到對顧客之承諾，以免造成二次抱怨之發生。

以上步驟，看似簡單，其實要能靈活運用，需要不斷練習。許多旅館已正式編入其訓練課程內容。

（三）建立雙方人際關係

爲強化顧客自我意象，需建立買賣雙方人際關係及成長，亦即爲每一位顧客開立一個感情帳戶。建立旅館與旅客雙方人際關係之方法，如下：

1.培養發自內心對顧客的關懷和欣賞的態度。
2.同意並讚賞別人所同意並讚賞的事物。
3.使雙方都能處在輕鬆而融洽的氣氛當中。
  （1）眞誠的笑容：沒有虛假，毫不做作，完全從眞誠的眼神中透散出來。
  （2）保持輕鬆而無私的態度。
  （3）微微傾向顧客，但不要讓他覺得有壓迫感。
  （4）以充滿自信、誠實及體諒的目光注視著顧客。
  （5）適度地以不具威脅性的舉止接觸對方。
  （6）記住顧客的名字，並不時在談話中提及。
  （7）維妙維肖地模仿對方的行爲，如呼吸的速率、講話的速度和口氣、相同的動作舉止等，儘可能的作出對方可能欣賞我們的一切。
4.適當的運用合宜的幽默。
5.讓對方知道你無時無刻都在思念他們。

綜上所述，如何建立良好的顧客關係，以爭取旅館最佳之業績及提升其聲譽與形象，為所有業者應研究改進之課題。

一家旅館生意的好壞，實取決於其處理顧客抱怨之能力，與從業人員的服務態度，以及其是否重視此一問題，如由顧客抱怨之中，吸取經驗，接受建言，進而改善並提升其服務品質。因為惟有如此，才能夠留住客人的「心」，讓旅館的業務蒸蒸日上。

第二單元　名詞解釋

1.品管圈：以品質管制爲前提，增進公司（團隊）的向心力，完全以如何提升服務品質爲依歸。

2.提案制度：旅館業透過集會集思廣義的方式，增進員工與主管或員工與員工之間的互動關係，使彼此經驗分享，提升公司內部凝聚力。

3.交叉訓練：指公司發掘有潛力的員工，安排其至不同部門去實習訓練，使其增加專業能力，謂之交叉訓練。

4.ISO：國際品質認證。

第三單元　相關試題

一、單選題

（　）1.決定旅館業服務品質優劣的最大因素爲（1）人（2）設備（3）價格（4）品質。

（　）2.旅館業成功的本質繫於（1）設備完善（2）知名度大（3）形象佳（4）品質。

（　）3.服務品質絕大部分是由個人（1）客觀因素（2）主觀因素（3）正面因素（4）負面因素　來判斷。

（　）4.cross training是指（1）同步訓練（2）基層訓練（3）交叉訓練（4）短期訓練。

（　）5.ISO是指（1）國際品質認證（2）國際宣傳組織（3）國際連鎖組織（4）國際標準制度。

二、多重選擇題

（　）1.旅館業是屬於（1）資本密集（2）勞力密集（3）工作壓力大（4）工作時間長。

（　）2.服務的內涵包括（1）道德問題（2）好壞問題（3）心理問題（4）具體行動問題。

（　）3.旅館業決策之擬定應依據（1）市場潛力（2）顧客偏好（3）國際化路線（4）競爭對象　之強度而定。

(　)4.旅館業所提供的服務的最大特徵是（1）不能儲存（2）不能換貨（3）生產同時需要消費（4）需要發生時需當場供給消費。

(　)5.旅館係提供旅客（1）社交（2）住宿（3）餐飲（4）投資。

三、簡答題

1.顧客再光臨的誘因？

2.依旅客抱怨內容之性質，可歸納爲哪三大類？

3.建立旅館與旅客雙方人際關係之方法可分爲哪五項？

4.處理旅客抱怨的原則有哪七項？

5.服務的特性有哪四項？

四、申論題

1.試申論改善旅館服務品質之具體措施？

2.試述旅館業在提升服務品質方面，可供採行之改善策略？

3.試述建立顧客關係的方式？

4.試述旅館如何衡量顧客的滿意度？

5.試扼要說明旅館業處理抱怨的步驟？

第四單元　試題解析

一、單選題

1.（1）2.（4）3.（2）4.（3）5.（1）

二、多重選擇題

1.（1.2）2.（3.4）3.（1.2.4）4.（2.3.4）5.（1.2.3）

三、簡答題

1.答：信賴可靠，重視信譽，良好形象，反應迅速，服務效率。

2.答：顧客對旅館服務品質之不滿，顧客對旅館設備之不滿，顧客對旅館規定之不滿。

3.答：培養發自內心對顧客的關懷和欣賞態度，同意並讚賞別人所同意並讚賞的事物，使雙方都能處在輕鬆而融洽的氣氛當中，適當的運用合宜的幽默，讓對方知道你無時無刻都在思念他們。

4.答：

（1）冷靜，切忌提高聲調。

（2）表現樂意幫助客人。

（3）表現瞭解客人。

（4）不要和客人爭吵或是告訴客人他錯了。

（5）避免由顧客抱怨之當事人出面處理。

（6）應由旅館較高階人員主動出面處理，而此人必須獲得充分授權，可以作出彌補及賠償之決定。

（7）避免在人多之處與抱怨之顧客晤談，以免陷入僵局。

5.答：無形性，異質性，不可分性，不可儲存性。

四、申論題

1.答：在改善旅館服務品質之具體措施上，不外乎下列九大項：

（1）教育訓練方面

A.辦理在職訓練、專業技術訓練及定期訓練。

B.加強基本教育（如清潔、整齊、衛生等），並推行微笑及禮貌運動。

C.鼓勵並補助員工參加各種有助於提升服務績效之訓練課程。

D.舉辦主管訓練活動。

E.擬訂分程訓練課程。

F.安排訓練課程內容（如語文、房務作業、中西餐飲服務、國際禮儀及餐桌禮節等）。

（2）服務人員方面

A.提升個人品味。

B.灌輸服務品質觀念。

C.培養員工親切感。

D.重視品德教育。

E.建立自動自發精神。

（3）標準化服務作業（含操作）

A.實施品管圈活動。

B.提案制度。

C,建立服務作業規範。

D.訂定標準化服務作業程序守則。

E.實施ISO（國際品質認證）制度。

（4）人事管理方面

A.實施輪調制度，暢通升遷管道。

B.工作合理分配，降低員工流動率。

C.主管應自我充實，並鼓勵指導部屬。

D.重新檢討服務作業流程。

E.加強人事人員專業能力。

（5）獎勵制度方面

A.表揚模範員工。

B.訂定福利措施。

C.舉辦服務競賽。

D.提供績效獎金。

E.鼓勵員工出國考察、觀摩。

（6）旅客意見處理方面

A.設立旅客意見箱。

B.探詢旅客意見。

C.旅客抱怨問題宜立即處理。

D.加強旅客等候處理。

E.針對旅客反映意見，提報主管會議中檢討，並隨著旅客反映作立即性改善工作。

（7）售後服務方面

A.提供長期住宿旅客特別的優惠待遇，如送飲料、水果或餐點等。

B.寄贈生日卡或送蛋糕，並拍照留念。

（8）特殊訓練方面

A.鼓勵員工進行專業技能檢定工作，加強專業技能。

B.實施交叉訓練（cross training）：即由各部門推派優秀員工至其他部門訓練，受訓員工於會議中研討，報告受訓心得，並據此提出改進意見，對於旅館提升服務人力素質，頗具成效。

（9）其他

A.提供更佳的餐飲服務。

B.瞭解觀光市場及旅客實際需求。

C.加強服務速度及各部門之協調與聯繫。

D.召開工作研討會。

E.尊重旅客之隱私性。

F.注重消防安全及警衛人員訓練。

G.維持房租價格，以招徠更多旅客。

H.加強客房設備之整潔及衛生，如毛巾、吹風機等。

2.答：旅館業在提升服務品質方面，業者可供採行之改善策略，可歸納爲下列十項：

（1）採用垂直式或橫向式交叉訓練：讓所有員工都獲得職務上的充分訓練，並具有蒐集及解釋資料的能力，如接待工作、訂房作業等；同時，定期由各部門推選表現優秀員工至其他部門見習。

（2）彈性調整服務能力較佳員工的薪資，給予適當的激勵：對於熟知大多數旅客姓名、習性的服務人員，業者應給予特別激勵，以提高員工工作效率。

(3) 建立獎勵辦法，提高競爭氣氛：獎賞辦法是一種正式的鼓勵與讚賞方式，這種辦法可以鼓舞並激勵員工士氣。

(4) 開闢升遷管道：旅館業者宜就表現優良的員工，提供晉升管道，使他們可以隨工作能力的提高，逐漸進入管理階層。

(5) 加強整合訓練：提供員工有自我成長的機會，適時予以鼓勵；其次，安排各種訓練內容，考慮員工及旅館業務之雙重需要；再者，研訂訓練課程並編排順序，以建立員工對公司的信心，避免產生訓練盲點。

(6) 重視旅客抱怨的處理：一項好的服務應兼顧妥善處理抱怨問題，並努力讓旅客在服務現場沒有任何怨言。並將旅客的抱怨當作學習的機會，藉以改善服務品質，提供旅客更滿意的服務，並加深旅客對旅館的印象。

(7) 妥善經營溝通方式：旅館業係屬於服務人員與旅客面對面接觸機會相當高的行業，服務人員的工作態度會直接影響到旅客對服務品質的滿意程度，由於服務旅客的工作較為複雜，從業人員除了必須認識產品特性外，亦應設身處地為旅客著想，充分瞭解旅客的心理，提供完善親切的服務。

(8) 解除各部門的藩籬：溝通是維繫各部門協調合作的橋樑，亦是強化服務品質水準的必要手段，惟有建立良好的協調溝通管道，才能讓旅客享受到滿意的服務。

(9) 實施員工關係計畫：良好的人事管理制度加上較低的員工離職率，才能保持服務水準。員工的管理首重知人善用，其次，用人宜帶其心，並適時實施激勵之措施，提供員工健全安定的工作環境，是故員工關係就等於顧客關係，兩者密不可分。

（10）個人豐富化訓練（personal enrichment training）：這是屬於一種教導員工與管理人員，如何將自己的工作作得更好，也是一種最佳的旅客服務訓練。其訓練方式係先選出對旅客服務有正確觀念的新進員工，將其與已知道「公司作事方式」的資深員工配在一起，然後再以各種激勵的辦法加以誘導，其成效會比只教員工如何表現良好態度為佳。

3.答：

（1）設立顧客服務部門。

（2）隨時記住顧客的姓名或職稱。

（3）瞭解顧客的個性、興趣及嗜好。

（4）定期拜訪顧客，聯絡感情。

（5）研究開發創新相關的服務項目。

（6）加強顧客服務循環。

（7）重視顧客服務的教育與訓練活動。

（8）良好的顧客關係就是「尊重」和「服務」顧客。

（9）自己是代表整個旅館的形象，要經常與顧客處在輕鬆、幽默的氣氛中，讓顧客有個深刻的好印象。

4.答：

（1）事先分析哪一種服務，才能使顧客滿意。

（2）分析顧客的抱怨資料，改善造成不滿的原因。

（3）設立免費抱怨專線電話。

（4）由專業人員去觀察與評估。

（5）根據問卷調查或意見調查表評估。

（6）拜訪顧客，或舉辦顧問深度訪談。

（7）調查顧客再度消費的資料。

（8）大廳經理的報告及業務日記。

（9）設立監視系統。

（10）分析住房率。

（11）分析餐廳的菜單。

（12）檢查剩餘菜餚。

5.答：旅館業處理抱怨的步驟不外乎下列幾項：

（1）向客人道歉，並表示同情。

（2）傾聽客人的理由，中間不可打斷。

（3）鼓勵客人說出原因。

（4）表現瞭解客人的感受，並同意他的說法。

（5）聽完客人的陳述後，找出問題癥結所在。

（6）向客人解釋如何處理。

（7）最後謝謝客人的建議。

（8）把問題記錄下來，以供往後參考。

（9）問題若無法解決，須馬上向上級報告，並討論如何解決。

（10）對顧客抱怨之內容，作出適當之反應，切忌反駁顧客之申訴。

（11）立即採取彌補之行動，不可推諉搪塞。

（12）密切注意後續行動，即確實作到對顧客之承諾，以免造成二次抱怨之發生。

第十三章　會計管理

第一單元　重點整理

旅館會計乃是旅館管理的一項重要工具，它是以貨幣爲主要計量單位，以憑證爲依據，透過記帳、查核等整套技術，有系統地反映與監督旅館經濟活動的一種科學方法。一家旅館經營管理之優劣，完全取決於其會計工作之質量。其主要目的在於瞭解某一特定期間內全館營業狀況，並依據各式報表記載收入與支出，分析其經營得失，供旅館經營者參考，以掌握整體財務動態。

一般而言，旅館會計管理乃一門專業的學問。通常一家經營管理完善、住宿率高之旅館，其經營者必定懂得如何控制成本，擬訂一套合適之財務管理制度。由於財務管理涵蓋層面甚廣，僅就旅館會計的特性、客房與餐飲會計作業及旅館營業收入與成本等項探討。

壹、旅館會計的特性

旅館各部門業務，常因不同場合、時間，產生收入與支出，處理方式互異，在客房、餐飲等收入之查核、收付款作業、各項用品採購及應收帳款催繳等，均需適當的處理。茲就旅館會計的特質及其功能，分述如后。

一、旅館會計的特質

（一）交易複雜性

包括各種不同的房租與收入，以及付款方式不一，必須迅速處理。

（二）帳務內容種類多，金額多寡懸殊

旅客消費內容包括房租、餐飲、洗衣、打電話、代買車票，甚至醫療、登報尋人等，項目甚多，且消費金額差距甚大，均須逐筆登錄。

（三）作帳迅速

當旅客check-in之後，在住宿期間內於各部門所發生的收入，各營業人員應詳加記錄在旅客帳戶內（輸入電腦），並加以彙整加總，以利旅客check-out時之方便性。

（四）查核精確

各部門發生的交易應詳細登錄，供稽核人員核對，以便控管各部門之財務支出，務求各單位帳目總收入與旅客的帳目總數相符。查核項目包括住客與僅使用會議場所、夜總會或用餐的顧客之交易，以及餐飲數量、份量的核定與控制等均在內。

（五）服務連貫性

旅客在旅館內的消費，包括洗熨衣物、餐廳用餐、喝咖啡、酒吧飲酒、打電話、買香菸、兌換外幣、寄郵件等一連串的交易，連續在旅客住宿期間發生。

（六）折舊（depreciation）處理應慎重

旅館各項設備數量繁多，必須逐項列出使用年限，與一般財產之處理方式不同。

（七）呆帳風險

對於不特定對象之顧客，無法事前得知其付款能力如何。

（八）應收帳款每天發生

住客房租、館內用餐、洗衣等消費內容，旅館會計部門均需每日結算，如仍續住，則該筆消費於翌日即爲應收帳款。

（九）消耗品與非消耗品處理方式互異。

（十）固定資產與固定費用高。

二、旅館會計的功能

（一）管理的功能

經營者應該經常根據旅館各部門營運的數據資料，加以分析、管理，隨時掌握營運動態，俾調整營運方針。換言之，應該把握旅館經營活動的數字，加以分析，或以其收益性與同業或其他行業互相比較，瞭解本身業績成長幅度，及經營上的優缺點，適時作好財務規劃、成本控制及預測未來發展潛力，加強業務推展，以獲取最大利潤。

（二）報告的功能

一般而言，有制度的旅館均會設計不同功能的財務、會計或相關報表，各部門依實際營運狀況填寫各式報表，經營（或管理）者，由報表的數據中，即可瞭解其企業的各項經營狀況。

（三）保全的功能

旅館的營業行爲會產生債權與債務的關係。爲使一切交易均能正確無誤，通常旅館會進行稽核，以確保經營活動正常運作。又爲防止弊端或人爲疏失，避免發生財務或資產上損失，必須有一套健全的會計審核及稽核制度，以便隨時掌控資金收入與支出的動態，並隨時採取必要的措施。

三、旅館會計部門的職掌與任務

（一）職掌

1.年度預算之編制。

2.財產管理。

3.設備、器材之折舊。

4.顧客信用調查。

5.有關財務、會計之契約簽訂。

6.應收款項之催收。

7.應付款項之給付。

8.年終各項財務報表編製。

9.貸款與稅務之處理。

10.相關投資之評估

11.權利金之支付

12.股票發行之處理。

（二）任務

1.調配與訓練各營業單位之出納及收銀員。

2.各營業單位之現金收入、掛帳處理。

3.各營業單位收支（revenue & expenses）帳目及報表之稽核。

4.各營業單位零用金管理。

5.製作及統計各營業單位填列之各項營業報表。

6.電腦收支作業訓練。

7.外幣兌換之管理。

8.未收款項之催繳。

貳、客房與餐飲會計作業

旅館會計作業原則，有如一般商業會計，惟旅館業的營業方式具有一般企業的特性，且其營業項目與內容，較一般商業複雜，尤其是客房與餐飲兩部門的會計，因此，爲便於管理作業，多輔以電腦替代人工，以節省人力與作業時間，相對地，也提高了準確度及工作效率。

一、客房收入

當旅客遷入旅館，辦妥住宿登記手續，櫃檯人員即開始登錄該旅客在旅館內之一切消費，如餐飲、洗衣、房租等。通常旅客在辦理住宿登記時，塡寫的「登記卡」，其上的資料至少包括姓名、戶籍地址、房間號碼及房租四項，亦有更爲詳細者，增列出生年月日、身分證字號（或護照號碼）、聯絡電話、服務單位（職稱）、遷入（出）日期時間等，其目的一方面可建立旅客基本資料檔案，另一方面可作爲住宿之契約。

旅客在遷出結帳前，櫃檯出納人員即會彙整該名旅客住宿期間在館內的一切消費。其作業流程（如圖13-1）。

（一）房租收入

都市旅館與休閒旅館計算旅客房租的時間，略有不同，通常前者

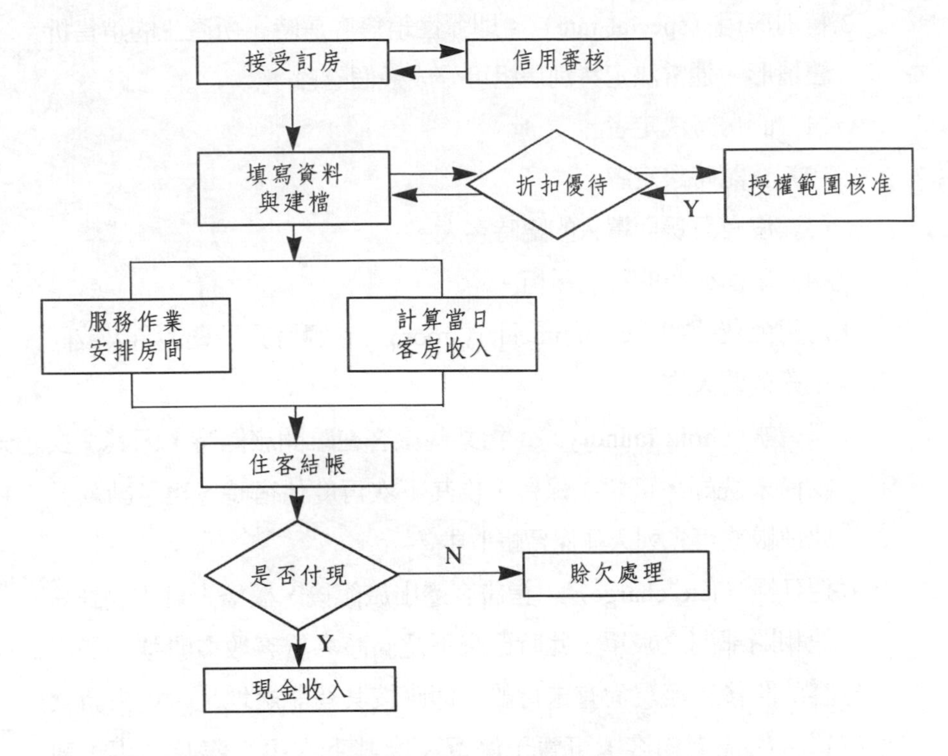

圖13-1　現金收入流程

多以中午12時爲準，後者則以下午2時爲多，但亦有例外，因此，旅館的遷出時間須視旅館經營型態、設置地點、旅客動向等因素之不同而有差異。上述非以中午爲遷入（出）時間之旅館，如有特殊規定事項，旅館應於旅客辦理住宿登記時予以說明，以免造成糾紛。一般而言，房租收入的種類，不外乎下列幾種：

1.調換房間（room change）：即更換房間型態，所產生房租上的差價，如單人房改成雙人房。
2.半天房租（part day rate）：即客人只需利用客房幾個小時。

3.特別房租（special rate）：即彈性銷售客房時，所產生的銷售折讓情形。通常決定特別房租可分成幾個階段：

（1）訂房時決定者。

（2）登記時決定者。

（3）沒有訂房而遷入的臨時客人。

（4）事前公布的特別房租。

4.房租免費招待（complimentary room）：適用於貴賓、名人或同業等重要人物。

5.保留帳（hold laundry）：指某些旅客在離開旅館時，因其洗衣物尚未洗好，可暫予保留，俟其下次再度住宿時，再予請款，此種帳款可先列入「保留帳」中。

6.遲延帳（late charge）：指旅客遷出旅館後，櫃檯人員才收到其他相關部門之帳單，此時已來不及向該名旅客收取帳款。如旅客離開後，發現尚有未付款，即應按其登記之地址，送去請款單；如係老顧客，可暫予保留；俟其下次再光臨時，再予轉帳。

7.逃帳：指未付帳即遷出之住宿旅客所產生之現象。

8.住宿客帳的轉帳：指將旅客甲的帳款轉入旅客乙的帳款之意。如甲、乙兩人分別遷入，並各住一房，分別設立帳戶，但甲因臨時有事必須先行離開，因此，告訴櫃檯出納，將甲之帳款轉入乙的帳款內，而由乙來付款（此種情形，櫃檯出納人員必須先徵得旅客乙的承諾）。

（二）客房收入報表

櫃檯人員應將當天所售出之房間數、住宿人數及房租收入等數據，確實記錄在客房收入報表（room count sheet），並與出納之帳單核對。

（三）夜班櫃檯報告表

夜班櫃檯報告表（night clerks summary）之主要目的，在於會計部門尚未製作正式的收入報表前，先記錄一份當天的基本營業數據資料，以利主管人員儘速掌握前一晚的營業狀況。該報表上除載明金錢收入狀況外，尚包括統計與分析等項目。通常該報告表會包含客房住用率、床鋪利用率、客房與出售客房平均收入、雙人房利用率、收入百分比及住客每人平均房租等七項數值。（各旅館依其實際營運情形，自行設計格式，在用途與原則方面均相同）

（四）客房使用報告表

各旅館為求櫃檯會計紀錄之確實無誤，每天由房務部門填寫客房使用報告表（housekeepers report），提供給櫃檯人員，以便與房客登記表相互核對，以上作業屬大型旅館之情形。至於小型旅館之作業方式，只要將該報告表於次日送交會計部門，與客房收入報告表核對即可，作業較為簡易。

（五）房租訂定方式

通常旅館的房租價格可分為下列幾種：

1.一般定價：指在旅館價目表（room tariff）上列出之一般定價。

2.商務價（commercial rate）：指旅館與某一家公司行號之間協定（或簽約）之房租價格。

3.團體價（group rate）：指旅館事前與團體間協定之團體價。

4.休息價（day use rate）：指旅客僅利用數小時，如休息數小時之房租計算（此種收費方式，在一般中小型旅館較為常見）。

二、客房會計作業

客房收入的會計作業係指當天與前一天的客房收入報告表、旅客住宿登記卡、客房使用狀況表及相關帳單等資料，彙整統計並記錄。其作業原則如下：

（一）彙集與分散作業

旅客在旅館內的賒帳消費及憑證，必須送到櫃檯出納集中，然後分散登入各住客帳戶，以備隨時向住客收款。

（二）一房間設一帳戶

原則上，一間房間設一戶獨立帳。雙人房住兩人，如住客要求設兩戶帳也可。團體旅客則視為一個單位設一戶帳。

（三）承轉連續作業

本日餘額＝昨日餘額＋本日發生額－本日收款額

說明如下：

1.昨日餘額：至昨日午夜12點止，每位住客結欠房租、餐飲及其他消費之總額。住客個人賒帳部分稱為○○先生昨日餘額。全館住客的賒帳總額，就是旅館昨日餘額。

2.本日發生額：今日凌晨0點起至今日午夜12點止，包括繼續住宿者及這段期間內住進之旅客的賒帳消費總額。

3.本日收款額：今日凌晨0點起至今日午夜12點止，包括遷出者付帳及其他所收款項之總金額。

4.本日餘額：今日午夜12點止，每位住客結欠房租、餐飲及其他消費之總額。

（四）每日結帳

每位住客之帳戶，必須每日結帳。如有出入時，當天務必查明更正。

（五）遷出結帳

旅館開立統一發票以結帳爲時限，無論住宿期間長短，可以遷出時彙計合併一起開立發票，收款列帳。

（六）以實售價列帳

每家旅館均有掛牌房價表，但在我國照房價表出售的不多。有時習慣於少二、三成出售。會計作業以實售價列帳，不以掛牌價列帳後，將其差額再以銷售折讓科目來扣減。

（七）各單位的密切合作

在飯店內與房租作業有關的是櫃檯接待、櫃檯出納、會計等三單位，其作業時間爲：

1.櫃檯接待：原則上，以中午12時爲顧客遷入、遷出之分界點。

2.櫃檯出納：以午夜12時爲房租結帳之分界點。

3.後勤會計：每日上午開立昨日遷出的房租或餐飲收入傳票。

其他營業單位，原則上以午夜12點爲結帳時間。午夜12點前將所有住客簽帳金額通知櫃檯出納列入當日帳，超過午夜12點後的交易列入翌日帳。

三、餐飲會計作業

餐飲會計依其性質可分爲：一、一般餐飲會計；二、宴會會計；三、酒吧會計三種。旅館內附設之餐廳，爲提供餐飲服務，需經過採購食品、物料（進貨）、驗收、烹調餐廳服務、收帳等一連串的過程，在服務作業中，隨時應瞭解顧客的滿意程度或有任何建議，以作爲改進之參考。因此，餐廳作業必須有系統、有制度地加以管理。

一般而言，餐廳會計作業程序可分爲：一、訂菜；二、烹飪；三、開發票；四、收款；五、編報表；六、核對；七、向外收款；八、會計員之工作；九、會計分錄；十、整理統一發票及繳稅。

四、其他部門會計作業

（一）宴會部門

宴會收入在大型旅館總營業收入中，占有極大的比例。由於甚多企業舉辦新產品說明會、展示會、研習活動等，選擇在旅館中舉行愈來愈普遍，因此宴會部門益顯重要。

宴會的種類，可分爲下列幾種：

1.一般宴會：如晚會、謝師宴、結婚喜宴、歡送會等。
2.講習會：如業務檢討會、企業管理講習等。
3.開會：如學術研討會、國際性會議、股東大會、會員大會等。
4.其他：如新產品發表會、服裝show、簽約、結盟、記者招待會等。

又宴會的型態，可分爲下列兩種：

1.坐式宴會：指顧客可坐在椅子上用餐，如結婚喜宴。
2.立站式宴會：指供應finger food，顧客站著用餐。如自助餐（buffet party）、雞尾酒會（cocktail party）等。

至於宴會會計作業程序，通常依下列方式進行：一、宣傳廣告；二、詢價；三、預約；四、準備工作；五、宴會服務；六、人數或桌數計算方法；七、付款；八、宴會分析；九、顧客資料卡。

(二) 酒吧

一家經營良好的酒吧，其營業收入甚爲可觀，約占餐飲收入的半數，獲利率高。通常材料成本占收入的25%。

酒吧會計作業程序，可分爲下列幾種：

1.準備工作。

2.服務。

3.收帳。

4.塡寫菸酒存量日報表。

5.向倉庫領酒料。

(三) 其他餐廳

其他餐廳收帳制度如下：

1.使用核對收銀機的收帳制度

(1) 餐廳服務員所使用的訂菜單編成連號。

(2) 在廚房到餐廳的出口處設有一名核對員 (checker)，核對員對由廚房出來將要送進餐廳的餐菜，其菜名、數量、金額與訂菜單核對，並且使用收銀機，將餐菜的金額打進訂菜單內。

(3) 核對員另作銷售日報表。

(4) 餐廳服務員將向顧客收來的現金與訂菜單交給收帳員，收帳員根據這些資料，編製餐廳銷售日報表。

（5）爲明瞭責任問題，訂菜單要保存起來。

（6）最後的工作，是查對訂菜單的紀錄有無錯誤，核對員所編的銷售日報表，與收帳員所編的銷售日報表是否相符。

2.核對單制度（checker's sheet）：設有核對單，由核對員掌管。

綜合上述旅館會計各項作業，可以瞭解旅館會計之應用在旅館營運中扮演極爲重要的角色。經由旅館會計制度的建立，旅館經營者根據編製的各項報表，如「營業報表」、「資產負債表」（balance sheet）、「損益表」（statement of profit & loss）及「盈餘分配表」等財務報表，能充分明瞭公司整體營運狀況及成果，進而統計分析各營業部門績效，以作爲未來經營方向之參考。尤其在預算控制、管理成本、銷管費用及經營理念等方面，更應相互參酌比較，以獲取最大利潤。

參、旅館營業收入與成本

一、旅館營業收入

旅館業爲一營利性事業，其營業收入來源，主要有下列三種：

1.客房收入。

2.餐飲收入。

3.其他附屬營業收入。

客房收入係指出租客房之收入；餐飲收入則包括中、西餐廳、日本料理、宴會廳、會議廳、咖啡廳、酒吧及客房餐飲服務等收入；其他附屬營業收入之內容頗多，其項目包含休閒中心、購物中心

（shopping mall）、國際會議場地、展示中心、夜總會、停車場、洗衣、郵電、廣告服務及冰箱飲料等。

就餐飲比例分配而言，餐食與飲料之材料成本不同，須將餐食與飲料收入分開，又餐食收入與飲料收入在各餐飲部門間亦非一致，如中、西餐廳之餐食與飲料比例不同，客房餐飲服務中飲料比例小，而酒吧間則幾乎不售餐食等。至於其他附屬營業收入，如依亞太地區一流國際旅館之標準估計，約爲客房收入之15%。

旅館營業項目，除客房、餐飲外者，均可稱爲其他營業。其主要目的係以服務及便利住宿旅客而設，而經營方式有自營、他營（出租）及合營等三種，收入約占旅館總收入之10%至15%。

旅館業爲爭取佳績，與加強內部營業收入等各項控管工作，通常會進行相關查核作業，如櫃檯、客房收入、顧客信用審核、訂席、餐廳服務、餐食成本及賒欠處理等項目；其次，撙節開支，提升營運效益，在成本控制方面亦會做適當的管理。

二、旅館營業成本

旅館營業成本係指旅館營運前後所支付之各項固定費用，包括投資籌備及經營中之各項成本費用。茲分別就旅館業之營業成本（費用）與如何降低旅館經營成本，說明如下：

（一）旅館業之營業成本（費用）

1.投資籌備之成本：在投資籌備中之成本包括土地、資本（金）、開辦費、建築規劃設計與興建，及室內裝潢等項目。

2.經營中之成本：在經營中之成本包括設備折舊、人事費用、餐飲成本、洗衣成本、電費、水費、保險費、修繕維護費、廣告宣傳費、燃料費、租金、稅金及各項攤提費用等項目。

由上述兩部分的成本，可估算出旅館業之投資金額。通常有制度的旅館會想盡辦法，在開始營業後，如何去控管財務，除了開源與固本外，並予節流，以降低營運成本，增加利潤。就開源而言，係指業者應加強業務行銷，拓展市場；固本偏重於經營管理層面，切實作好各種管理與規劃工作，如妥善運用人力資源，處理突發事件，建立規劃制度，及確認本身之定位；節流則強調內部控制，包括品質、作業流程、採購、薪資、成本及訂價等控制作業。

近年來甚多旅館經營者爲降低其營業成本，多至各地尋覓同等級或具有一定水準、條件之旅館，要求互相結盟或採加盟方式，如此，可節省土地與建築物等龐大的成本，亦不失爲一開源節流之道。

（二）如何降低旅館經營成本

一般而言，「開源節流」、「很會賣也要很會買」，一直是經商者的名言。旅館營業部門依靠的是好產品，如果賣得好，利潤自然會增加，如果各項支出管制得宜，事業經營起來也就一路發，惟如何有效降低經營成本，則有賴良好的成本控制。

試觀許多旅館、餐廳營業狀況頗爲不錯，生意興隆，但平時欠缺內部控管制度，亦無成本控制觀念，至年度終了，支出大於收入，換言之，由於在營運期間，如未就旅館開銷作適當的調配，與制定一套年度預算計畫，其結果可想而知。

茲列舉降低旅館經營成本之案例如下：

1.人力運用方面

（1）內部員工籌組合唱團或舞蹈團。

（2）幹部兼任職務，節省人力。

2.能源節約方面

（1）客房電源控制鑰匙。

（2）電源控制計時器。

（3）分離式冷氣設備。

（4）夜間冷氣控制、定溫。

（5）游泳池循環水，再送至客房供馬桶使用。

3.廣告費用方面

（1）與其他相關行業合作，共同刊登廣告，降低費用。

（2）加強業務推廣，廣告企劃之連鎖，共同分攤。

4.採購成本方面

（1）各加盟（連鎖）旅館聯合採購客房、餐飲等商品，節省經費。

（2）實施比價制度，降低成本。

5.減少開支方面

（1）影印紙兩面使用。

（2）喜慶花卉再次利用。

（3）電話、傳真之營收利潤，支付館內電話費用。

（4）部分旅客由租車公司接送。

6.其他收入方面

（1）設員工旅遊券，自家消費。

（2）自設簡易洗衣設備，輪洗客房窗簾及客人內衣褲襪。

綜上所述，一年全體員工努力的結果，部門損益代表這個單位的營業成績，稅前營業獲利率（營業利益）代表總經理帶領全館的努力成果，稅前獲利率則代表董事長運籌帷幄的功力與藝術。

第二單元　名詞解釋

1.旅館會計：係旅館管理的一項重要工具，它是以貨幣為主要計量單位，以憑證為依據，並透過記帳、查核等整套技術，有系統地反映與監督旅館經濟活動的一種科學方法。

2.遲延帳：指旅客遷出旅館後，櫃檯人員才收到其他相關部門之帳單，此時已來不及向該名旅客收取帳款。

3.逃帳：指住宿旅客未付款即離開旅館。

4.休息價：旅客以休息為目的，於旅館中短暫的休息，業者所酌收的價錢。

第三單元　相關試題

一、單選題

（　）1.旅館會計是以（1）現金（2）貨幣（3）支票（4）簿記　爲主要計量單位。

（　）2.依亞太地區一流國際旅館標準估計其餐飲收入，約爲客房收入之（1）5%（2）10%（3）15%（4）20%。

（　）3.day use rate是指（1）一天房租（2）半天房租（3）團體價（4）休息價。

（　）4.旅館會計項目和內容，與一般商業會計之差異爲（1）較爲複雜（2）大同小異（3）性質相同（4）略有出入。

（　）5.一家旅館經營管理之優劣，完全取決於其（1）營業單位（2）會計工作（3）員工（4）設備　的質量。

二、多重選擇題

（　）1.旅館營業收入來源有（1）客房收入（2）餐飲收入（3）其他附屬營業收入（4）出售土地。

（　）2.旅館的營業行爲會產生（1）資產（2）債權（3）資本（4）債務。

（　）3.旅館的經營方式包括（1）公營（2）自營（3）他營（4）合營。

(　)4.旅館的營業成本包括（1）投資籌設（2）朋友借貸（3）經營中（4）營業外　之各項成本費用。

(　)5.旅客在辦理住宿登記時，所填寫登記卡上之資料包括（1）姓名（2）戶籍地址（3）房號（4）房租。

三、簡答題

1.旅館會計的功能有哪三項？

2.旅館宴會會計之作業程序爲何？

3.旅館業宴會的型態可分爲哪兩項？

4.餐飲會計依其性質可分爲哪三種？

5.餐飲會計之作業程序可分爲哪十種？

四、申論題

1.試扼要說明旅館會計的功能？

2.試述客房會計之作業原則？

3.試述旅館業宴會的種類？並舉例說明之。

4.試從廣告費用、能源節約及採購成本等三方面，舉例說明如何降低旅館經營成本？

5.試述旅館營業成本之內涵？

第四單元　試題解析

一、單選題

1.（2）2.（3）3.（4）4.（1）5.（2）

二、多重選擇題

1.（1.2.3）2.（2.4）3.（2.3.4）4.（1.3）5.（1.2.3.4）

三、簡答題

1.答：管理的功能，報告的功能，保全的功能。

2.答：宣傳廣告，詢價，預約，準備工作，宴會服務，人數或桌數計算方法，付款，宴會分析，顧客實料卡。

3.答：坐式宴會，立站式宴會。

4.答：一般餐飲會計，宴會會計，酒吧會計。

5.答：訂菜，烹飪，開發票，收款，編報表，核對，向外收款，會計員之工作，會計分錄，整理統一發票及繳稅。

四、申論題

1.答：

（1）交易複雜性：包括各種不同的房租與收入，以及付款方式不一，必須迅速處理。

（2）帳務內容種類多，金額多寡懸殊：旅客消費內容包括房租、餐飲、洗衣、打電話、代買車票，甚至醫療、登報尋人等，項目甚多，且消費金額差距甚大，均須逐筆登錄。

（3）作帳迅速：當旅客check-in之後，在住宿期間內於各部門所發生的收入，各營業人員應詳加記錄在旅客帳戶內（輸入電腦），並加以彙整加總，以利旅客check-out時之方便性。

（4）查核精確：各部門發生的交易應詳細登錄，供稽核人員核對，以便控管各部門之財務支出，務求各單位帳目總收入與旅客的帳目總數相符。查核項目包括住客與僅使用會議場所、夜總會或用餐的顧客之交易，以及餐飲數量、份量的核定與控制等均在內。

（5）服務連貫性：旅客在旅館內的消費，包括洗熨衣物、餐廳用餐、喝咖啡、酒吧飲酒、打電話、買香菸、兌換外幣、寄郵件等一連串的交易，連續在旅客住宿期間發生。

（6）折舊（depreciation）處理應慎重：旅館各項設備數量繁多，必須逐項列出使用年限，與一般財產之處理方式不同。

（7）呆帳風險：對於不特定對象之顧客，無法事前得知其付款能力如何。

（8）應收帳款每天發生：住客房租、館內用餐、洗衣等消費內容，旅館會計部門均需每日結算，如仍續住，則該筆消費於翌日即爲應收帳款。

（9）消耗品與非消耗品處理方式互異。

（10）固定資產與固定費用高。

2.答：客房會計的作業原則，如下：

（1）彙集與分散作業：旅客在旅館內的賒帳消費及憑證，必須送到櫃檯出納集中，然後分散登入各住客帳戶，以備隨時向住客收款。

（2）一房間設一帳戶：原則上，一間房間設一戶獨立帳。雙人房住兩人，如住客要求設兩戶帳也可。團體旅客則視為一個單位設一戶帳。

（3）承轉連續作業：

本日餘額＝昨日餘額＋本日發生額－本日收款額

說明如下：

A.昨日餘額：至昨日午夜12點止，每位住客結欠房租、餐飲及其他消費之總額。住客個人賒帳部分稱為○○先生昨日餘額。全館住客的賒帳總額，就是旅館昨日餘額。

B.本日發生額：今日凌晨0點起至今日午夜12點止，包括繼續住宿者及這段期間內住進之旅客的賒帳消費總額。

C.本日收款額：今日凌晨0點起至今日午夜12點止，包括遷出者付帳及其他所收款項之總金額。

D.本日餘額：今日午夜12點止，每位住客結欠房租、餐飲及其他消費之總額。

（4）每日結帳：每位住客之帳戶，必須每日結帳。如有出入時，當天務必查明更正。

（5）遷出結帳：旅館開立統一發票以結帳為時限，無論住宿期間長短，可以遷出時彙計合併一起開立發票，收款列帳。

（6）以實售價列帳：每家旅館均有掛牌房價表，但在我國照房價表出售的不多。有時習慣於少二、三成出售。會計作業以實售價列帳，不以掛牌價列帳後，將其差額再以銷售折讓科目來扣減。

（7）各單位的密切合作：在飯店內與房租作業有關的是櫃檯接待、櫃檯出納、會計等三單位，其作業時間爲：

A.櫃檯接待：原則上，以中午12時爲顧客遷入、遷出之分界點。

B.櫃檯出納：以午夜12時爲房租結帳之分界點。

C.後勤會計：每日上午開立昨日遷出的房租或餐飲收入傳票。

其他營業單位，原則上以午夜12點爲結帳時間。午夜12 點前將所有住客簽帳金額通知櫃檯出納列入當日帳，超過午夜12點後的交易列入翌日帳。

3.答：旅館宴會的種類，可分爲下列幾種：

（1）一般宴會：如晚會、謝師宴、結婚喜宴、歡送會等。

（2）講習會：如業務檢討會、企業管理講習等。

（3）開會：如學術研討會、國際性會議、股東大會、會員大會等。

（4）其他：如新產品發表會、服裝show、簽約、結盟、記者招待會等。

4.答：

（1）廣告費用方面

A.與其他相關行業合作，共同刊登廣告，降低費用。

B.加強業務推廣，廣告企劃之連鎖，共同分攤。

（2）能源節約方面

A.客房電源控制鑰匙。

B.電源控制計時器。

C.分離式冷氣設備。

（3）採購成本方面

A.各加盟（連鎖）旅館聯合採購客房、餐飲等商品，節省經費。

B.實施比價制度，降低成本。

5.答：旅館營業成本係指旅館營運前後所支付之各項固定費用，包括投資籌備及經營中之各項成本費用。旅館業之營業成本（費用）係包含：

（1）投資籌備之成本：在投資籌備中之成本包括土地、資本（金）、開辦費、建築規劃設計與興建，及室內裝潢等項目。

（2）經營中之成本：在經營中之成本包括設備折舊、人事費用、餐飲成本、洗衣成本、電費、水費、保險費、修繕維護費、廣告宣傳費、燃料費、租金、稅金及各項攤提費用等項目。

由上述兩部分的成本，可估算出旅館業之投資金額。通常有制度的旅館會想盡辦法，在開始營業後，如何去控管財務，除了開源與固本外，並予節流，以降低營運成本，增加利潤。就開源而言，係指業者應加強業務行銷，拓展市場；固本偏重於經營管理層面，切實作好各種管理與規劃工作，如妥善運用人力資源，處理突發事件，建立規劃制度，及確認本身之定位；節流則強調內部控制，包括品質、作業流程、採購、薪資、成本及訂價等控制作業。

第十四章　工務與安全管理

第一單元　重點整理

設備維護

環境衛生

安全管理

第二單元　名詞解釋

第三單元　相關試題

第四單元　試題解析

第一單元　重點整理

工程部門係屬旅館內部硬體設備的維護與保養的部門。舉凡空調、電梯、通訊、電氣、給水、鍋爐、水管、冷凍（藏）、廢（污）水、消防系統、播音、裝潢營繕等各項設備，均需要工程技術人員負責管理與維護。

壹、設備維護

一、設備維護的重要性

旅館的各項設備維護工作，應採取預防保養與事後維護，以及事前訂定一套符合旅館整體的作業流程，再加上完善的設備管理制度，如此才能確實作好旅館設備維護的工作。

由於時代進步，旅館之設備大多採用自動化、電腦化作業，在管理工作上更爲便利，但仍需定期保養，使其發揮正常運轉的功能。旅館內的一切設備均需細心照顧，如遇突發狀況（停電、火災、地震等）更須愼重處理，尤其在管理作業上，爲維護旅館設備正常功能，應注意幾項工作：一、加強日常檢查；二、成立防護團與搶救小組；三、注意一般與緊急照明設備；四、與特殊設備（如電腦等）保持密切聯繫；五、袪除旅客的恐懼心理；六、不定期訓練員工應變能力；七、訓練員工正確判斷處理方式。

爲建立完善的設備維護保養制度，各旅館宜設計適合本身旅館的預防保養（preventive maintenance, PM）制度，俾有助於全館設備的維護與保養。

二、旅館養護作業

工程部的重要性猶如人體的神經系統，當系統發生故障時，該部門即立刻指派專門技術人員進行維修工作，並掌握施工時間，俾提供完善的住宿環境。

茲就空調系統（ventilation & air-condition）、電氣設備（electrical）、給水系統（plumping system）、通訊系統（communication system）、職工設備、鍋爐設備及全館維修與保養等六項養護工作，說明如下：

（一）空調系統

空調系統爲調節空氣及冷熱的設備。爲人們生活上的一種享受，空調設備有的是用電力調節或是用通風電扇。旅館裝置空調設備之目的有四：

1.保持室內空氣新鮮，不潮不乾。

2.保持室內溫度適宜，不冷不熱。

3.調節室內空氣，並使風力均勻。

4.調換新鮮而乾淨的空氣。

一般而言，具規模之旅館，多採用冷暖水循環式中央控制系統，容量依全館實際需求量來決定其冷凍噸之大小，再依旅館內不同場所（如客房、辦公室、餐廳、門廳、宴會廳、配餐室或其他公共場所等)，設置不同容量之空調機（箱）或機械強制送排設備。

（二）電氣設備

任何大小型旅館，需要有燈光或冷熱調節的設備，而且都是使用電力，所以，電化設備的運用，關係一家旅館的營業聲譽極大。近代的旅館爲求服務周到，利用之電力日漸增加。至於如何有效運用電氣，則要靠工程師與其助手的設計。在旅館中，不論在大門口、大廳、房間、餐廳等都需要光亮，才能配合舒適的條件，而各處燈光亮度，則應該有適當的調節。

電氣設備可分爲電力系統、電源系統、電壓配電系統及緊急電源。

1.在電力系統方面：早期既有之中小型旅館多未設緊急發電機，在客房、走道及其他公共場所，設置緊急照明設備；由於時代進步，近二十年來，較大規模旅館已採用安全性較高之不斷供電系統，配合緊急發電機，以免因電路系統故障而影響旅館的營運；其次，旅館多設有控制中心，將高壓設備集中於配電箱中，以利維護及減少意外災害。另外，於必要位置設置小型變電站，安置升壓變電器，使供電電壓提高，降低供電成本。
2.在電源系統方面：各旅館電源容源容量雖不一，但多申請雙迴路電源系統供電，並使用normal open tie breaker。
3.在電壓配電系統部分：如冷氣、動力、日光燈、白熾燈、插座、廚房設備、電梯、一般器具等之電壓，亦有所不同。
4.緊急電源：指發電機而言，多採用柴油引擎，全自動切換開關控制及自動起動裝置，其使用範圍，包括緊急出口燈、標示燈、火警及弱電系統電源、走廊、客房、浴室、公共場所、餐廳、廚房、賣店、機房、揚水泵、部分空調設備、活水栓、消防栓、緊急廣播系統、防火系統、抽風機、冰箱、部分電梯及必要照明、電腦系統、馬達及污水排水系統、中央控制監視器等。

（三）給水系統

給水系統大致可分爲水源、熱水系統及消防系統等三部分，茲分述如下：

1.水源：接用自來水，地下基礎另設貯水池，屋頂設水塔，於低層樓及大樓中間層另設減壓閥，減低給水壓以免給水管破裂。
2.熱水系統：採用中央供應方式，利用鍋爐蒸氣加熱於冷水貯存於熱交換器內，以便隨時使用。
3.消防系統：平時消防管內充滿水且須有足夠壓力，因此用一套locky pump來維持水壓，如此在火警時，灑水頭才能及時噴水撲滅火源，待管內水壓降低及時起動柴油帶動之消防泵供水施救。

用水、暖氣、冷氣的供應，是旅館必要的設備，不但要便利舒適，而且要求安全，這種設備要一按電鈕一捺開關就可以得到，因此需要各種電線、水管、開關、龍頭、鍋爐、馬達、幫浦等裝置，才能運用自如，這種工程的設施經常保持完善，旅館必須僱用技工來負責。如旅客需要毛巾和檯布，這都是管理員的工作，而洗衣工作必須有冷熱水、蒸氣和電力的供應；廚房和餐廳的職工需要新鮮的魚肉蔬菜水果供應旅客，應有溫度的調節，就是冷氣設備。旅館的各部門無論是廳室、房間、浴室等都需要用水的供應，這就有賴冷暖氣管和水管的安排，所以這些工程上的配備和修理，是旅館絕對不可缺少的，而且這種設備如有損壞，不予立即修理，可能發生損害，則攸關旅館的聲譽很大。

旅館的用水，是由總水管經過水庫接到分支水管而運配到各房間去，總水管的來源，大都自當地自來水廠供給，或是利用河水或井水，每一水庫不但供給用水，而且儲水，水庫是由高而下的方式傾流而下，或因房屋層數過高，利用抽水的設備，由下而上汲引到高的地方，這種抽水方法，是根據地勢的高低爲標準，如旅館的建築有三十層樓，則每一立方寸需要一百五十磅的壓力。旅館用水絕對不能缺乏，並且需要相當的耗費量，自來水的使用，必以水錶爲標準，每一立方尺等於七加侖半，水位是以立方尺來計算，安裝水錶，專以記錄用水分量來計算費用，如水管或龍頭發現損壞，即須修理，因爲漏水會損耗極多的用水量，這種損失很大。如經過長時間來計算，其損耗的水量是相當驚人的，並且容易沖壞其他物件，或因發生水的聲音，造成旅館的嘈雜和不安寧。至於污水的排洩，應有相當足夠的下水道，這種設備都是由高而下的布置，很暢通的到達排水溝。因此，旅館的排水系統，須於設計與施工時，嚴格劃分清楚，不可混淆使用，一般排水系統可分二大類：

1.雨水排水系統：專供屋頂、陽台等雨水排洩之用。
2.雜水排水系統：污物槽、便器等排水，並須作化糞槽及污水消毒處理設施，或設污水處理設備，避免影響公害污染。尤其廚房排水時常被阻塞，爲防止被阻塞，應設施油渣分離槽（grease pit）。

（四）通訊系統

通訊系統係包括電話、傳眞、電子交換機、無線電接收機、音響設備、會議室系統、對講機、閉路監視系統及放映機等。

1.電話系統多採用自動式交換總機，同時使客房門號和電話號碼相配合以便使用。內部線路視實際需要配置，並附加國際電話、電報及傳眞服務。

2.各分機分成不同之服務等級，以利控制自撥外線及長途電話限制機能，以期減少不必要之開支。

3.採用按鍵式電話機。

4.客房另設連線掛壁機於浴廁內，以便接聽。

5.採用電子交換機，將使switching時間縮短，並同時能作起床呼叫系統及留言訊號系統。

6.集中天線系統，採用共同天線系統分配至各接收機，每一客房出線口採用插座式天線連接。

7.經理及服務人員呼叫系統，採用天線感應方式，利用無線電接收機接收呼叫，使被呼叫人員能及時得知，以便迅速使用電話與呼叫人聯絡。

8.音響系統，按照區域使用，設計成數個頻道，以利各區作不同之廣播使用或並聯使用。

9.會議室系統，於會議廳內裝置，可同時使用幾種不同語言。

10.對講機系統、閉路監視系統、放映系統。

（五）職工設備

職工設備係指職工辦公室、員工更衣室及浴廁、洗衣房、衣物貯存室、廚房及員工餐廳、冷凍（藏）庫、清潔間等。

（六）鍋爐設備

鍋爐設備包括鍋爐、空調主機及冷卻水系統等設備。

（七）全館維修與保養

除了上述六項設備之維修與保養外，其他如電梯（客用、員工用、載貨用）、火警警報系統、撒水設備及消防設備等亦爲工程部門的工作範圍。

綜合上述七項養護工作，可瞭解工程部門在一家旅館中所扮演的角色極爲重要。尤其是各項設備需要專業人員的技術，才能不斷提供營業單位的相關支援，旅館整體營運才能無後顧之憂。

貳、環境衛生

近年來由於經濟繁榮，國民生活富裕，交通便利，國民教育普及，知識水準普遍提高，改變了傳統活動領域及生活享受形態，觀光旅遊成了時下流行之風尚，觀光事業遂應運而發展，經營旅館成爲最熱門的投資。旅館雖是旅客住宿的地方，也是南北往來商務、公務洽辦及休憩之處所，亦爲接待貴賓，增進國際友誼及文化交流之場所，因此旅館之功能，不言可喻。

旅館爲一公共場所，旅客住宿頻繁，如未重視清潔衛生，難免會引起病媒，因此爲確保旅客健康，防止病媒發生，並保持旅館整體形象，應加強環境衛生之管理，以提升旅館衛生品質。

一、衛生管理

有關旅館之衛生管理，可由從業人員、餐具器具之洗滌消毒、調理場所、食物貯存、客房、飲用水及廁所等七項，分別說明如下：

（一）從業人員

1.從業人員每年應接受健康檢查，並領有健康證。

2.從業人員儀容須整潔，穿戴工作衣帽，烹調人員應穿戴白色工作衣帽。

3.工作人員應注意個人衛生、手部保持清潔，不得留指甲、戴戒指、飾物，無創傷、膿腫等。其中個人衛生包括：

（1）手部之衛生。

（2）儀容整潔。

（3）良好衛生習慣。

（4）接受衛生講習充實衛生知識。

（5）健康檢查：僱用前體格檢查、定期健康檢查。

4.工作中不得吸菸、嚼檳榔、抓頭、挖鼻孔、飲食等不良行爲。

5.其他應注意的衛生情況。

（二）餐具、器具之洗滌消毒

1.採用自動洗碗機或三槽式餐具洗滌殺菌設備。食品級洗潔劑須由合格廠製造，並中文標示完整。

2.餐具洗滌清潔，不得殘留油脂、澱粉及ABS（洗劑中陰離子界面活性劑soel alkyl-benzene sulfonate簡稱）。

3.餐具、器皿、容器洗滌消毒操作要正確，並保持乾燥無污染。

4.餐具、器皿、容器，無破損缺口現象。砧板、刀具經常清潔消毒，並生、熟食分開使用，分別標示清楚。抹布之清洗消毒。免清洗餐具儲存清潔衛生。

（三）調理場所

1.地面、牆壁支柱、天花板（屋頂）、燈罩、門窗，保持清潔。

2.工作人員用洗手槽，應備冷熱自來水、紙巾或烘手機。

3.工作場所通風良好、溫度適宜，工作檯採光光度在一百米燭光（lux）以上。

4.食品、器具、容器、包裝、材料，不得與地面直接接觸。

5.私人用衣物品，不得放置於調理場所。

6.調理器具、餐具用品清潔無破損。

7.冷凍、冷藏庫內清潔無積水，定期清洗消毒。

8.工作檯、灶面、排油煙機、抽風機、冷氣孔、櫥櫃，清潔不積油垢。

9.餐具櫥無病媒侵入及灰塵污染，定期清理消毒。

10.病媒防冶措施良好。

11.排水系統、污水處理良好，無積水、破損，並維護清潔。

（四）食物貯存

1.冷凍庫-18℃以下，冷藏庫70℃以下，備有溫度指示器、物品排列整齊，裝置容量在60%以下。保持清潔，維護良好。

2.熟食食物貯存設備溫度65℃以上。成品須包裝密封後，再送冷凍、冷藏之。

3.蔬果、水產品、畜牧原料注意新鮮度，製成品分開儲藏。

4.食品、器具、容器、食物貯存不與地面接觸。

（五）客房

1.客房地面、牆壁、天花板、門窗、裝飾、沐浴掛簾、通風口，保持清潔。

2.客房飲具、備用品，整潔齊全。食品、化妝品，中文標示完整，無過期。

3.客房被褥、枕頭、套布、床單，清潔整齊。

4.客房櫥櫃、傢具、燈飾罩、垃圾桶、洗手檯、化妝檯、水龍頭、肥皂衛生用品等，整齊清潔。

5.馬桶、坐墊蓋子、沖水設備、浴缸、毛巾架、蓮蓬頭、防滑踏墊，保持清潔，無破損。

（六）飲用水

飲用安全的水，可防止腸胃傳染病及寄生蟲等疾病，營業場所使用飲用水有包裝飲用水、自來水及地下水。通常在飲用水管理上應注意之事項如下：

1.蓄水池、水塔，定期清洗，保持清潔，防污措施完善並加鎖。

2.生飲水之消毒設備維護完善。飲水機濾心定期清潔消毒，更換濾材及維護管理。製冰機之維護管理。

3.自來水水質每日檢查餘氯量、pH值，並記錄存檔備查：餘氯量0.2～1.5PPM，pH值6～9之間。

4.地下水每年須定期水質檢驗並加氯消毒。

5.用水非自來水應符合飲用水水質標準。

6.冷開水容器常洗滌消毒。

至於飲水機衛生保養之注意事項如下：

1.一般市售飲水機之過濾設備，使用活性碳及離子交換樹脂者較多，這兩種濾料無去除細菌之功效，故對已受細菌污染之水，無去除細菌的效果（活性碳具有吸附細菌之能力，但效果不佳）。

2.活性碳濾材之飲水機主要功能在脫色、脫臭，以改善水質，對於細菌等生物性之去除效果不佳，且會使自來水所含餘氯亦被吸附去除，致殺菌力減弱，將影響飲水之安全衛生。

3.以棉紗爲濾材之飲水機主要是利用其孔隙，以去除較粗大的懸浮物質，其對細菌之去除效果亦不佳，如能採用矽藻製成之過濾器，或其他過濾細菌效果較佳之濾材，應能提升水質衛生水準。

4.使用飲水機應經常清洗，維護過濾設備，約每隔一週視用水量而定期清洗過濾器及附屬零件，濾器才不致孳生細菌，污染飲水，危害健康。濾材使用過久則功能減弱或完全失效，所以使用約半年即需更新，方能維持正常功能。

5.飲水機之設置，應選擇水源充足與排水良好之地點，避免在不潔地點設置，並保持四周環境清潔，遠離灰塵、熱源及陽光直射，冰熱型飲水機左右兩側下方通風孔切勿阻塞，周圍與牆壁至少有十公分距離，以便通風散熱。

6.採用自來水爲水源之飲水機以直接水爲宜，如必須經過蓄水池、塔，則應定期清洗。

7.接用地下水爲水源者，因濾材對細菌之去除效果有限，以改接自來水爲宜。

8.飲水機應指派專人負責保養、清洗，並建立管理紀錄卡，登錄濾材清洗及更換日期，以期確實作到適宜之維護保養。

9.飲水機過濾設備之清洗保養，若無自行處理，應請飲水機公司清洗保養，加強售後服務。

10.離子交換樹脂之飲水機（軟水機），其離子交換樹脂功能在於軟化硬水，僅可去除水中的鈣、鎂、鐵、錳等金屬鹽類，並無去除細菌之功能，無法保證水質之安全。

11.自來水中所含之硬度均適合飲用，對人體不會產生危害或不良影響，故自來水再安裝軟水機，似無必要。

12.自來水若帶有顯著顏色、臭氣、不適之味道等現象，可能與蓄水塔、蓄水池有關，應多加清洗，並以漂白粉消毒清洗，水池和水塔應加密蓋及保持周圍環境清潔。

13.自來水水質有異常現象時，可向自來水公司申請檢查。

14.飲水機外觀（殼）及檯面應經常保持清潔。

15.市售超過藻膜過濾器，對細菌與雜質之去除效果較佳。

16.對飲水機水質或水源有懷疑時，應向地方衛生環保單位或自來水公司申請水質檢驗，以確保飲水衛生安全。

（七）廁所

1.有明顯指標，男女分開設置並為沖水式。地面、牆壁、天花板，保持清潔無破損。

2.洗手檯、化妝鏡清潔完整，並備有流動水源、清潔劑、紙巾或電動烘手機。

3.保持清潔，無臭味、無積水、無堆積雜物及打掃工具等。

4.設有蓋垃圾桶、菸灰缸、掛物勾，清潔，維護良好，無缺損。

5.通風採光良好，光度五十米燭光以上。

6.有專人按時清潔、維護管理。

7.地面台度及牆壁應使用磁磚馬賽克，或其他不透水、不納垢之材料建築。

8.浴室須設洗面磁盆、鏡子、照明燈及浴缸。

9.設有套房者每一套房應有盥洗及沖水式廁所。

10.浴室、廁所地面及台度應磨石子或鋪磁磚等，台度之高度應在一公尺以上。

二、廢水處理

旅館既是旅館從事觀光、旅遊、商務、洽公等住宿（包括餐飲、休閒）之場所，經營者對於旅館本身的污染防治工作，尤應特別重視，雖然旅館廢水係屬於一般家庭生活污水，如未經處理即予排放，仍會影響到周遭環境品質，是故爲提供旅客清潔衛生的住宿環境，宜共同推動防治污染的改善工作，以提升住宿品質，切實貫徹「零污染」的環保觀念。

（一）旅館廢水水質與水量之特性

旅館廢水的水質與水量受其營業性質、經營規模大小差異（如客房、餐廳數量之多寡，餐廳規模及其營業項目）、所處位置（市區或風景區）之不同、旅遊淡旺季之客房住用率增減變化等因素影響，因此旅館營業所產生之廢水水質及水量，亦有尖峰與離峰時段之變化。

台灣地區旅館約有半數以上屬於早期老舊建築物，廢水排放管路多經化糞池、貯存槽或直接排放至地面水體，再加上早期建築物排水管路錯綜複雜，廢水多無法匯集一處排放；就化糞池或貯存槽而言，僅能作爲少量廢水之初級處理或調節水質之用，如旅館規模屬於大型，又附設中餐廳、洗衣房，其廢水量相對增加，水質變化幅度亦較大，倘若未妥善作好廢水處理工作，則放流水標準必然會超過管制之最大限值。

爲有效處理旅館廢水問題，宜先瞭解廢水管路位置、水質、水量基本特性資料；平時對於餐廳、廚房管理，則應加強前處理作業（如篩除殘渣、雜物，去除油脂等），甚至增設油脂分離機或廢水處理設備，以減少廢水中高污染物質，達到放流水標準之規定。茲就旅館的廢水來源、水質、水量及其變化，分述如下：

1.廢水來源

（1）客房廢水：客房產生的廢水來自浴廁內之清洗沐浴用水，水量及水質污染度隨客房住用率之增減而有變化。

（2）餐廳廢水：指清洗碗盤、調製飲料、清洗廚具（廚房地面）等用水，及各種食物、原料之準備用水。

（3）洗衣房廢水：多爲洗濯床單及衣物之用水，排出之廢水中含有因清潔劑產生之界面活性劑、漂白水等殘餘污染物質。

（4）一般綜合廢水：指游泳池、三溫暖、理髮廳、洗車等各項附屬設備之用水。

由上述廢水的來源可知，不同規模、經營型態、營業地點及營業項目等因素，影響一家旅館廢水之水質、水量之特性甚大，其採用廢水處理方式，亦有所差異。

2.廢水水質：旅館廢水係屬一般家庭綜合污水，廢水中污染物濃度較高者，以大腸菌爲主，餐廳廢水則以油脂、懸浮固體物、大腸菌類等之污染度最高，均須予以善加處理控制，以降低廢水中污染物之濃度。其污染源主要來自於餐廳，包括大量有機物、固體污染物碎屑、高含量油脂、清潔劑等。各旅館之廢水水質、水量因來源不同而有別。若依其不同廢水來源之水質變化分析，可歸納如下：

（1）客房廢水：水質變化大致與一般綜合廢水水質之變化相同，其污染度較其他廢水爲小。

（2）餐廳廢水：水質變化是隨著旅客用餐人數及用餐時段有所不同。

（3）洗衣房廢水：水質變化是隨著洗衣房運作的時段有所不同。

（4）一般性綜合廢水：水質變化是隨著旅客在旅館內的日常活動（如用餐、三溫暖、游泳等）有所不同。

3.廢水水量：一般而言，旅館規模愈大，附屬設施愈多，廢水產生量愈大。旅館排放之廢水，每天的產生量約一百二十公升至二百二十公升，平均爲一百八十公升。由於廢水量約爲用水量的70%（用水與廢水之轉換率），因此，業者應先以統計的方式，求出每日平均用水量，並以70%的轉換率估算每日平均廢水量，再除以客房數即可求得單位廢水量。旅館用水量可由自來水的水錶加以記錄，較易掌握，但廢水排放可能因排放口多且不易量測，採樣上較爲困難。由於用水量與廢水量之間有著密切的關係，因此廢水量可以用水量推估。據統計，旅館廢水排放之尖峰時段分別爲09:00～12:00、13:00～15:00及19:00～22:00三個時段，這些時段是廢水水質污染程度較大的時段，因此增設廢水處理設備，宜先詳細調查瞭解廢水產生量，另加上約50～100%容納廢水量變化之空間，作爲設計之根據，以利維持廢水處理設備之正常運作。

4.廢水水質、水量之變化

（1）依季節變換、假日及旅遊旺季區分：旅館客房及餐廳廢水排放之變動，會直接影響旅館綜合廢水之變化。原則上，旅館之廢水排放量係依住宿率多寡而變動，惟部分位於風景區或郊區之旅館住宿率，受季節性影響較大，一般以星期六、日或連續假期之住宿率最高，平時則較低。就月別區分，暑假之七、八月及一、二月之廢水排放量變化較大；而位於都市地區之旅館，廢水量受到假日及季節性變化則較小。

（2）依客房數多寡及營業項目不同區分：旅館內附設之餐廳設施，廢水水質爲廢水中污染濃度最高者；客房產生之廢水來自浴廁內清洗、沐浴用水，此一部分廢水水質是隨客房住用率增減而變化，水質污染度低、變化小。近年來，旅館經營型態已逐漸走向多元經營促銷的趨勢，旅館內部附設餐廳及其他附屬設施者不斷增加，相對地，用水量與廢水量日益提高，惟因各項設施之使用時段及廢水排放時段，並無固定性，是故其廢水水質及廢水水量具有相當大的變化性。

（二）旅館廢水基本處理原則

處理旅館廢水之基本原則，在於切實作好前處理工作，避免污染物排入廢水中，及加強廢水之減量、減廢作業。茲就旅館廢水之基本處理方式，分述如下：

1.前處理作業

（1）減量：廢水減量係指在不影響衛生及旅客使用方便之原則下，減少各項設施之廢水產生量。爲使旅館內附屬設施用水儘可能加以減量回收，達到廢水減量之目的，通常採取三項措施如下：

A.減少不必要之用水。

B.使用節省用水之設備及配件。

C.廢水處理後再循環再利用。

（2）減廢：廢水減廢之原則係將排放之廢水，作到最佳的固液分離及保持在乾的狀態下清除，並儘量與水分離，減少廢水中的有機物。一般採取廢水減廢的方式有三種：

A.改變處理的方式：如以吸油紙將餐盤上殘留的油脂擦除後，再予以清洗，可減少使用更多清潔劑所造成之污染；或增設攔污柵、過濾網等。

B.良好的控制模式：如加強廚房員工在職訓練，養成員工自動清除雜物、油脂、殘渣等習慣。

C.節約用水的習慣。

（3）消毒：凡附設有中餐廳之旅館排放之廢水中均含有大量細菌，亦即大腸菌類含量較高，如未經處理，其廢水濃度一定會超過放流水標準，宜在經過廢水處理放流前予以消毒，一般多添加適量之氯或次氯酸鈉。

2.申請接管衛生下水道：接管衛生下水道爲一勞永逸處理廢水之方式之一，雖然接管後排放廢水之放流水標準較直接排放之標準略寬，惟仍需切實依規定作好前處理工作，始能符合申請接管排放廢水之條件。衛生下水道乃是一種污水蒐集系統，將各用戶排出的廢水納入衛生下水道管線內，再輸入到污水處理廠處理，達到放流水標準後排放。

3.化糞池：一般化糞池只處理抽水馬桶污水，約僅占生活污水有機污染物的三分之一。內部通常分為數槽，具有沈澱、污泥消化、氧化、消毒等部分，處理後放流水往往不能達到放流水標準；由於含有其他三分之二的污染量廢水，未經處理也無法符合放流水標準。因此，旅館如已設有化糞池，但缺少足夠貯存廢水空間，仍然需要增設廢水處理設備。另一種為合併式化糞池，可以一併處理抽水馬桶污水與其他廢水，實際上屬於微形水處理系統，日本正在大力推廣此種型態之化糞池。當設計與管理得宜情形下，排放之廢水之生化需氧量可降低到20mg/l以下。一般而言，其廢水濃度去除率約達70%至80%之間。

4.設置廢水處理設備

（1）生物處理：又稱二級處理。係利用細菌及其他微生物在適當環境下，將廢水中的有機化合物分解成簡單無機鹽，以減輕有機物對水體的污染負荷。適合廢水量大之旅館採用，其結果有較好的去除率，惟須具備足夠空間及相當的土地才能設置。一般採用的方法有活性污泥法、接觸曝氣法、旋轉生物圓盤法（RBC）等。

（2）物化處理：泛指物理處理及化學處理兩部分，前者主要為去除廢水中可沈下或浮起之物質，如纖維、砂礫、顆粒狀有機或無機物、木片、碎紙、破布、漂浮物質及油脂等；後者則指藉化學藥劑，達到去除廢水中含有顏色、膠體、懸浮固體及油脂等。由於旅館廢水之廢水特性與一般家庭生活污水性質相近，因此，物化處理以膠體顆粒與懸浮固體為主要去除對象，而溶解性有機物則宜採生物處理方式。這種處理方式適合於只能提供小面積廢水處理空間的旅館設置，功效反應快，去除率良好，惟產生污泥較多，操作成本高。

5.旅館廢水處理應注意事項：鑒於每家旅館建築地點、廢水特性、設計理念及經濟考慮等因素互有不同，採用之處理方式相對有所差異，目前最重要的考慮因素爲是否有足夠的空間設置廢水處理設施，而設備設置地點（如地下室、筏基），因囿於空間，因此，在處理程序及方法上，均不相同，必須視個案實際狀況，評估各項相關因素後，再決定最適合之處理方法。茲就旅館廢水處理應注意事項，分述如下：

（1）調查作業程序方面：在處理旅館廢水前，首先應調查廢水污染源，評估化糞池處理功能（瞭解沈澱池容量、平面圖、剖面圖及構造圖），檢測廢水量大小、廢水水質濃度，及確認廢水放流口位置，與不同時段廢水水質、水量變化，以建立旅館廢水處理之基本資料（如圖14-1）。

（2）廚房內油脂及固體物處理方面

A.油脂

（A）加裝截油設施或油脂分離設備。

（B）以儲油桶或過濾網蒐集。

（C）採分段去除方式，逐步去除油脂。

B.固體物：如紙張、纖維、骨頭、菜渣等，宜加強廚房員工教育訓練，教導其將固體雜物另外蒐集，並以細網或攔污柵隔離去除，當固體物不多時，可利用斜坡加強沈澱處理，並以細網隔離雜物，以縮小處理空間。

C.其他液體：如洗米水、醬油、酒等亦應個別處理，否則易造成廢水處理負荷。

（3）如何發揮化糞池功能方面

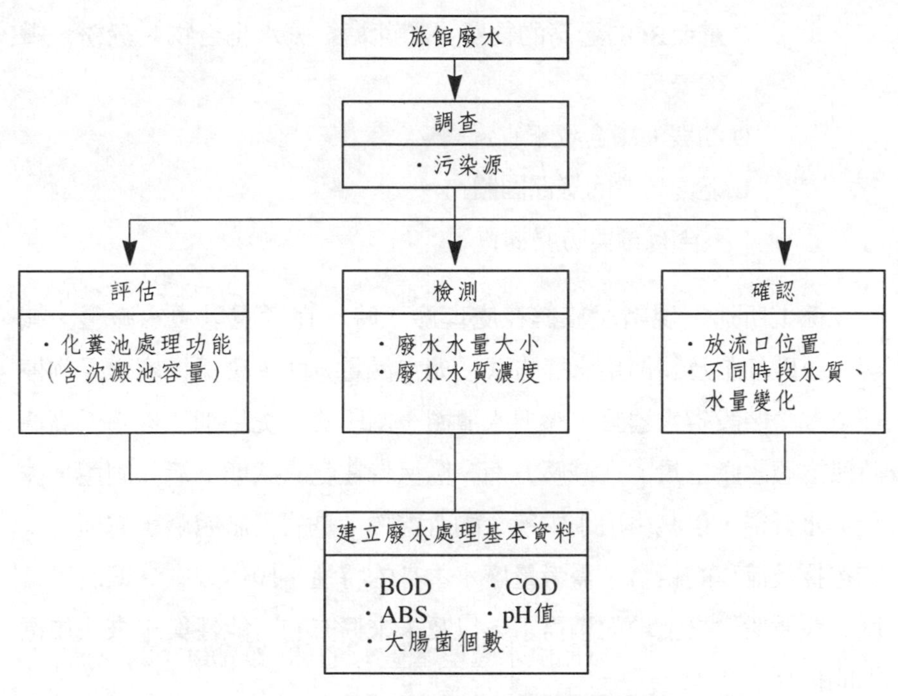

圖14-1　旅館廢水處理調查作業程序

A.委託處理旅館廢水成效良好之環保工程顧問公司規劃設施。

B.廚房內殘渣、剩菜勿排入化糞池內，以免造成廢水濃度過高。

C.加裝柵欄網或使用打碎法處理殘渣，防止化糞池阻塞。

（4）廢水處理設備操作方面：

A.儘可能使廢水濃度和成分均勻，且避免突增負荷有害的廢水。

B.避免酸鹼度過高廢水，或於中和氧化時易沈澱的物質，如醬油、醋等。

C.避免BOD過高的物質，如蔗糖、碳水化合物、澱粉、纖維素等。

D.油與油脂含量不宜過高。

E.不含高量的懸浮固體物。

F.不含有毒與防腐物質。

綜上所述，現階段旅館在處理廢水時，宜考慮以廢水減量、減廢，分離油脂及調節用水等方式，如在減量方面，應保持廢水足夠停留空間、裝設省水器具、壓力水龍頭、兩段式沖洗馬桶，以降低高峰時段之廢水產生量；在減廢方面，應保持在乾的狀態下清除固體，儘量與水分離，以減少廢水中所含的有機物，是故，旅館廢水處理方式的選擇及流程的組合，需考量廢水本身的特性、操作成本、廠商可靠度、設置設備之土地面積需求，以及未來擴充的可能性與未來法規標準的提高。

其中最重要者，需考慮到廢水性質，與其相對應之合理去除方式。以旅館內附設餐廳所排放之廢水為例，廢水中所含之有機物，可以用生物氧化法加以去除；油脂部分可採用物理法中的除油井或加壓空氣浮除法去除，使油水分離，增加處理效率；懸浮固體物可用浮除或篩網去除；大腸菌類則可以加氯消毒方式去除。然而，如採用廢水處理設備處理廢水時，在各單元之選擇組合時，必須充分評估考慮各單元之相關性，及前後處理次序組合，俾充分發揮其功能。

參、安全管理

旅館安全包括門禁、衛生與防災三項，三者兼備則旅客的生命財產始能保全。旅館的門禁管理係指安排專責人員負責監督出入公共場所的旅客，並定時巡查各樓層（較具規模之旅館目前多於各樓層通道及安全門梯道裝設監視器），以維護旅客住宿安全；其次，衛生上的安全係包括旅館內外環境的衛生與餐具、飲食的衛生。環境衛生部分於第二節已說明，不再贅述。第三項是防災上的安全。所謂防災，係指防風、防洪、防震與防火。前三項只須在建築旅館時依規定作好規劃工作，即可降低風險；而防火管理，除了建築時應講究防火建材、消防設備的配合外，在營業期間亦應定期實施檢查並不斷防範，再加上旅館完善的組訓工作，才能提供旅客舒適安全的住宿空間。

再就旅館的作業形式而言，則可分成二大類型：供應飲食及提供住宿，兩者都是迥然不同的服務型態，但一般提供住宿之大型飯店則兩者均一併提供服務，因此，大飯店的從業員往往可能兼扮兩種角色以服務顧客。然而，旅館業所秉持的信念，「顧客至上」，促使從業員工於提供服務時，爲求快速而令顧客滿意的服務情況，極有可能盡其能力去作而不理會作業過程中可能發生的危害，只因爲：「我只要稍加小心就可避免」的心理，存在於每一從業員工心中。誠然，快速而穩當的服務，可讓消費者感到滿意，有助於業績之擴展，但偶然發生的意外，將造成不可彌補的遺憾。

由於旅館業係屬於服務性事業，在競爭激烈的環境下，各項服務（包括有形與無形）均講求效率，並迎合消費大衆需求。爲提供精美食品或快速服務，無形中，從業人員必須花更多的時間去從事各項服務的預備工作，希望能在最短的時間內就能提供顧客滿意的服務品質，相對地，員工可能會面對更多的危險性或有害之工作環境，導致從業人員遭受職業傷害的機會，因此，業者應事前作好各項預防措施，使意外的發生降低到最小的程度，以保障員工安全。茲就勞工安全與消防安全，分述如后。

一、勞工安全

爲防止職業災害，保障旅館員工安全與健康，主管機關訂定有關法令規定。茲就餐旅業涉及勞工安全衛生之規定主要項目，說明如下：

1.建築物之結構、地面、通道、工作場所、安全門、安全梯、逃生設備等。

2.電氣設備及電器：線路、電氣設備、發電機、離心機、洗衣設備、各種電器等。

3.勞工防護具：提供勞工從事作業時之個人安全衛生防護具，以補固定安全衛生設施不足。

4.物料搬運處置：行李搬運、食品、材料貯存等。

5.有害物：如去漬油、四氯化碳、三氯甲烷、丙酮、鹽酸、硫酸、漂白水（氯）、甲苯、二甲苯等。

6.作業場所：噪音作業場所、高溫作業場所、有機溶劑或特定化學物質作業場所。

7.作業環境測定：高溫、噪音、有機溶劑之測定，以及中央空氣調節設備之建築物室內二氧化碳濃度測定。

8.危險性機械或設備：大型升降機、鍋爐、液化石油氣貯槽、二重鍋等。

9.健康檢查及管理：勞工體格檢查，定期健康檢查、特別危害健康之作業者特殊健康檢查，健康手冊之建立等。

10.勞工安全組織、管理：勞工安全管理單位、勞工安全管理人員、勞工安全委員會及勞工安全業務主管等組織及人員之設置，各項設備、作業之自動檢查計畫訂定與推行，及勞工安全管理規章（工作守則）之訂定等。

11.勞工安全教育訓練：新進員工之教育訓練，勞工安全業務主管教育訓練，特殊作業環境作業主管（有機溶劑作業主管、特定化學物質作業主管）安全衛生教育訓練，鍋爐操作人員特殊安全衛生教育訓練等。

二、消防安全

旅館為提供旅客休閒、住宿之場所，為讓旅客有安全、舒適的住宿空間，在消防安全管理上則必須加強維護。隨著經濟成長與人類生活水準提高，及土地價格高漲等各項因素，旅館建築物趨向於主體化與綜合性功能設計，再加上室內自動化設備與全面之裝潢，已成為時代潮流趨勢，由於內部設施的複雜化，業者對於消防安全管理工作更應重視，尤其是旅館建築物火災防制及從業人員消防組訓制度之建立，為維護公共安全之重要課題。

由於現代居住環境，因囿於建築地點與基地面積，已由往昔的獨棟、獨幢使用，演變為集合式建築，因此在消防安全上，更應注重管理及建立防災意識，使火災機率降至最低。茲就旅館建築特性與火災的關係，說明如下：

（一）旅館建築特性

1.住宿旅客複雜：旅館之住宿旅客，性質複雜，除少數常住旅客外，通常不固定。旅館不易掌握住宿者之狀況。

2.多為高層建築：大型旅館之建築，多屬超高層建築物，面積廣闊，房間數多。中小型旅館，則屬綜合大樓之一部分，為取幽靜，位置多選在大廈之高樓層。

3.電氣使用頻繁：旅館內設有餐廳、廚房、烘衣間等設施，電氣之使用異常頻繁，極易發生火災。

4.夜間員工稀少：旅館夜間投宿旅客多，但相對地員工人數甚少。一旦夜間起火，不論救火、避難，人力均嫌不足。

（二）旅館的潛伏危險性

旅館公共安全最感到威脅的莫過火災。火災乃是因人們的無知、疏忽，甚至惡意的行為所引起的。

1.燃燒速度

（1）易燃性、速燃性物質極多。如瓦斯、合板裝潢、家具、貨物、危險物品等。

（2）走廊、通路、防火門都是開放狀態，變成擴大火災媒介通路。

（3）電梯、冷氣、換氣系統管道等，成為垂直方向蔓延火災的通路。

（4）初期火災撲救失敗，即形成消防隊之消防工作，且為一時無法控制的火災。

2.起火時間與房間數：火災發生時間多在夜間，旅客好夢正甜，發生火災不易通知，常造成部分旅客逃生不及。且各房間皆有房門，搜救人員進入火場，必須逐間搜索，人命搶救不易。

3.建築物特性

（1）旅館建築設計複雜，面積又極為寬廣，住宿客人少有對環境熟悉者。一旦發生火災，均難找到安全出口及樓梯。

(2) 樓高撲救困難，燃燒時間長，熱氣、濃煙毒氣強烈，人口密集，人員死傷較多。

(3) 建築物如屬爲多窗門、大區域、低天花板，這類建築物在火災時，因可得到充分的氧氣，所以燃燒速度快，而且擴大範圍亦很大。

4.電氣、機械裝置

(1) 電熱器、熨斗、電烤箱、電氣配線、電燈、馬達、電梯等供電設備。其中馬達火災最多，次爲配線，再次爲變壓器等，馬達火災以空調、給水、排水、送風機等及其配件故障引起火災。

(2) 電氣事故的發生，導致人們心理上緊張、恐慌及行動上的混亂。

5.可燃物量

(1) 大樓內之可燃物品很多，所以一旦發生火災即很難熄滅。

(2) 三夾板的燃燒極限爲七分三十秒。在七分三十秒內必須將火勢控制，否則很難熄滅火災。

(3) 可燃物品、危險物品等未劃入防火區域內，或未加以安全管理，時常發生火災。

6.飲食、廚房、瓦斯

(1) 廚房是經常使用火種的危險區域。廚房之火災發生於瓦斯爐、烤箱、瓦斯洩漏、油炸鍋漏油、電器設備、煙囪管道污油等。

(2) 使用天然瓦斯或液化石油氣，一旦發生洩漏即引起爆炸。

7.人爲性

(1) 菸蒂餘火未熄，亂拋棄，時常引起火災。

（2）私接臨時電線及電熱器等設備，引起火災。

（3）裝潢、設備改裝、增設工事時之氣焊、電焊火星，未加防護，引起火災。

8.縱火：旅館內最容易被縱火引起火災之場所如下：

（1）房間。

（2）走廊。

（3）樓梯間。

（4）洗手間。

（5）停車場。

（6）夜總會。

（7）物品儲藏室。

（8）電梯間。

（9）員工更衣室。

以上各項旅館潛在的危險性，如能事前作好防範措施，如依規定設置避難指示方向燈、安全門指示燈、消防器材、緩降機等逃生設備，再加上逃生通道順暢及旅館受信系統裝置，對於住宿旅客的生命而言，則多一份保障，因此，確保客人的生命安全，爲旅館每一位從業人員的責任。

第二單元　名詞解釋

1.廢水處理：指旅館排放的廢水應先經過前置處理。

2.設備維護：指旅館設備爲維持功能正常運作，必須隨時加以維護保養。

第三單元　相關試題

一、單選題

(　) 1.旅館廢水是屬於（1）一般家庭綜合污水（2）工業污水（3）商業污水（4）高污染廢水。

(　) 2.在不影響衛生及旅客使用方便之原則下，減少各項設施之廢水產生量稱爲（1）減廢（2）減量（3）消毒（4）生物處理。

(　) 3.旅館各部門之廢水水質，污染濃度最高者爲（1）客房（2）廁所（3）冷氣空調（4）附設餐廳。

(　) 4.適合於只能提供小面積廢水處理空間的旅館設置之廢水處理設備爲（1）生物處理（2）工業處理（3）物化處理（4）消毒處理。

(　) 5.旅館廢水中之大腸桿菌類可以用何種方法去除（1）浮除法（2）加氯消毒（3）沖水（4）分離法。

二、多重選擇題

(　) 1.旅館廢水之水質與水量受到哪些因素影響（1）營業性質（2）經營規模大小（3）所處位置（4）客房住用率。

(　) 2.旅館在處理廢水時，宜考慮哪些方式（1）廢水減量（2）廢水減廢（3）分離油脂（4）調節用水。

(　) 3.旅館作業形式可以分爲（1）供應飲食（2）休閒場所（3）巡

查樓面（4）提供住宿　等兩大類型。

（　）4.旅館防災係指（1）防風（2）防洪（3）防震（4）防火。

（　）5.旅館內附設餐廳所排放之廢水，其油脂部分可採用哪些方式去除（1）除油井（2）生物氧化法（3）加壓空氣浮除法（4）篩網。

三、簡答題

1.旅館裝置空調設備之目的有哪四項？

2.旅館給水系統大致可分爲哪三種？

3.旅館電氣設備可分爲哪三部分？

4.旅館業爲達到廢水減量之目的，通常採取哪三項措施？

5.旅館安全包括哪三項？

四、申論題

1.試述旅館設備維護的重要性？

2.旅館爲維護設備正常功能，應注意之工作爲何？

3.試扼要說明旅館廢水基本處理原則？

4.試繪圖說明旅館廢水處理調查作業程序？

5.試扼要說明旅館廢水處理應注意事項？

第四單元　試題解析

一、單選題

1.（1）2.（2）3.（4）4.（3）5.（2）

二、多重選擇題

1.（1.2.3.4）2.（1.2.3.4）3.（1.3）4.（1.4）5.（1.2.3.4）

三、簡答題

1.答：

（1）保持室內空氣新鮮，不潮不乾。

（2）保持室內溫度適宜，不冷不熱。

（3）調節室內空氣，並使風力均勻。

（4）調換新鮮而乾淨的空氣。

2.答：水源，熱水系統，消防系統。

3.答：電力系統，電源系統，電壓配電系統，緊急電源。

4.答：

（1）減少不必要用水。

（2）使用節省用水之設備及配件。

（3）廢水處理後再循環再利用。

5.答：門禁，衛生，防災。

四、申論題

1.答：旅館的各項設備維護工作，應採取預防保養與事後維護，以及事前訂定一套符合旅館整體的作業流程，再加上完善的設備管理制度，如此才能確實作好旅館設備維護的工作。由於時代進步，旅館之設備大多採用自動化、電腦化作業，在管理工作上更為便利，但仍需定期保養，使其發揮正常運轉的功能。旅館內的一切設備均需細心照顧，如遇突發狀況（停電、火災、地震等）更須慎重處理。

為建立完善的設備維護保養制度，各旅館宜設計適合本身旅館的預防保養（preventive maintenance, PM）制度，俾有助於全館設備的維護與保養。

2.答：為維護旅館設備正常功能，應注意下列幾項工作：

（1）加強日常檢查。

（2）成立防護團與搶救小組。

（3）注意一般與緊急照明設備。

（4）與特殊設備（如電腦等）保持密切聯繫。

（5）去除旅客的恐懼心理。

（6）不定期訓練員工應變能力。

（7）訓練員工正確判斷處理方式。

3.答：處理旅館廢水之基本原則，在於切實作好前處理工作，避免污染物排入廢水中，及加強廢水之減量、減廢作業。茲就旅館廢水之基本處理方式，扼要說明如下：

（1）前處理作業

A.減量：廢水減量係指在不影響衛生及旅客使用方便之原則下，減少各項設施之廢水產生量。爲使旅館內附屬設施用水儘可能加以減量回收，達到廢水減量之目的，通常採取三項措施如下：

（A）減少不必要之用水。

（B）使用節省用水之設備及配件。

（C）廢水處理後再循環再利用。

B.減廢：廢水減廢之原則係將排放之廢水，作到最佳的固液分離及保持在乾的狀態下清除，並儘量與水分離，減少廢水中的有機物。一般採取廢水減廢的方式有三種：

（A）改變處理的方式：如以吸油紙將餐盤上殘留的油脂擦除後，再予以清洗，可減少使用更多清潔劑所造成之污染；或增設攔污柵、過濾網等。

（B）良好的控制模式：如加強廚房員工在職訓練，養成員工自動清除雜物、油脂、殘渣等習慣。

（C）節約用水的習慣。

C.消毒：凡附設有中餐廳之旅館排放之廢水中均含有大量細菌，亦即大腸菌類含量較高，如未經處理，其廢水濃度一定會超過放流水標準，宜在經過廢水處理放流前予以消毒，一般多添加適量之氯或次氯酸鈉。

（2）申請接管衛生下水道：接管衛生下水道爲一勞永逸處理廢水之方式之一，雖然接管後排放廢水之放流水標準較直接排放之標準略寬，惟仍需切實依規定作好前處理工作，始能符合申請接管排放廢水之條件。衛生下水道乃是一種污水蒐集系統，將各用戶排出的廢水納入衛生下水道管線內，再輸人到污水處理廠處理，達到放流水標準後排放。

（3）化糞池：一般化糞池只處理抽水馬桶污水，約僅占生活污水有機污染物的三分之一。內部通常分爲數槽，具有沈澱、污泥消化、氧化、消毒等部分，處理後放流水往往不能達到放流水標準；由於含有其他三分之二的污染量廢水，未經處理也無法符合放流水標準。因此，旅館如已設有化糞池，但缺少足夠貯存廢水空間，仍然需要增設廢水處理設備。另一種爲合併式化糞池，可以一併處理抽水馬桶污水與其他廢水，實際上屬於微形水處理系統，日本正在大力推廣此種型態之化糞池。當設計與管理得宜情形下，排放之廢水之生化需氧量可降低到20mg/l以下。一般而言，其廢水濃度去除率約達70%至80%之間。

（4）設置廢水處理設備

A.生物處理：又稱二級處理。係利用細菌及其他微生物在適當環境下，將廢水中的有機化合物分解成簡單無機鹽，以減輕有機物對水體的污染負荷。適合廢水量大之旅館採用，其結果有較好的去除率，惟須具備足夠空間及相當的土地才能設置。一般採用的方法有活性污泥法、接觸曝氣法、旋轉生物圓盤法（RBC）等。

B.物化處理：泛指物理處理及化學處理兩部分，前者主要爲去除廢水中可沈下或浮起之物質，如纖維、砂礫、顆粒狀有機或無機物、木片、碎紙、破布、漂浮物質及油脂等；後者則指藉化學藥劑，達到去除廢水中含有顏色、膠體、懸浮固體及油脂等。由於旅館廢水之廢水特性與一般家庭生活污水性質相近，因此，物化處理以膠體顆粒與懸浮固體爲主要去除對象，而溶解性有機物則宜採生物處理方式。這種處理方式適合於只能提供小面積廢水處理空間的旅館設置，功效反應快，去除率良好，惟產生污泥較多，操作成本高。

4.答：旅館廢水處理調查作業程序，如下：

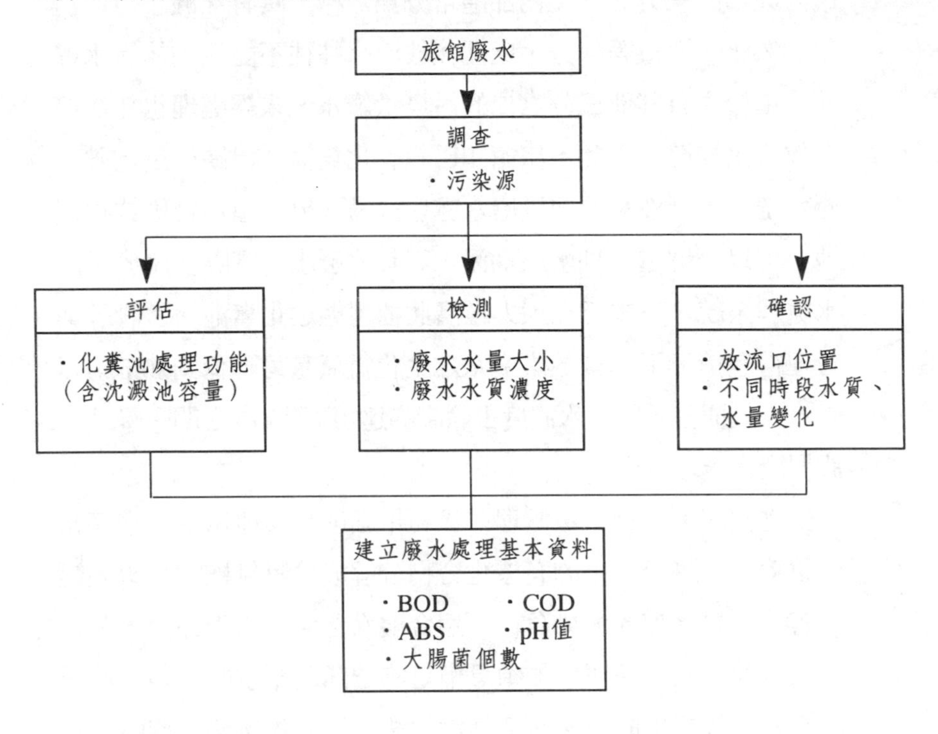

5.答：旅館廢水處理應注意事項，如下：

（1）調查作業程序方面：在處理旅館廢水前，首先應調查廢水污染源，評估化糞池處理功能（瞭解沈澱池容量、平面圖、剖面圖及構造圖），檢測廢水量大小、廢水水質濃度，及確認廢水放流口位置，與不同時段廢水水質、水量變化，以建立旅館廢水處理之基本資料。

（2）廚房內油脂及固體物處理方面

A.油脂

(A) 加裝截油設施或油脂分離設備。

(B) 以儲油桶或過濾網蒐集。

(C) 採分段去除方式，逐步去除油脂。

B.固體物：如紙張、纖維、骨頭、菜渣等，宜加強廚房員工教育訓練，教導其將固體雜物另外蒐集，並以細網或攔污柵隔離去除，當固體物不多時，可利用斜坡加強沈澱處理，並以細網隔離雜物，以縮小處理空間。

C.其他液體：如洗米水、醬油、酒等亦應個別處理，否則易造成廢水處理負荷。

(3) 如何發揮化糞池功能方面

A.委託處理旅館廢水成效良好之環保工程顧問公司規劃設施。

B.廚房內殘渣、剩菜勿排入化糞池內，以免造成廢水濃度過高。

C.加裝柵欄網或使用打碎法處理殘渣，防止化糞池阻塞。

(4) 廢水處理設備操作方面

A.儘可能使廢水濃度和成分均勻，且避免突增負荷有害的廢水。

B.避免酸鹼度過高廢水，或於中和氧化時易沈澱的物質，如醬油、醋等。

C.避免BOD過高的物質，如蔗糖、碳水化合物、澱粉、纖維素等。

D.油與油脂含量不宜過高。

E.不含高量的懸浮固體物。

F.不含有毒與防腐物質。

綜上所述，現階段旅館在處理廢水時，宜考慮以廢水減量、減廢，分離油脂及調節用水等方式，如在減量方面，應保持廢水足夠停留空間、裝設省水器具、壓力水龍頭、兩段式沖洗馬桶，以降低高峰時段之廢水產生量；在減廢方面，應保持在乾的狀態下清除固體，儘量與水分離，以減少廢水中所含的有機物，是故，旅館廢水處理方式的選擇及流程的組合，需考量廢水本身的特性、操作成本、廠商可靠度、設置設備之土地面積需求，以及未來擴充的可能性與未來法規標準的提高。其中最重要者，需考慮到廢水性質，與其相對應之合理去除方式。以旅館內附設餐廳所排放之廢水爲例，廢水中所含之有機物，可以用生物氧化法加以去除：油脂部分可採用物理法中的除油井或加壓空氣浮除法去除，使油水分離，增加處理效率；懸浮固體物可用浮除或篩網去除：大腸菌類則可以加氯消毒方式去除。然而，如採用廢水處理設備處理廢水時，在各單元之選擇組合時，必須充分評估考慮各單元之相關性，及前後處理次序組合，俾充分發揮其功能。

註：本題亦可就最後兩段結論部分扼要說明之。

附錄

A.考古試題彙整

一、單選題

(2) 1.我國的觀光旅館分級是以 (1)星星 (2)梅花 (3)蘭花 (4)鑽石 來表示。

(4) 2.旅館房租不包括餐飲費的計價方式稱爲 (1)MP (2)BP (3)MAP (4)EP。

(3) 3.B&B表示 (1)Bed and Bath (2)Bed and Board (3)Bed and Breakfast (4)Bath and Breakfast。

(1) 4.A home away from home是指 (1)旅館 (2)旅行社 (3)餐廳 (4)飛機。

(2) 5.旅館的神經中樞是指 (1)餐飲部 (2)客務部 (3)業務部 (4)財務部。

(4) 6.Lobby一詞是指旅館的 (1)服務中心 (2)櫃檯 (3)餐廳 (4)大廳。

(1) 7.事先未訂房，臨時進入旅館要求住宿者稱爲 (1)walk-in (2)over stay (3)no show (4)overbooking。

(3) 8.旅客延長住宿天數，卻未事先告知旅館稱爲 (1)

overbooking （2）early check-out （3）over stay （4）skipper。

（4）9.安排房間是 （1）房務員 （2）訂房員 （3）行李員 （4）櫃檯接待員 的主要職責。

（1）10.room blocking是指 （1）部分房間的保留 （2）鎖住房門 （3）不准客人進入房間 （4）禁止使用。

（4）11.預備C/O的房間爲 （1）C/I （2）D/L （3）P/V （4）D/O。

（2）12.某飯店房間總數爲500間，昨天出租350間，則其住房率爲 （1）60% （2）70% （3）80% （4）85%。

（3）13.出售客房是哪一單位的職責 （1）出納 （2）服務中心 （3）門衛 （4）櫃檯。

（2）14.旅館專用術語OOO是指 （1）貴賓房間 （2）故障房 （3）整理中的房間 （4）待退房。

（1）15.旅館經營者希望何者愈高愈好 （1）occupancy （2）up grade （3）complimantary （4）no show。

（4）16.總客房數減去明日續住客房數等於明日 （1）團體旅客住房數 （2）個人旅客住房數 （3）散客住房數 （4）預定空房數。

（3）17.skipped bill是指 （1）公務用帳 （2）住宿帳單 （3）逃帳 （4）簽帳。

（2）18.旅館客房訂價2500元，優惠客人20%的折扣，請問該客人住宿一間，C/O時要支付房租 （1）1600元 （2）2000元 （3）2100元 （4）2250元。

（1）19.linen room是指 （1）布巾室 （2）儲藏室 （3）衣帽間

（4）用具間。

（ 4 ）20.SNS是指　（1）空房仍未清潔　（2）故障房不能使用　（3）門反鎖　（4）住用但不需服務。

二、解釋名詞

1. inside room：指向內、無窗戶、面向天井、無景觀（view）或山壁的房間，房價較outside room便宜。
2. outside room：指向外、有窗戶、面向大馬路、海邊、景觀較佳或公園的房間，房價較inside room稍貴。
3. F. I. T.：指個別旅館。（爲foreign independent tourist之縮寫）
4. check-in：辦理遷入手續。
5. check-out：辦理遷出手續。
6. upgrade：升等。
7. connecting room：連通房。兩間獨立的客房，中間有門可以互通。
8. lobby：大廳。
9. house use：公務用房、旅館職員因事住用之客房。
10. concierge：顧客服務員。
11. overbooking：超額訂房。
12. no show：已訂房但未辦理住宿手續，已訂房卻未到達者。
13. rack rate：客房訂價。
14. room service：客房餐飲服務。
15. turn down service：做夜床服務。
16. uniform service：服務中心。
17. due out：指預計遷出。
18. table service：餐桌服務，係指客人坐下就可以在桌上享用所需。
19. door knob menu：客房餐飲菜單。
20. cross training：交叉訓練，輪調訓練。

21. walk-in：散客。未事先訂房而自己來旅館住宿的客人。

22. commission：佣金。

23. guarantee reservation：保證訂房。

24. bell service：服務中心。

三、問答題

1.試述旅館商品的特性？

答：旅館商品的特性，如下：

（1）獨一性：客房只有旅館等住宿設施才有。

（2）無法儲存性：房間只能當天賣出。

（3）僵固性：數量有限，無法加班生產。客滿即無法臨時再增加。

（4）固定成本高：建築、土地、設備成本高。

（5）信賴性：住過才知道好，包括事前的期望與事後的體驗。

（6）無形性：服務優劣、印象好壞及旅客的滿意程度，會在旅客住宿後顯現出來。

（7）長期性：業務行銷計畫須提早進行並接受預約訂房。

（8）競爭性：同業間相互競爭關係，除了要加強硬體設備維護外，並應不斷提升服務水準。

（9）人情味：建立良好顧客關係，才能創造商機。

（10）地理性：立地條件（地點選擇）、房間數之多寡及經營策略之搭配，宜相輔相成。

（11）多元性：研究市場行銷技巧，提高推銷技術，利用各種宣傳管道，開發新產品。

2.試過旅館的一般特性？

答：旅館的一般特性，可歸納為下列七項：

（1）服務性：旅館內每位從業人員的服務都是直接出售商品，服務品質的好壞直接影響全體旅館的形象；旅館經營客房出租、餐飲供應並提供會議廳等有關設施，主要是為了服務旅客，以旅客的最大滿意為依歸。因此，「人為」的因素決定旅館的一切，人為的「服務性」特徵也表現得突出而明顯，是故旅館從業人員應當瞭解「人」在旅館作業中的意義，同時更要瞭解「為人服務」的價值。

（2）綜合性：旅館的功能是綜合性的。舉凡住宿、餐飲外，其他和介紹旅遊、代訂機票等皆可在旅館內解決與獲得滿足。因此，旅館是生活的服務，食、衣、住、行、育、樂均可包括其中，是一個最主要的社交、資訊、文化的活動中心。或有人稱旅館為「家外之家」（home away from home）。

（3）豪華型：旅館的建築與內部設施豪華，其外觀及室內陳設，除代表一地區或一國家之文化藝術外，更是吸引觀光客住宿的最佳誘因。因此如何維護這些設備，不失其豪華氣氛，訓練員工對財物管理的正確觀念，也是經營旅館的重要方針。

（4）公用性（公共性）：旅館的主要任務，是對旅客提供住宿與餐飲，而觀光旅館另有提供集會或開會用之功能，及任何人都可以自由進出的大門廳及會客廳。因此旅館是集會、宴會、休閒的公共空間。

（5）無歇性（全天候性，持續性）：旅館的服務是一年三百六十五天，一天二十四小時全天候的服務，其所提供的服務不僅需要安全可靠，並且要熱忱及親切，使顧客體驗到愉悅和滿足。

（6）地區性：旅館的建築物興建在某地，就是永久性的，它無法隨著住宿人數之多寡而移動至其他位置，所以旅館銷售房間，受地理上的限制很大。

（7）季節性：旅館業的主要任務是提供旅客住宿及餐飲，而旅客出外旅遊有季節性，因此旅館的營運須顧及旺季住宿之需求。

3.試比較（1）inside room與outside room；（2）connecting room與adjoining room之間的差異？

答：

（1）A.inside room：指向內、無窗戶、面向天井、無景觀（view）或山壁的房間，房價較outside room便宜。

B.outside room：指向外、有窗戶、面向大馬路、海邊、景觀較佳或公園的房間，房價較inside room稍貴。

（2）A.connecting room：指兩個房間相連接，中間有門可以互通（雙重門）。中間的門如關閉，可分開銷售，此類型房間較適合家族旅客住用。

B.adjoining room：指兩個房間相連接，但中間無門可以互通。

4.旅館的商品所指爲何？

答：旅館的商品大致可分爲有形商品與無形商品，如下：

（1）有形商品：旅館的有形商品包括下列三項：

A.設備：指旅館硬體而言，括了客房及旅館本身各項設備的機能性、便利性、安全性、休閒性，及是否令人感到輕鬆（relax）的感覺。

B.餐食：是否提供各種口味餐點菜餚（如西式、中式、自助餐等），及是否講究色、香、味俱全，口味獨特。

C.環境：指周遭環境（如停車方便性、附屬設施多樣性等）及內部環境（如氣氛、實用、衛生條件等）之營造。

（2）無形商品：旅館的無形商品乃指服務（service）而言。

5.試述旅館的功能？

答：旅館的基本功能是提供旅行者、洽商（公）者，作爲家外之家，所以其機能應與「家」相同。爲營造一個具有「家」的氣息的旅館，投資者或經營者莫不將旅館內部設備擺設，仿照家庭式的陳列，由於受限於空間，旅館大多會以較柔和的色調，搭配一些裝飾品，甚至家具擺設的位置亦略加調整，俾使旅客一進入旅館或客房內，即感受到有回到家中的感覺。當然，還需視該旅館之經營對象及市場定位而有所不同，如我國的觀光旅館，其經營對象有只接待商務旅客或團體旅客者，抑是兩者皆有。如屬於一般旅館，稍具規模者，其客源與觀光旅館相同亦不在少數，但是亦有部分旅館，除提供旅客住宿外，也兼提供旅客作爲短暫休息的場所。

6.試述旅館的定義？

答：綜合國內外專家學者的闡釋，「旅館」可定義爲：「提供旅客住宿、餐飲及其他有關服務，並以營利爲目的的一種公共設施。」換言之，旅館專爲接待過境、短期或長期的旅客，供應旅客們日常生活所需的居住、飲食，甚至提供相關休閒的設施，使外來的賓客都能得到舒適的住宿環境。

7.什麼是franchise？請說明旅館參加國際連鎖的優點與缺點。

答：

（1）franchise是指特許加盟之意。即授權連鎖的加盟方式。係各獨立經營的旅館與連鎖旅館公司訂立長期合同契約，由連鎖旅館公司賦予獨立經營的旅館特權參加該組織體系。以此種方式加入連鎖組織的各獨立旅館，即與正規的連鎖旅館（regular chain hotel）一樣，使用連鎖組織的旅館名義、招牌、標誌及採用同樣的經營方法。

此種經營方式的旅館，只有懸掛這家連鎖旅館的「商標」，旅館本身的財務、人事完全獨立，亦即連鎖公司不參與或干涉旅館的內部作業；惟為維持連鎖公司應有的水準與形象，總公司常會派人不定期抽檢某些項目，若符合一定標準則續約；反之則可能中止簽約，取消彼此連鎖的約定。而連鎖公司只有在訂房時享有同等待遇而已。我國此類型的旅館如力霸皇冠大飯店（Rebar Holiday Inn Crown Plaza）、來來大飯店（Lai Lai Sheraton Hotel Taipei）。授權連鎖的加盟方式，為加盟者保留經營權與所有權，至於加盟契約的簽訂，則包括加盟授權金、商標使用金、行銷費用及訂房費用等。凡參加franchise chain的旅館負責人，可參加連鎖組織所舉辦的會議及享受一切的待遇，並得運用組織內的一切措施。此種方式為最近數年來最盛行的企業結合方式之一。目前號稱世界最大的連鎖旅館公司——Holiday Inns，即屬於以franchise的方式參加連鎖的獨立旅館。（這種方式的費用負擔較management contract為低，其費率亦因公司、地區不同而互異）。

（2）參加國際連鎖旅館的優點

A.品牌的信賴：會員旅館可以冠用已成名的連鎖旅館名義及利用其標誌。對於招徠顧客及提高旅館身價及形象、效果甚佳。如Hilton、Sheraton等各連鎖旅館，冠用其名稱，頗具號召力。

容易獲得金融界的貸款支持。在美國凡參加連鎖組織者，比較容易獲得銀行界之貸款。因加入了有名氣的連鎖旅館，在經營方面有如獲得無形保障。

B.國際連線訂房的優勢

（A）利用連鎖組織，便利旅客預約訂房，各連鎖旅館間也能互送旅客，提高住房率。

（B）可參加國際訂房系統，如Utell、SRS等，提高預約訂房，爭取顧客來源。尤其近來國際網際網路的發達，更加強連鎖了預約訂房的效果。

C.良好的管理作業

（A）對於旅館建築、設備、布置、規格方面，提供技術指導。

（B）統一調派人員經營管理。

（C）設計一套可以降低成本的標準作業流程（S. O. P.），供會員旅館使用。

（D）定期指派專家檢查設備及財務結構，藉以維持連鎖旅館的風格（style）及正常營運。

（E）統一規定旅館設備、器具、用品、餐飲原料之規格，並向廠商大量訂購後分送各會員旅館，以降低成本，及保持一定之水準。

（F）推行有效的計數管理。各連鎖旅館的報表及財務報告表可劃一集中統計，瞭解各單位之業績，促進發展及改善。

D.國際行銷的推廣

（A）以雄厚的資金及龐大的組織推廣業務，擴大企業結構。

（B）有益於作爲全國性的廣告、互換情報及加強人才留用，並對業務推廣有很大的幫助。

（C）以集體方式從事宣傳活動，其效果較個別宣傳爲大。

（D）提供市場調查報告，供會員旅館確定經營方向。

（E）負責或協助會員旅館訓練員工，或安排觀摩實習計畫。

（F）運用各種方法招攬顧客至會員旅館住宿。

a.與航空公司或汽車租賃業（car rent）保持密切業務關係，以招覽顧客。

b.向專門設計及安排遊程的大旅行社（tour operator、tour wholesaler）推銷其連鎖旅館，並確保旅行社應得的佣金。

c.與銀行界合作或聯名發行信用卡（credit card），促使廣大的消費群（信用卡會員）利用信用卡照顧連鎖旅館。

（3）參加國際連鎖組織的缺點

參加連鎖組織的缺點大致上有三點，如下：

A.每年應向總公司繳納一定數額的權利金，對於一個新企業而言，可能負擔較重。

B.總公司干涉企業內部營運，如經營方法、人事調派等，尤其是高階主管異動頻繁。

C.申請加入連鎖時，總公司要求甚多，如硬體設備、內部動線、裝潢等，在改建作業或開支方面，不無困難。

8.請問旅館之客房部（rooms division）包含哪兩大部門？請說明這兩大部門的業務功能，及其底下各有哪些單位？並討論這兩大部門彼此間如何互相協調與合作？

答：

（1）客房部包含客務部與房務部兩大部門。

（2）客務部（room division）又可稱爲前檯或櫃檯（front office, front desk），係屬於直接服務與面對旅客的部門，與房務部（housekeeping）共同組成客房部（room division）。客務部主要負責的業務，包括訂房（reservation）、接待（reception）、總機（operator）、服務中心（uniform service or bell service）、郵電、詢問（information）、車輛調度（transportation）及機場代表（airport representative）等單位。就客房業務而言，亦有旅館僅設置客房部，負責全部客房業務，而未再細分爲客務部與房務部，全視旅館組織規模、編制之需求而定。

（3）客務部負責的業務如下：

A.訂房組：綜合整理客房租售、接受旅客訂房與紀錄、客房營運資料分析預測、旅客資料建檔、客房分配與安排等。

B.接待組：綜合整理旅客登記一切事務，提供旅客住宿期間通訊與祕書之事務性服務，包括旅客諮詢、旅館內相關設施介紹等。

C.服務中心：其服務範圍包括門衛、行李員、機場代表、駕駛等，負責行李運送、書信物品傳遞、代客停車等業務，主要工作係協助櫃檯處理其他附帶的事務。

D.總機組：爲旅館對外聯絡單位，其服務優劣會直接影響到旅客對該旅館的第一印象。

（4）房務部的組織，可概分爲下列三部分：

A.房務組：負責樓層客房清潔、保養與服務。

B.洗衣組：負責管衣室、布巾及制服之洗滌之管理。

C.清潔組：負責公共區域及辦公室的清潔、保養。

（5）客務部爲滿足住宿旅客需求，必須聯繫各相關單位提供不同的服務，包括：

A.餐飲單位

（A）客房餐飲服務。

（B）餐券（coupon）之使用與用餐時間之協調。

（C）贈送水果籃。

（D）飲料、自助餐（buffet）、招待券（complimentary）。

（E）附贈餐飲券。

（F）蜜月套房（wedding room）提供。

（G）協助酒席賓客停放車輛。

（H）其他。

B.工程單位

（A）公共區域（如櫃檯等）設備之維護與保養。

（B）客房設備與備品損壞、故障之維修與保養。

（C）其他。

C.採購單位

（A）生財器具、設備之採購。

（B）添購適當備品、電腦設備及通訊系統。

（C）員工制服（uniform）訂製。

（D）其他。

D.財務（會計）單位

（A）零用金準備。

（B）收付報表製作與核對。

（C）收取帳款。

（D）支付薪津。

（E）業績掌控。

E.安全單位

（A）安全系統（如閉路監視器）之設置。

（B）門禁管理。

（C）緊急意外事故之處理。

（D）可疑人、事、物之通報與預防。

F.房務單位

（A）瞭解客房使用狀況。

（B）故障房檢修。

（C）掌握住客動態。

（D）醫療服務。

（E）其他（如叫車服務、叫醒服務……）。

（6）房務部與其他各部門之聯繫關係，如下：

A.櫃檯（前檯）：房務部應隨時將房間使用狀況通知櫃檯人員，以便讓櫃檯掌握可供銷售之空房數；同時對於住客之使用情形亦應瞭解並通知櫃檯，避免意外發生。

B.餐飲部：如果客人在客房內使用餐點，此時之room service係由餐飲部供應餐食。另外，餐飲部使用之桌巾與制服等，亦會直接與房務部聯繫所需數量，合併採購。尤其是在舉行大型的宴會（banquet）時，更應事先安排妥當。

C.工務部：客房內外各項設備，如有損壞或故障，房務人員每天在清理打掃房間之際，應隨時留意並檢查各項設備之堪用狀態。一經發現故障，簡易者即予維修；較嚴重者則報請工務部處理，維修時以不驚擾住客爲原則。

D.採購單位：通常房務部所需各項備品、清潔用具、床具及相關設備，均由採購單位統一購買。採購之品牌、規格及品質，一般由房務部決定，最後由旅館經營者作確認。

E.洗衣房：爲確保洗衣物處理迅速，並保持洗衣物質料完整及正確房號標識，以避免損害客人衣物或送錯對象。此外，客房內採用之床單、枕頭套等布巾類備品於採購時亦應考量其耐用年限及質料。

F.會計單位：支付薪金、核算帳單及稽核庫存備品使用情形，以控制成本與費用支出。

9. 請說明Hotel restaurant manager與Director of catering的工作內容有何異同？

答：Hotel restaurant manager是指旅館內附設餐廳的經理，其務必使餐廳達到最有效率的營運。透過對部屬的督導、有效的計畫及與有關部門之良好協調，對客人提供最好的服務及佳餚。在工作內容方面，包括：

（1）務必使餐廳是在一種有效率的型態下運作，且隨時提供良好的服務。

（2）組織與管理所有的餐廳工作人員。

（3）根據往昔的營業資料、季節及當地的特殊節慶，而來預測及安排員工的工作時間表。

（4）預測銷售量、薪資成本及餐具消耗量。

（5）建立一個有效率的訂席系統，以便讓主廚可以控制及準備所需的食物。

（6）給予領班及領檯適當的責任。

（7）監督所有被交付下去的任務——務必讓部屬以一種自動自發的精神來完成它們。

（8）為你的部屬建立各式的訓練計畫及課程，並督促它被確實執行。

（9）將每次的情況，記於日誌本內，如氣候情況、特別的事件、服務生的表現與客人的抱怨及意見。

而Director of catering則是指一般餐廳的主管而言，其工作內容，大致如下：

（1）領班必須熟悉每位服務員及助理服務生的工作，且監督他們操作。

（2）領班在餐廳開始營業之前，應檢查桌椅是否乾淨及是否被適當布置。

（3）當客人已經坐定時，領班可以拿著雞尾酒的目錄且以一種溫和、友善的態度說：「早安（午安、晚安），我叫○○，我可以爲你們點菜嗎？」

（4）每道菜用過後，必須確定桌面已適當地重新布置。

（5）主菜用過後，必須檢查餐桌是否已適當的清理，且拿點心菜單給客人，同時飯後的飲料和咖啡是否已端上給客人。

（6）對於寫在客人帳單上之所有項目，皆需負責。帳單應以一種清晰、易讀的方式書寫。若有錯誤，領班要負全責。

（7）客人離開後，應該督促助理服務生適當地重新布置。

（8）在下班之前，對於隔天之事宜必須作好適當的安排。

10.請說明旅館行銷組合（4Ps）的功能及應用？

答：旅館業之行銷組合係指旅館業者爲達成其行銷目的，而制定一系列有關的決策，其中包括產品（product）、價格（price）、地點（place）與促銷（promotion），此四項重要的決策，也是旅館發揮其行銷功能時的工具。

茲就旅館行銷組合運用應注意之事項，說明如下：

（1）產品：旅館業之產品概念，廣義的解釋，包括產品本身、品牌包裝及服務，客房本身僅是產品設計中的一項，旅館商品、包裝之設計包括旅館建築、各項設施，客房的大小、裝潢、家具、客房內部之相關設備、餐飲及會議設施等硬體設備、戶外景觀規劃、館內氣氛營造以及人員服務與訓練，特別是旅館的主題爲產品設計的核心；同時在行銷活動中，規劃建立潛在顧客對旅館產品認知亦不容忽視。所謂旅館的主題，係指建立旅館的核心價值，旅館商品能爲顧客所接受，且易於辨識，讓顧客感受到不同之處。充分表現旅館的特色，與成功的產品差別化策略，可以建立產品獨特的價值，使其在競爭激烈的服務產業中，脫穎而出，將有助於日後的價格訂定與促銷推廣策略作業。

(2) 價格：旅館業屬高營業槓桿的產業，利潤取決於市場供需之變化，而旅館業亦屬於競爭者容易進出的產業，更加深市場供需變化的程度，因此旅館業在價格制定上，首應考慮供需關係的確定。此外，旅館的經營成本及其損益平衡，亦是價格制定須考慮的重點，然而成功的價格政策應考量價格與產品品質的搭配時，所建立的獨特產品價值。

(3) 地點：旅館商品具有不可移動的特性，由於地點爲旅館經營的行銷重點，因此在旅館興建之初即應對立地條件詳細評估調查，包括其周遭環境、商圈狀況、地理特性、顧客來源等因素，此項調查必須包括下列幾項因素：

A.人口資料：包括人口數量、職業別、年齡別、家庭人口、教育水準、區內人口異動之趨勢等。

B.交通資料：包括區內各種道路設施、大眾運輸工具之種類，及未來之發展計畫。

C.經濟活動資料：區內經濟活動之屬性爲決定旅館經營型態的重要因素之一。一般都市地區可分爲文教、住宅、商業、工業等區。

D.基地調查資料：包括旅館建築基地之大小、地形是否平坦、形狀是否方正及地質條件等因素，均會影響旅館未來之籌設與興建。

其他特殊地點，所需考慮之特殊性因素甚廣，其中地點爲決定旅館興衰的重要條件之一。此外，地點的特性，隨著區內各項產業發展、人口異動或法令變革，亦會導致地點特性的改變，因此在旅館興建後，須定期維護與保養，以上各項因素之變動，均應事先審愼評估其是否對旅館日後之經營管理產生負面之影響。

(4) 促銷：由於旅館商品之無法移動及儲存，因此事前銷售之活動益顯其重要性。旅館之促銷活動種類非常多，包括平面廣告、廣電媒體的廣告、直接郵寄（DM）的宣傳資料、紀念品的贈送、公關（PR）活動之宣傳與推廣、旅館商品之展示、直接拜訪之銷售活動，以及區內聯合之整體推廣，由於區內觀光、會議及各項商務活動之頻繁，乃是創造區內旅館業者有效需求的先決條件，因此，業界的合作與其他產業之服務，爲區內業者可以主動招徠客源之主要方法之一。

11. 請說明旅館之人力配置考慮的因素？如何預估人力？旅館應如何運用專職員工（full-time）與臨時工（PT）來調配營運需求？

答：人力配置需要事先妥善計畫，每一天每一位員工所需負責的工作。小心安排工作時間，並且要提前幾天完成此一表格。當幹部能有效率地使用人力配置技巧，就能協助其所屬機構的預算不致超支，並爲員工提供一個更有組織的工作場所，使顧客滿意度提高。要注意的是，隨旅館規模、編制之不同，幹部能有效率地使用人力配置也有不同。即使現在參與的程度很低，有一天也會因職務所需，而必須學習瞭解如何去分配人力。

在進行旅館人力配置作業時，通常應考慮的因素如下：

（1）情報預測：一般預測是以一個月、十天、三天為預估基礎，你可用一個月的預估值來排員工班表，再利用十天及三天的預估值，作為修訂班表的參考。

在作情報預測時，可以依下列可能發生的狀況，作為排班預測時的參考：

A.季節性變化人潮（如特殊節慶、寒暑假期、球季、考季等）。

B.藝文活動期間。

C.選舉。

D.交通黑暗期。

E.建築工程進行期。

F.促銷活動（如美食節、展覽活動等）。

（2）人力編制手冊：在人力編制手冊中，應該依公司服務品質要求的標準去執行；換言之，當一個受過訓練的員工，每週在正確的作事方法下，達到的工作預期成果，並利用數據化的統計分析，作為單位主管在安排人力時的參考依據。

A.這份手冊是依據餐廳的上菜量或桌數、客房部門的客房清潔間數為基礎，換算成所需的總工作時數，及每一名員工需工作的小時數。

B.在作人力配置時應注意，工作時數與生意量的增加比例，不一定是平行遞增的。如何安排適量的人力，以有效控制人事成本，是每位身為主管者，應該精通的基本技巧之一，因爲這正是個人管理能力的表徵，不但爲你的部門節省昂貴的人事費用，也爲旅館創造更高的利潤。

（3）專職員工與臨時員工：每一個服務業都會僱用專職員工（full time）和臨時員工（part time），在安排班表時，兩者都須列入考慮，固定員工不論是淡、旺季都須服勤工作，亦即不論顧客人數是多或少，服務人員均須列位以待。

A.如果業務量超過某一標準時，就需要額外的人力來支援，這也就是一般所稱之「臨時人員」；其比例是隨著業務量的大小而增減，如用餐人數及住宿人數愈多，則需求量愈大。

B.在營業淡季時，通常是由固定職務的專職員工擔任。此時也可機動安排正式員工休假，或實施教育訓練課程，而由臨時員工擔任固定職務的工作。額外的工作量，除了可以僱用臨時人員擔任之外，也可以視情況要求相關員工協助，如清洗碗盤的工作，可以要求廚師助理予以協助。

（4）工作時間表：依據到客的尖、離峰時段，將人力作彈性的調整，先將每一個職務一天內所需工作的總時數列出來，配合營業單位的營業起訖時間，將員工的上下班時間交錯安排，亦即切勿將員工的上下班時間安排完全一致。

A.爲了因應目前新新人類自我意識的高漲，他們對工作時段的需求更多元化，有些希望當夜貓子，天黑了才開始上班，也有些人喜歡大清早的工作時段，有人喜歡一天只上三小時的班，也有願意一天上八小時的班，如果能將上下班時間作有變化及彈性的配合，對人力的配置將有助益。

B.人力資源的多國籍化，二度就業人口的再投入，都是我們應該及早先規劃的重要課題，要想在旅館業中更出類拔萃，就必須在人力規劃上，更有創意的去開源與節流。

12.試述旅館行銷的目的？

答：旅館由於所在地點位置的不同，對於市場的區隔、旅客住宿的動機、市場需求的數量、市場的潛力等互異。旅館行銷主要的目的，在於創造市場的優勢與滿足顧客需求。在行銷掛帥的時代，旅館管理首重行銷經營策略，提供高品質的服務，及研究推出各種優惠專案，促使顧客的消費。

在今天以市場爲導向的時代，如果不瞭解市場必然會失敗。旅館目標市場的選擇是一種戰略性的決策，其他像產品、定價、通路、推廣等行銷組合決策，則屬於戰術性的決策，而戰略遠比戰術重要。在旅館行銷決策上，目標市場選擇錯誤，即使有再好的產品、訂價、通路、推廣等戰術，也扭轉不了大局。因此，最重要的是要瞭解本身的目標市場，也就是顧客需求與整個環境的關係。如何有效的運用市場環境，將產品與服務成功地導入目標市場，並開發動態的市場推廣活動，使旅館的商品獲得獨特的地位，爲旅館行銷的主要目的。

13.試述客務部與其他部門間之關係？

答：客務部與其他部門（單位）間之關係，如下：

（1）餐飲單位

A.客房餐飲服務。

B.餐券（coupon）之使用與用餐時間之協調。

C.贈送水果籃。

D.飲料、自助餐（buffet）招待券（complimentary）。

E.附贈餐飲券。

F.蜜月套房（wedding room）提供。

G.協助酒席賓客停放車輛。

H.其他。

（2）工程單位

A.公共區域（如櫃檯等）設備之維護與保養。

B.客房設備與備品損壞、故障之維修與保養。

C.其他。

（3）採購單位

A.生財器具、設備之採購。

B.添購適當備品、電腦設備及通訊系統。

C.員工制服（uniform）訂製。

D.其他。

（4）財務（會計）單位

A.零用金準備。

B.收付報表製作與核對。

C.收取帳款。

D.支付薪津。

E.業績掌控。

（5）安全單位

A.安全系統（如閉路監視器）之設置。

B.門禁管理。

C.緊急意外事故之處理。

D.可疑人、事、物之通報與預防。

（6）房務單位

A.瞭解客房使用狀況。

B.故障房檢修。

C.掌握住客動態。

D.醫療服務。

E.其他（如叫車服務、叫醒服務……）。

14.試述處理旅客抱怨的基本原則？

答：通常易生抱怨的客人都較情緒化、較苛求或易怒，甚至比較不講理。因此處理客人抱怨時，不論事件大小，宜遵守以下幾項基本原則：

（1）冷靜，切忌提高聲調。

（2）表現樂意幫助客人。

（3）表現瞭解客人。

（4）不要和客人爭吵或是告訴客人他錯了。

（5）避免由顧客抱怨之當事人出面處理。

（6）應由旅館較高階人員主動出面處理，而此人必須獲得充分授權，可以作出彌補及賠償之決定。

（7）避免在人多之處與抱怨之顧客晤談，以免陷入僵局。

顧客如以書信或其他方式向旅館提出訴怨，其處理之原則如下：

（1）應由總經理具名回覆，時間要愈快愈好，最好爲三日以內。

（2）回覆內容之語調，需平和，不宜太長。其重點如下：

A.對事情之發生表示歉意。

B.強調此一事件，只是單純偶發事件，並保證今後一定改進，絕不會再次發生。

C.說明旅館之彌補行動。

D.強調如果客人再次訂房，將由總經理親自照顧。

(3) 應確實注意作到對顧客之承諾。

當然，要回覆顧客報怨之信件，需具備良好英文寫作能力（所有外國客人，均以英文來往），並閱讀且蒐集此類信件作爲參考。

15.試繪圖說明旅客遷入手續的流程？

答：旅館遷入手續的流程，如下圖：

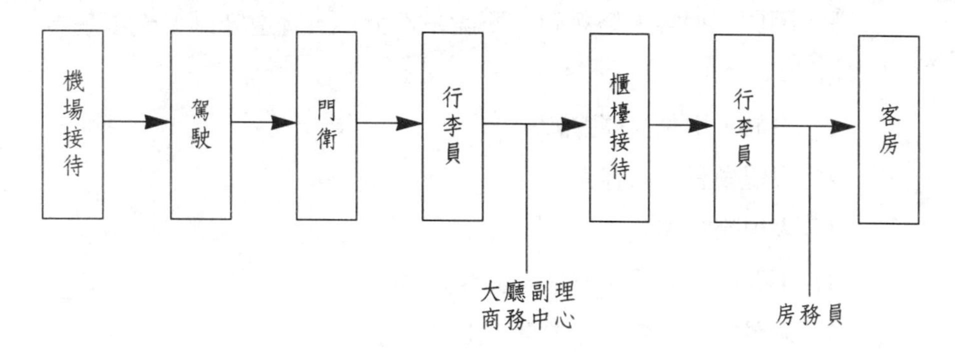

16.試說明下列客房註記之涵義？

（1）VAC；（2）OCP；（3）EXT；（4）COMP；（5）OOO；（6）D/L；（7）C/O；（8）due out；（9）BLK；（10）DNA。

答：

（1）VAC：指vacant rooms，可售客房。

（2）OCP：指occupied rooms，已出租之客房。

（3）EXT：指extension，延長住宿。

（4）COMP：指complimentary room，免費招待之客房。

（5）OOO：指out of order，故障房。

（6）D/L：指double luck，反鎖。

（7）C/O：指check-out，遷出。

（8）due out：指預計遷出。

（9）BLK：指blocked rooms，指定房。

（10）DNA：指did not arrive，即no show之意。指事先預約訂房的旅客，至住宿當天未辦理check-in手續（未到）。

17.試述客人報失物品的處理方式？

答：客人報失物品之處理方式，大致如下：

（1）詳細記錄客人所報失物品的內容、形狀、遺失的經過及可能的地點。

（2）由有經驗的主管處理。

（3）先陪同客人找尋。

（4）詢間有關人員。

（5）回報客人調查結果。

（6）最後找不到；必要時，才報警處理。

（7）如有保險，可讓保險公司處理及賠償。

18.試説明房務作業查核的目的及其重點？

答：房務作業查核之目的，在於瞭解客房服務作業是否依公司規定辦理。通常採不定期、隨時查核方式進行。房務作業查核重點如下：

（1）客房是否常保整齊清潔，設備完好無損。

（2）客人在check-in之前，預定房間是否已清理完畢，各種客用棉、毛織品是否換洗。

（3）客房各項設備、冰箱飲料是否正常可用。

（4）住房客戶是否均明瞭本飯店提供的各項設備與服務。

19.一般在收受訂房時應考慮的因素爲何？

答：一般在收受訂房時，應考慮的因素，包括下列幾點：

（1）團體與散客的比例。

（2）老顧客與一般客人的優先考慮。

（3）淡旺季價格的調整。

（4）佣金之比率。

（5）長期出租客房取捨之原則：

A.VIP套房或少數特殊客房（如connecting room等），不宜長期租予固定對象。

B.實値收入不應少於該房間的平均產値。

C.瞭解住用的原因。

20.訂房控制的原則爲何？

答：訂房控制的原則，如下：

(1) 控制應開始於接受訂房之先：客房銷售不能有「存貨」或「期貨」買賣，故每一個房間都必須賣給最有消費潛力之旅客或最有利潤之客戶。

(2) 何謂最佳銷售：指可以達到最高收入之銷售。尤其是高平均住房率及高平均房價，比個別天數之客滿更重要。

(3) 調節性預留／保留（management block）：爲方便控制，預先在可銷售房間中保留（或容許超收）一部分用以在接近客滿時平衡訂房之自然消長，或滿足特殊（突然）之需要；必須在電腦中及訂房控制表上標示，提醒作業人員注意。

(4) 預留／預排（pre-block）：在接受特殊訂房後或在預期某些狀況會發生後，於各紀錄中預作記載預先排定屆時住宿房間，以免重複出售或錯誤發生。

(5) 旅館尋求客滿之策略：是否每間客房一定要售出（先尋求客滿再解決旅客抱怨），或是在不招致抱怨之前提下尋求最高之出租率。

21.試述晚間整理房間的程序？

答：晚間整理房間是指晚飯後客人外出之房務作業而言。其程序如下：

(1) 將床罩摺妥置於指定地點。

（2）摺好毯被之稜角，按規定放置拖鞋、睡衣。

（3）拉妥窗簾上下檢視。

（4）徹底整理房間、浴室，浴室用之腳踏布（布質），置於浴室門前。

（5）開亮床頭燈及進門燈退出。

22.試繪圖說明房務作業的流程？

答：房務作業的流程，如下：

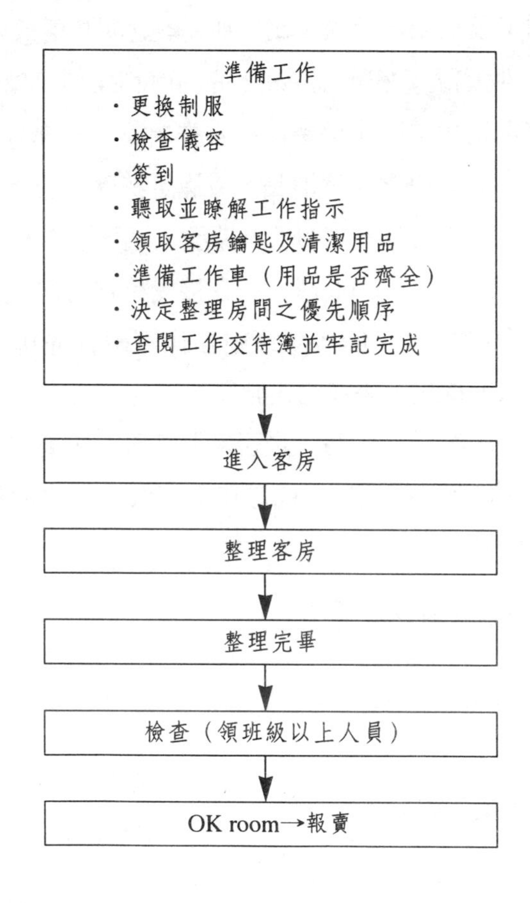

23.試申論服務的特性？

答：服務以滿足顧客的需要爲前提。雖然各學界對於服務之定義及組成的說法甚多，但整合其意見，服務可歸納出下列四項共同的特性：

（1）無形性（intangibility）：服務的銷售是無形的，顧客在購買一項服務前，看不見、嚐不著、摸不到、聽不見，也嗅不出服務的內容與價值；因此，服務的購買，必須對服務提供人的信心爲基礎。換言之，無形性質使得服務在與顧客溝通上，產生困難。

（2）異質性（heterogeneity）：服務業的產出沒有一定的標準，會隨著情境與服務人員而異。同一項服務，常由於服務的提供者與服務時間的不同，而有許多不同的變化。具體言之，服務品質的異質性，可能因不同的服務人員而不同，甚至於即使是同一個服務人員提供的服務，也可能因爲不同的顧客、地點、時間而有所不同。所以，服務是高度可變的，其品質可能隨何人、何時、何地提供服務而有不同，由於服務是一種由人來執行的活動，生產過程中牽涉到人性因素，使得服務品質不容易維持一定的水準。

（3）不可分性（無法分割性）（inseparability）：一般有形的產品是先生產再銷售，然後消費使用，而服務則爲先出售再生產或消費，而且生產與消費是同時進行的。正因爲服務的提供與消費是同時發生的，使得消費者必須介入生產的過程。這使得服務愈爲頻繁，因此互動關係影響服務品質水準甚鉅。

（4）不可儲存性（易消滅性）（perishability）：服務無法儲存，

沒有「存貨」，其價值乃在於及時的消費。一般有形產品可以生產若干的數量後予以庫存，或者消費者（住宿旅客）可以考慮本身的使用情形，在採購時多買一些，以備不時之需，然而服務卻與一般有形產品的性質完全不同，因爲服務是無法儲存的。因此，當需求有波動時，要使服務的供給與需求配合相當困難。消費者可能無法及時享受到服務，而使滿意程度降低。

24.試述服務的特質？

答：服務的特質可歸納爲下列十項：

（1）服務的製造係與服務的提供，同時發生的，不能提前生產或以存貨保存。

（2）服務無法集中製造、屯積或倉儲。

（3）服務這項「產品」無法展示，也不能在服務提供之前，以樣本送交顧客查看。

（4）接受服務的人，大都未收到有形物體；服務的價值需視其個人之經驗而定。

（5）服務的經驗不能轉售或移轉給第三者。

（6）服務不當，亦無法「取消」。如果不能提供第二次服務時，賠償或表示抱歉是求取顧客諒解的惟一方法。

（7）品質保證須在服務的製造之前完成，而不如製造業可以在生產之後，進行品質管制的工作。

（8）服務的提供需要某種程度的人際互動。

（9）服務的接受者對服務的預期，是影響其對服務結果滿意與否的一項重要因素。服務品質絕大部分是個人的主觀因素判斷。

（10）服務提供過程中顧客必須接觸的服務點愈多，愈不可能對此服務感到滿意。

25.試述服務的內涵？

答：服務是為肯定人、事、地、物的價值所作的特別努力，服務所給予的是一種經驗品質，是超物質的，如果沒有一點文化水準或生活品味，是無法瞭解服務的眞義。因為當一個國家經濟發展到想要追求更精緻的生活品質時，才有服務的產生。

當我們提供產品給顧客時，產品的價值，遠不如將產品呈現給顧客的方式。換言之，產品本身的價值，只占總價格的四分之一，而服務的價值卻三倍於產品。實際上，我們所給予顧客的是滿足感（satisfaction）、信賴感（reliability）及尊重感（appreciation），而我們自己也獲得成就感、榮譽感及使命感。

服務乃是旅館的生命，也是無價的、無形的商品。旅館的建築，不論怎樣的壯觀堂皇，內部設備怎樣的富麗豪華，假使旅館員工對顧客的服務，不能令人有「賓至如歸」的感覺，就等於虛有其表，形同虛設。「顧客至上」、「服務第一」，乃是商界通用的口號，但是沒有比旅館更需要這兩個口號。目前旅館同業競爭激烈，旅館的建築物愈來愈大，設備愈來愈新式，陳設布置愈來愈富麗豪華，不過業務成功之道，並不全在於有形的物質之上，而應著重在無形的服務方面，看誰能誠心盡意為顧客服務。服務別人不但是快樂的泉源，也是自己成長的原動力，所以我們應抱著感謝的心情，對待顧客給我們服務的機會，使我們能夠樂在工作，日新月異，生活得多采多姿。服務顧客除了要先有上述的正確共識之外，本身必須具備愛人的美德，與爲人服務的熱忱，並能充分發揮敬業的精神、專業的知識與技能。這樣，才能用我們的服務，「讓顧客滿意，而自己得意」。

26.試述房務管理的工作範圍及其重要性？

答：房務管理係指創造、維持並提升良好的旅館住宿環境之管理工作。其工作範圍包括：

（1）家具、床具、布巾、床墊、窗簾、桌椅等之設計，並負責選擇、採購、驗收、布置、裝飾、清潔、維修、報廢等工作。

（2）由廚房、內外樓梯、電梯、各樓層走道、客房、餐廳、下水溝至廢棄物等。

（3）從客人進入旅館，服務生幫忙提送行李，收取換洗衣物、送水果、點心、報紙、清潔房間、擦鞋、補充冰箱飲料、做夜床服務（turn down service）至遷出房間。

顧名思義，房務部乃是指管理房間事務的部門。由於旅客投宿旅館後，通常以停留在客房內的時間爲最長，房務人員對於房間內的設備與清潔維護工作，就顯得格外重要，因此，能否提供舒適、清爽、恬靜的空間，及親切、熱忱的服務，爲房務人員應首重的課題。

27.試繪圖說明房務部的組織及其責任？

答：

（1）房務部的組織，大致如下圖：

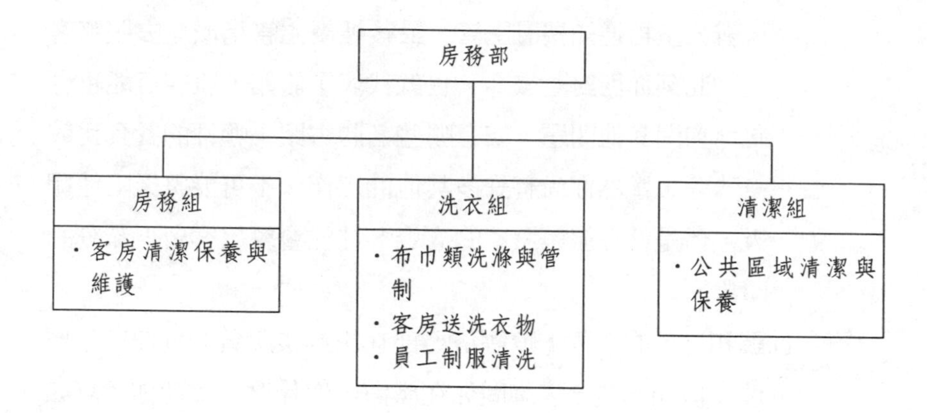

(2) 茲就房務部之責任，說明如下：

A.房務部是旅館所有房間的家具、備品、裝飾物以及建築物等維護的管理員：大部分的旅館都設有修護部門，並且負責家具的修理、地毯的維護、電氣設備及冰管等故障缺失的處理，但是進出客房最多的是房務員，所以注意與報告這些損害的狀況等，都屬於房務員的責任。

B.訊息的蒐集與報告：前檯人員如何知道哪些房間已整理妥並可出售，旅客遺失物品有否依照規定處理並通知相關單位，房間的布巾類衣物被損害或失竊等有否依照規定處理並呈報經理。

旅館內有些死角的地方，沒人去清潔，只因權責未劃分清楚。如誰來負責清潔廚房或餐飲服務區是房務員或餐飲服務員必須正確地學習如何處理這些工作，同時也要有心理準備去接受這些作業的變化。

C.讓投宿的旅客感到愉快：假設有位旅客要求添加一條毛毯、一條面巾，或有訪客要來，請你加強房間的清潔時，旅客首先會打電話通知櫃檯，櫃檯再通知房務辦公室，房務辦公室再通知樓層主管，最後樓層主管指派你去服務客人。此刻你面對著旅客，也就代表了旅館，旅客可能也會向你詢問其他問題，如有哪些名勝古蹟，哪裡的餐食比較美味等，當然你尚有許多其他的工作，不可能整天陪他聊天，但是站在旅館服務的立場，往往會讓旅客留下深刻的印象。

D.調和自己的形象：瞭解房務部在旅館業所負的責任與重要性，假如一位旅客詢問你在旅館中作什麼，此時你應該如何回答，才能使旅客滿意。

28.試說明旅館房租價格訂定的方式？

答：通常旅館的房租價格可分為下列幾種：

（1）一般定價：指在旅館價目表（room tariff）上列出之一般定價。

（2）商務價（commercial rate）：指旅館與某一家公司行號之間協定（或簽約）之房租價格。

（3）團體價（group rate）：指旅館事前與團體間協定之團體價。

（4）休息價（day use rate）：指旅客僅利用數小時，如休息數小時之房租計算（此種收費方式，在一般中小型旅館較為常見）。

29.試說明下列名詞之涵義：（1）rate card；（2）lost and found；（3）RNA；（4）under stag；（5）linen room；（6）locker room；（7）stock truck；（8）day use；（9）departure room；（10）late cancellation。

答：

（1）rate card：指價目表（卡）。在表上印有旅客住宿須知及房租價格。

（2）lost and found：指失物招領、遺失物。旅客遺留（落）物品之用語。登記在報表並保管在櫥櫃內。

（3）RNA：指旅客已事先訂房，因故提早到達，旅館櫃檯主管爲其作適當安排。

（4）under stag：指提前離開旅館之旅客。

（5）linen room：指布巾室，儲存房務工作用具及用品之處所。

（6）locker room：指職工更衣室。置有櫥櫃或壁櫥的房間，職工將自己的衣服、私人物品擺在櫃內加鎖保管。

（7）stock truck：指工作推車或手推車，運載整理客房所需要的清潔工具及更換用品。

（8）day use：指休息而言。

（9）departure room：指待退房。

（10）late cancellation：指臨時取消訂房者。

30.試述旅館設備維護的重要性？

答：旅館的各項設備維護工作，應採取預防保養與事後維護，以及事前訂定一套符合旅館整體的作業流程，再加上完善的設備管理制度，如此才能確實作好旅館設備維護的工作。

由於時代進步，旅館之設備大多採用自動化、電腦化作業，在管理工作上更爲便利，但仍需定期維護與保養，使其發揮正常運轉的功能。旅館內的一切設備均需細心照顧，如遇突發狀況（停電、火災、地震等）更須慎重處理。

爲建立完善的設備維護保養制度，各旅館宜設計適合本身旅館的預防保養（preventive maintenance, PM）制度，俾有助於全館設備的維護與保養。

31.試寫出客房設備之名稱（至少20種）。

答：電視、鏡子、化妝椅、字紙簍、門、衣櫥、床、地毯、衣架、行李架、洗臉盆、浴缸（或淋浴設備）、馬桶、電話、吹風機、枕頭、床罩、熱水瓶（或茶壺）、文具夾、空調設備等。

B.客房及房務相關用語

一、客房用語部分

actual rate：房租實售價

additional charge：延後退房加收費用

adjacent room：鄰近房。可能在隔壁，也可能在對面

adjoining room：房間相連，但中間無門互通

advanced deposit：訂金

advanced payment：預付款

airport representation：機場代表

arrival：抵店

arrival list：今天到達名單

arriving list：預定到達旅客名單

average rate per guest：平均房租

average room rate：客房平均收入

back of the house：內務部門

barber shop：男士理髮廳

baggage collection：下行李

baggage storage：行李保管

beauty parlor：美容院

bell captain：服務中心領班

bell captain desk：服務台

bell captain station：行李服務台

bell man：行李員

bell service：服務中心，行李服務

blocked room：指定房（間）

blocking：訂房標示

board of director：董事會（縮寫爲B. O. D.）

business center：商務中心

cancellation：訂房取消

charged to：公司付款

check in（C/I）：辦理遷入手續

check in date（C/I date）：遷入日期

check out（C/O）：辦理遷出手續

check out date（C/O date）：遷出日期

chief front desk：櫃檯組長

chief operator：總機領班

city ledger：轉帳

cloak room：衣帽間

complain：抱怨

confirmed reservation：訂房確認

confirmation：確認

commission reservation：留佣訂房

company own：直營連鎖

complimentary：免費招待住宿，房租免費招待，優待房（縮寫爲COMP）

complimentary drink：招待飲料卷

connecting room：連通房。兩間獨立的客房，中間有門可以互通

concierge：服務中心（適用於歐洲）

counter service：櫃檯服務

cross training：交叉訓練，輪調訓練

daily arrival list：每日抵店住客名單

daily special：特餐

day use：休息（定時收費）

deluxe single：高級單人房

density chart：訂房情況顯示表

departure list：離店旅客名單

departure room：待退房

deposit：訂金，預付訂金

door knob menu：客房餐飲菜單

door man：門衛

DNA：即no show之意（did not arrive之縮寫）

DNS：請勿打擾（did not stay之縮寫）

double beds：雙人床

driver：司機

duty manager：大廳副理，值班經理

early check out：提前遷出，提早遷出

E.B.S.：商務簽約房租

electronic locking system：電子門鎖系統

elevator：電梯

end of day：結帳清機時間

escalator：電扶梯

executive business traveler service（EBS）：商務旅客服務台，簽約公司服務台

extend of stay：延長住宿

FAM tour：familiar tour獎勵旅遊

Flight greeter：機場接待

floor captain：樓領班

floor limit：超過旅館規定限額

floor supervisor：樓領班

F. O. C.：免費（縮寫為FC）

front of the house：外務部門

franchise license：（特許）加盟連鎖

front desk：櫃檯、前檯

front desk clerk：櫃檯接待員

front desk supervisor：櫃檯主任

front office：前檯，櫃檯，客房部，客務部

front office cashier：櫃檯出納

full day rate：全天房租

full house：客滿

guaranteed reservation：保證訂房

guest history list：客史資料

guest relation officer：客務關係主任，客務專員（縮寫為G.R.O.）

head operator：總機主任

head reservation：訂房主任

handicapped room：殘障房

hold mail：無人認領的郵件

house use：公務用房、旅館職員因事住用之客房

hotel coupon（hotel voucher）：住宿券

housekeeping：房務，房務中心

house phone：館內電話

house use：館內人員住用，公務用房

incoming mail：飯店郵件

in house sale：店內推銷

key boxes：客房鑰匙架

key depository：客房鑰匙投遞箱

key drop：客房鑰匙投遞箱

king-size bed：特大床

late cancellation：臨時取消訂房

late check out：延遲退房

late charge accounts：遲延入帳

last minute cancellation：臨時取消訂房

lease：租借連鎖

limousine bus：往返機場的交通車

lobby：大廳

log book：閱讀與填寫記錄簿

mail box：郵件架

management contract：委託經營管理

name slip：小名條

meal coupon：團體餐券

message：留言

night auditor：夜間稽核

morning call：晨間喚醒服務

no show：已訂房但未辦理住宿登記手續，已訂房卻未到達者

non-guaranteed reservation：不保證訂房

occupancy：住宿率

occupancy rate：住宿率

occupied：住宿中

on waiting：後補

operator（switchboard operator）：總機

out of order room：故障房

outgoing mail：郵寄服務

overbooking：超額訂房

overnight shift：大夜班

over stay（or extend stay）：延遲退房（續住），延長住宿日期

over night：過夜房間

part day use：短時住宿

pay out：代支

pay TV：付費電視

PIA：事先預付訂金（paid in advance之縮寫）

postpone：取消

potential rate：定價

pre-arrival：預先抵店

reconfirmation：再確認

refusal reservation：拒絕訂房

revenue forecast：收入預測

reservation：訂房

reservation chart：訂房表

reservation card：訂房卡

reservation clerk：訂房員

reservation control sheet：訂房登記表

reservation type：訂房型態

reservation confirmation：訂房確認

referral chain：會員連鎖

rooming card：客房登記卡

room charge：房租

room division：客房部

room forecast：客房預測

room number：客房數

room occupancy：住宿率

room revenue：客房營業收入比

room service：客房餐飲服務（縮寫為RS）

room type：房間型態

RNA：指旅客已事先訂房且提早到達

safe deposit：貴重物品寄存

service center：服務中心

short stay：短暫停留

show room：觀看房間

simple reservation：臨時訂房

single room：單人房

skipped bill：逃帳

sleep-out：指旅客已辦理住宿登記，晚間因故未住宿於旅館

standard single：標準單人房

stay-over：續住、延期住宿

suite room：套房

taking order：點菜

terms and conditions：規定事項

toilet：盥洗室、洗手間

traveler's check：旅行支票

transfer：外送房客

twin room：雙人床

under-stay：提前離店

uniform service：服務中心

uniform service supervisor：服務中心主任

upgrade：升等

vacant/dirty：退房整理中

vacant/clean：可受空房

voluntary chain：業務聯繫連鎖

voucher：旅館住宿券

walk-in：散客

wedding room：蜜月套房

welcome drink voucher：迎賓飲料券

work-out：客人跑帳（skipper）

yield management：盈收管理

二、房務用語部分

air-conditioning control：空調控制

arm chair：扶手椅

assistant executive housekeeper：房務部經理

assistant housekeeper：房務部副主任

available room：可售房

baggage rack：行李架

baby cot：嬰兒床

baby sitter：保母服務

basin：面盆

bath mats：腳布

bath tub：浴缸

bath rugs：長毛腳布

bed pad：床潔墊

bed room：臥室

bell person：行李服務員

bell service：服務中心

blocked room：指定房

bedside table：床頭櫃

body bath：沐浴乳

business center：商務中心

business center clerk：商務中心服務員

car parking：停車服務

car rental：租車

cashier：出納員

check in room：遷入房間（簡寫C/I）

check out room：遷出房間（簡寫C/O）

concierge：顧客服務員

cot：移動床

cotton bat：棉花棒（亦稱爲cotton tips或cotton stick）

credit card：信用卡

daily housekeeper' s report：房務報表

day use：休息

dental floss：牙線

director manager：房務部協理

discards：報廢的，已破，污穢，不堪使用的布巾數量

disabled facility：殘障人士服務

do not disturb：請勿打擾（簡稱D. N. D.）

do not disturb room：掛有請勿打擾牌的房間（簡稱D. N. D. room）

door bed：門邊床

double beds：雙人房

double-locked：房門反鎖

dressing desk：梳妝台

dressing stool：梳妝椅

drop cloths：大塊布，工作人員用來保護家具及地毯

dry cleaning：乾洗

duty supervisor：値班領班

EAT：預達的人

electrical current：電壓

emergency：緊急事件

emergency call：與客人聯絡電話

emergency key：緊急鑰匙

employee：員工

employee uniform：員工制服

entrance door：房門

executive housekeeper：客務部經理

floor：樓層

floor captain：樓層領班

floor housekeeper：樓層領班

floor key：樓層鑰匙

floor stand：落地燈

floor station樓層服務台

foreign exchange：外幣兌換

form bath：沐浴乳

front office：前檯

front office operation：房務作業

function master key：區域鑰匙

function room：會議室

general requisition：飲料單

grand master key：總鑰匙

guest relations officer：顧客關係員

guestroom key：客房鑰匙

guest service center：顧客服務中心

hand towels：面巾

head houseman：領班

hide-a-bed：隱藏式床

house attendant：房間男清潔員

house count（HC）：過夜住宿的旅客人數

housekeeper：房務主任

housekeeping：客房服務

housekeeping operation：房務作業

in order：立刻可供出租使用的客房

inventory：盤點

keys：一把或一串的鑰匙

laundry：水洗

laundry/dry cleaning：洗衣服務

laundry manager：洗衣房經理

laundry room：洗衣房

laundry supervisor：洗衣房組長

laundry worker：洗衣房操作員

linen cart：布巾車

linen room：布巾室、布巾房

linen room supervisor：布巾房組長

linen and storeroom：布巾房

linen and storeroom clerk：布巾房管理員

living room：客廳

lobby porter：大廳清潔員

locker room：職工更衣室

long staying guest：長期住客住用的房間（簡寫LSG）

lost and found：遺留物品、失物招領、遺失物

master key：主鑰匙

medical clinic：醫療服務

messages：留言服務

mini bar：小冰箱

mitered corners：床的四角（與square corners同義）

night cleaner：夜間清潔員

occupied：有住客房間（簡寫OCC）

occupied/guest out：已有旅客住宿，但該旅客外宿

occupied/stay-on room：旅客住宿中

OK room：可出售房間

out of order room：故障房

par：標準量。指每一客房所需要的布巾數量

pressing：熨衣

private functions：會議室

public area：公共區域

rate card：價目表（卡）

razor：刮鬍刀

room attendant：房間清潔員

room center：客房服務中心

room division manager：客房部經理

room maid：房務員

room service：客房餐飲服務

seamstress：縫補員

service station：樓層服務台

sewing kit：針線包

shoe shine service：擦鞋服務

soap：香皀

shampoo：洗髮精

shops：商店街

shower cap：浴帽

sleep out：遷入未宿

special attention room：房內住客爲旅館重要客人

special requirement：特別需求

sofa bed：沙發床

stay room：客人正在使用的房間

studio bed：沙發與床兩用

stock truck：工作推車、手推車

suggestive selling：餐飲推銷技巧

table lamp：檯燈

tea table：茶几

time clock：打卡鐘

timekeeper：勤惰記錄員

tip-top VIP：特別貴賓

toilet：盥洗室、洗手間

toilet bowl：馬桶

toothbrush：牙刷

toothpaste：牙膏

treatment shampoo：護髮洗髮精

uniform linen room：制服與布巾室

vacant：空房

vacancy：空房

vacancy list：空房清單

vacant/clean：可售空房

vacant/dirty：退房待整中

valet：送衣員

VIP room：貴賓房

wardrobe：衣櫥

wash counter：洗臉台

wash cloths：小方巾

資料來源：作者自行整理。

旅館管理——重點整理、題庫、解答

編 著 者☞ 吳勉勤
出 版 者☞ 揚智文化事業股份有限公司
發 行 人☞ 葉忠賢
責任編輯☞ 賴筱彌
執行編輯☞ 吳曉芳
登 記 證☞ 局版北市業字第 1117 號
地　　址☞ 台北市新生南路三段 88 號 5 樓之 6
電　　話☞ （02）23660309　（02）23660313
傳　　真☞ （02）23660310
郵撥帳號☞ 14534976
戶　　名☞ 揚智文化事業股份有限公司
法律顧問☞ 北辰著作權事務所　蕭雄淋律師
印　　刷☞ 偉勵彩色印刷股份有限公司
初版一刷☞ 2002 年 5 月
I S B N ☞ 957-818-379-8（平裝）
定　　價☞ 新台幣 550 元
網　　址☞ http://www.ycrc.com.tw
E-mail ☞ tn605541@ms6.tisnet.net.tw

本書如有缺頁、破損、裝訂錯誤，請寄回更換。

版權所有　翻印必究

國家圖書館出版品預行編目資料

旅館管理：重點整理、題庫、解答／吳勉勤編著
. -- 初版. -- 臺北市：揚智文化，2002[民
91]
面；　公分

ISBN　957-818-379-8（平裝）

1.旅館 – 管理

489.2　　　　　　　　　　91003077